# 建筑工程管理与结构设计

马兵　王勇　刘军　著

吉林科学技术出版社

图书在版编目（CIP）数据

建筑工程管理与结构设计 / 马兵，王勇，刘军著. -- 长春 : 吉林科学技术出版社，2022.8

ISBN 978-7-5578-9377-4

Ⅰ. ①建… Ⅱ. ①马… ②王… ③刘… Ⅲ. ①建筑工程－工程管理－研究②建筑结构－结构设计－研究 Ⅳ. ①TU71②TU3

中国版本图书馆 CIP 数据核字(2022)第 113546 号

# 建筑工程管理与结构设计

著　　马　兵　王　勇　刘　军
出 版 人　宛　霞
责任编辑　王　皓
封面设计　北京万瑞铭图文化传媒有限公司
制　　版　北京万瑞铭图文化传媒有限公司
幅面尺寸　185mm×260mm
开　　本　16
字　　数　330 千字
印　　张　15.375
印　　数　1–1500 册
版　　次　2022年8月第1版
印　　次　2022年8月第1次印刷

出　　版　吉林科学技术出版社
发　　行　吉林科学技术出版社
地　　址　长春市南关区福祉大路5788号出版大厦A座
邮　　编　130118
发行部电话/传真　0431-81629529　81629530　81629531
81629532　81629533　81629534
储运部电话　0431-86059116
编辑部电话　0431-81629510
印　　刷　廊坊市印艺阁数字科技有限公司

书　　号　ISBN 978-7-5578-9377-4
定　　价　58.00 元

# 《建筑工程管理与结构设计》编审会

| | | | |
|---|---|---|---|
| 马　兵 | 王　勇 | 刘　军 | 周　沪 |
| 郑　敏 | 葛晓亮 | 苏国强 | 李　潇 |
| 张　驰 | 付俊飞 | 郝志超 | 袁晓明 |
| 王怀远 | 宋余松 | 刘　葵 | 刘俊俊 |
| 单正平 | 常龙杰 | 楚利峰 | 黄晓杰 |
| 陈书高 | 李路萍 | 薛培杰 | 谢丽萍 |
| 彭　望 | 王文华 | 毛　磊 | 董圆圆 |

# 前言

建筑是人类从事各种活动的主要场所，建筑业的发展是现代经济社会发展的重要推动力量，它对拉动经济发展，促进社会进步起到了关键作用。近年来，建筑业的技术水平与管理能力不断提升，掀起了中国建筑工程的建设热潮，但是，建筑能耗高、能效低下的粗放型发展模式并未彻底改变，我国建筑行业弊端逐渐凸显，绿色建筑理念成为建筑业发展的必然趋势，对于我国建筑工程管理有着重要的改革作用。

随着我国市场经济的飞速发展和城市化进程的日益加快，人们对居住环境的要求不断提高，这在一定程度上大大提高了施工的难度，并且形成了现代建筑行业的激烈竞争。在我国的建筑工程中还存在很多问题，所以我们应该大大加强对建筑工程管理的投资和研究。

随着建筑市场经济发展，过去市场的竞争已经转化为工程质量的竞争。整个建筑施工过程，是通过技术要求及合同精确地定义过程中下一个公司将做的工作，这种施工过程可以使建设者承担的风险降低到最小程度，而业主的利益来自选择新的设计队伍、新的承包商及新的材料商。这导致项目管理系统庞大，包括组织指挥系统、技术信息系统、经营管理系统、设备管理系统等多个系统，进而组织指挥协调难度大。但是为了加强建筑工程质量，也要求项目管理系统既精干、高效，又灵活、畅达。

本书属于建筑工程管理与结构设计方面的著作，是应用型土木工程专业、工程管理专业等建筑类专业的一门核心课程，在建筑领域占有非常重要的地位。本书内容覆盖建筑工程质量、安全和检测要求的知识点，注重实践性教学环节，且理论与实践相结合，培养学生理论联系实际、解决实际问题的能力。全书主要研究施工全过程的工程管理与控制，分析建设项目管理方式方法，阐述施工项目全过程的各阶段的结构设计，对从事工程管理专业的研究学者与结构设计工作者有学习及参考的价值。

# Catalog 目录

# 第一章　建筑工程管理概述

## 第一节　建筑工程的内涵

建筑工程具有强大的生命力和永恒性，是一个古老而年轻的学科。古老是因为它的诞生和萌芽始于 17 世纪。年轻是因为随着科学技术的进步和时代的发展，建筑工程被不断注入新的内涵和活力，呈现出勃勃生机。目前，建筑工程已经演变成一个由新理论、新技术、新材料、新工艺及新方法武装起来的为众多领域和行业不可或缺的大型综合性学科。

### 一、建筑工程的含义及基本属性

建筑工程是指新建、改建或扩建房屋建筑所进行的规划、勘察、设计、施工、管理等各项技术工作和完成的工程实体。建筑工程一般可分为一般土建工程（包括基础、主体、屋面）、装饰装修工程（包括幕墙、墙面、地面及门窗）和水暖电安装工程。建筑工程的基本属性包括以下几点：

#### （一）综合性

一项建筑工程项目的建设，一般都要经过勘察、设计和施工等阶段，都需要运用地质勘查、工程测量、建筑力学、建筑结构、工程设计、建筑材料、建筑设备、建筑经济施工技术、施工组织等学科领域的知识以及电子计算机和力学测试等技术。随着科学技术的进步和工程实践的发展，建筑工程这个学科也已发展成为内涵广泛、门类众多及结构复杂的综合体系。

### （二）社会性

建筑工程是伴随人类社会的进步而发展起来的，所建造的建筑物和构筑物反映出不同历史时期社会、经济、文化、科学、技术和艺术发展的面貌。建筑工程在相当大的程度上，已成为社会政治和历史发展的外在特征和标志成为社会历史发展的见证之一。

### （三）实践性

建筑工程是通过工程实践，总结成功的经验，尤其是吸取失败的教训发展起来的。从 17 世纪开始，以伽利略和牛顿为先导的近代力学同建筑工程实践结合起来，逐渐形成材料力学、结构力学、流体力学、岩体力学等，作为建筑工程的基础理论的学科。这样建筑工程才逐渐从经验发展成为科学。在建筑工程的发展过程中，工程实践经验常先行于理论，工程事故常显示出未能预见的新因素，触发新理论的研究和发展。至今不少工程问题的处理，在很大程度上仍然依靠实践经验。

建筑工程技术的发展之所以主要凭借工程实践而不是凭借科学试验和理论研究，有两个原因：一是有些客观情况过于复杂，难以如实地进行室内实验或现场测试和理论分析。例如，地基基础、地下工程的受力和变形的状态及其随时间的变化，至今还需要参考工程经验进行分析判断。二是只有进行新的工程实践，才能揭示新的问题。例如，建造了高层建筑，建筑工程的抗风和抗震问题突出，才能发展出这方面的理论和技术。

### （四）技术、经济和艺术的统一性

建筑工程是为人类需要服务的，人们总是力求最经济地通过各项技术活动建造一项工程设施，用来满足使用者的预定需要，达到理想的艺术效果。所以它必然是集一定历史时期社会经济、技术和文化艺术的产物，是技术、经济和艺术统一的结果。追求技术、经济和艺术的统一性，是建筑工程学科的出发点及最终归宿。

## 二、建筑工程的重要性

建筑工程内涵丰富、专业覆盖面广，是国家的基础产业和支柱产业。建筑工程对人类的生存、国民经济的发展、社会文明的进步起着举足轻重的作用，其重要性主要体现在建筑工程的基础性、带动性、综合性和恒久性。

### （一）基础性

建筑工程是一个国家的基础产业和支柱产业，因为建筑工程与人类的生活、生产乃至生存息息相关、密不可分。只有建筑工程设施先行建设好，人们的生活、工作、学习和其他产业才有活动的空间，才有发展的基础和支持。多数行业的起步和发展，大都由建筑工程充当先行官，国民经济各行各业的发展都或多或少地离不开建筑工程。

### （二）带动性

建筑工程对国民经济发展的带动作用，主要表现在建筑工程的资金投入大，带动行业多，是挖掘和吸纳劳动力资源的重要平台之一。在漫长的人类社会发展史上，它显示了极强的生命力，这种强大的生命力源于人类生活乃至生产对它的依赖和与它的关联。我们很难找出一个与建筑工程毫无关系的行业，何况建筑工程自身又不断地用现代高科技来充实武装自己。这种与时俱进的发展和壮大，又进一步增强了它的生命力及其与各行各业的依存关系。近年来，随我国城市化建设的持续深入和社会主义新农村建设的蓬勃开展，建筑工程的行业贡献率和对国民经济的拉动作用还将有持续增长的势头。

### （三）综合性

现代科学技术的发展和时代的进步，不断为建筑工程技术注入新理念，提供新工具，造就新工艺，提出新要求。特别是现代工程材料的变革，力学理论的进步，计算机应用的推广，对建筑工程的发展、进步和更新起着极为重要的推动作用。时至今日，建筑工程面对的已经不仅仅是往昔传统意义上的砖瓦砂石堆砌，而是有较高科技含量的现代工程设施建设。建筑工程已经发展成为由新理论、新概念、新材料、新工艺、新方法、新技术、新结构、新设备等武装起来的、涉及行业多及内涵深邃的大型综合性工程。

### （四）恒久性

建筑工程的恒久性体现在建筑工程的使用周期长、建筑工程的效益丰厚及建筑工程在防灾减灾中承担着积极的不可替代的作用。

## 三、现代建筑工程的简述

现代建筑工程为20世纪中叶至今的建筑工程。产业革命以后，特别是到了20世纪，一方面社会向建筑工程提出了新的需求；另一方面社会各个领域为建筑工程的发展创造了良好的条件，因而这个时期的建筑工程得到突飞猛进的发展。

现代建筑已经不仅仅是技术与艺术的结晶，而是与人、环境及自然有着密切联系的产物，如保持生态平衡的自然条件、无污染的“绿色建筑”、舒适方便的智能建筑、低耗能源的节能建筑、便于邻里交往的高层住宅建筑等，5层以上的摩天大楼，百米以上的大跨度建筑，各种新颖的建筑材料、结构和设备，以及形形色色的建筑外观，不断地改变着人们对建筑的印象。

现代建筑工程主要有以下几个特点：

### （一）重视建筑环境质量

首先是建筑物室外的自然环境。如居住区必须有一定比例的面积作为绿化用地，种植树木、花卉、草坪及绿篱等，以净化空气，减少噪声，为人们提供一个安静休息及进行保健活动的场所。至于公共建筑，就更需要有个优美的自然环境，如疗养建筑、旅游建筑一般都选在有山、有水的山麓或海边，绿绿的树林，蓝蓝的海水，令人心旷神怡。即使是大城市闹市区，室外也有一定面积的绿化区。高级宾馆、饭店中还建有室内中庭，在几层楼高的大空间中，有绿化、有喷泉且有假山，景色宜人，犹如室外自然环境。

其次是建筑物室内环境卫生。室内装饰材料如塑料墙纸等往往含有挥发性有机物的气体，还有建筑材料中所含的放射性衰减物质，对人体健康都有害。

其他如厨房燃气及油烟等，也应引起了人们的重视。

建筑物以外的环境，如城市中工厂或街道上车辆的噪声污染，相邻建筑物的反光玻璃引起的影响视力的光污染等，也逐渐提到议事日程上来。

### （二）平面或空间适应性强、灵活性大

现代生活对建筑功能的要求比以往要复杂很多，绚烂多彩的生活必须有新的建筑为其服务。于是，医院、影剧院、宾馆、写字楼、实验室等许多以前从未有过的建筑类型涌现出来，而且还有许多新的建筑类型正在随着社会的发展和科技的进步而出现。

由于人们生活水平日益提高，并考虑到发展的需要，要求建筑物的平面或空间在使用功能上要具有充分的适应性及改变的灵活性。特别是公共建筑，除楼梯、电梯间等难以改变的之外，对其他住房总希望可以根据需要进行灵活分割。如住房的卧室、起居室，办公楼的办公室，宾馆、饭店的餐厅等。

从整体建筑来说，不满足于单一功能或主要功能，而要求能适应多功能的需要，成为多功能建筑，如有的体育馆不单是作为体育锻炼、运动竞赛之用，在增加了某些设备或设施情况下，就可作为文艺演出所用。

由多个不同使用功能的部分组合在一起的建筑称为综合体建筑或称建筑综合体。它有两种组合形式，一种是在一单体建筑内，各层使用功能不同，或在同一层内，各个房间使用功能不同，如国内外兴建的许多高层大厦或大型中心，集办公、公寓、贸易、商业、饮食、娱乐与体育健身于一体，屋顶有直升机场，地下有多层车库，真可谓大型的综合体建筑。还有一种组合形式，就由不同功能的多幢建筑组合成一个综合建筑群体。

### （三）新材料、新技术不断涌现

现代建筑所用材料，除仍沿用传统的砖瓦灰砂石及钢木、混凝土等外，也在向“高新”方向发展普通混凝土向轻骨料混凝土、加气混凝土和高性能混凝土发展，钢材向低合金、高强度方向发展。一批轻质高强度材料，如铝合金、建筑塑料、陶瓷、玻璃钢也得到迅速发展。

建筑设备的发展得到了空前的提高。日光灯、空调和一系列现代化电气设备被运用于建筑中，人们对建筑的室内外环境如声、光、热等也提出了新的要求。

新技术如预应力技术、复合构件技术、空间结构技术、节能技术、人工气候技术及近年来提出的智能建筑技术等，均为现代建筑提供安全、舒适，经济、美观的条件：

建筑工程施工中出现了在工厂里成批生产房屋的各种构配件、组合体，再将它们运到建设场地进行拼装的方式。此外，各种先进的施工手段，例如大型吊装设备、混凝土自动搅拌输送设备、现场预制模板、土石方工程中的定向爆破技术也得到很大发

展。

### （四）设计理论的精确化、科学化

建筑工程设计由人工手算、人工做建筑方案比较、人工制图到计算机辅助设计、计算机优化设计、计算机制图。结构理论分析由线性分析到非线性分析，由平面分析到空间分析，由单个分析到系统的综合整体分析，由静态分析到动态分析，由经验定值分析到随机分析乃至随机过程分析，由数值分析到模拟试验分析。此外，建筑工程相关理论，如可靠度理论、土力学和岩体力学理论及结构抗震理论，动态规划理论、网络理论等也得到迅速发展。

### （五）高层建筑、大跨度建筑大量兴起，地下工程高速发展

城市人口过度集中、膨胀，建筑用地有限，只能往高空及地下延伸发展，而且多层与单层、高层与多层相比，既可以节约用地，又可以减少市政设施，节约投资。再者，建筑结构技术及材料技术的发展为房屋建筑向上延伸、向下发展创造了有利条件。因此，近50多年来，在世界许多大城市，高层建筑、地下工程得到了广泛的推广及应用。

## 第二节　建筑工程项目管理

### 一、工程项目管理的概念、职能和类型

工程项目管理是指从事工程项目管理的企业（以下简称工程项目管理企业）受业主委托，按照合同约定，代表业主对工程项目的组织实施进行全过程或若干阶段的管理和服务。工程项目管理企业不直接与该工程项目的总承包企业或勘察、设计、供货、施工等企业签订合同，但可以按合同约定，协助业主与工程项目的总承包企业或勘察、设计、供货、施工等企业签订合同，并受业主委托监督合同的履行。工程项目管理的具体方式及服务内容、权限、取费和责任等，由业主与工程项目管理企业在合同中约定。

工程项目管理是以工程项目为管理对象，在既定的约束条件下，为最优地实现项目目标，根据工程项目的内在规律，对工程项目寿命周期全过程进行有效的计划、组织、指挥、控制和协调的系统管理活动。

工程项目管理的职能包括：策划职能、决策职能、计划职能、组织职能、控制职能、协调职能、指挥职能及监督职能。

根据管理主体、管理对象、管理范围的不同，工程项目管理可分为建设项目管理、设计项目管理、施工项目管理、咨询项目管理及监理项目管理等。

### 二、工程项目管理的特点

近代项目管理学科源于20世纪50年代，从20世纪60年代起，国际上许多人

对项目管理产生了浓厚的兴趣。工程项目管理是特定的一次性任务的管理，它能够使工程项目取得成功，是其职能和特点决定的。工程项目管理的特点如下：

第一，管理目标明确。

第二，以项目经理为中心的系统的动态的管理。

第三，项目管理理论、方法、手段的科学化。

其一，现代管理方法的应用。如预测技术、决策技术、数学分析方法、数理统计方法、模糊数学、线性规划、网络技术、图论及排队论等。

其二，管理手段的信息化。21 世纪的项目管理将更多地依靠计算机技术和网络技术，新世纪的项目管理必将成为信息化管理。

其三，现代管理理论的应用。如系统论、信息论、控制论、行为科学等在项目管理中的应用。

第四，项目管理的社会化、专业化。

第五，项目管理的标准化和规范化。

第六，项目管理国际化。

## 三、工程项目管理的框架体系

### （一）主要特征

动态管理、优化配置、目标控制和节点考核。

### （二）运行机制

总部宏观调控、项目委托管理、专业施工保障及施工力量协调。

### （三）组织结构

“两层分离，三层关系”，即管理层与作业层分离；项目层次与企业层次的关系、项目经理与企业法人代表的关系、项目经理部和劳务作业层的关系。

### （四）推行主体

“两制建设，三个升级”，即项目经理责任制和项目成本核算制；技术进步、科学管理升级，总承包管理能力升级，智力结构、资本运营升级。

### （四）基本内容

“四控制，三管理，一协调”，即进度、质量、成本、安全控制，现场（要素）、信息、合同管理，组织协调。

### （六）管理目标

“四个一”，即一套新方法，一支新队伍，一代新技术及一批好工程。

## 四、工程项目管理的内容和程序

### （一）工程项目管理的内容

项目管理的目标是通过项目管理工作实现的。为了实现项目管理目标，必须对项目进行全过程的、多方面的管理，项目管理的内容如下：

1. 建立项目管理组织

项目经理部是由项目经理在企业的支持下组建并领导项目管理的一次性组织机构，一般由项目经理、项目副经理以及其他技术人员和管理人员组成。一般项目可设技术员、施工员、预算员、计划统计员、成本员、材料员、质量安全员等职能岗位。建筑工程项目管理的组织形式有直线职能式、事业部式、矩阵式等。

2. 编制项目管理规划

项目管理规划是对项目管理目标、组织、内容、方法、步骤及重点等进行预测和决策，做出具体安排的文件。项目管理规划分为项目管理规划大纲和项目管理实施规划两类。

3. 进行项目的目标控制

项目的目标有阶段性目标和最终目标，实现各项目标是项目管理的目的所在。项目的控制目标有进度控制目标、质量控制目标、成本控制目标和安全控制目标。

由于在项目目标的控制过程中，会不断受到各种客观因素的干扰，各种风险有随时发生的可能性，故应通过组织协调和风险管理，对项目目标进行动态控制。

4. 对项目现场的生产要素进行优化配置和动态管理

项目的生产要素是项目目标得以实现的保证，主要包括了人力资源、材料、设备、资金和技术（即 5M）。

5. 项目的合同管理

项目管理是在市场条件下进行的特殊交易活动的管理，这种交易活动从招投标开始，贯穿项目管理的全过程，必须依法签订合同，进行履约经营。

6. 项目的信息管理

项目的信息管理是指对信息的收集、整理、处理、储存、传递与应用等一系列工作的总称。信息管理的目的就是通过有组织的信息流动，使决策者能及时、准确地获得相应的信息。

7. 组织协调

组织协调是指以一定的组织形式、手段及方法，对项目管理中产生的关系不畅进行疏通，对产生的干扰和障碍予以排除的活动。

### （二）工程项目管理的程序

项目管理的各种职能及各管理部门在项目过程中形成的关系，有工作过程的联系（工作流），也有信息联系（信息流），构成了一个项目管理的整体运作的基本逻辑关系。工程项目管理的程序如下：

1. 编制项目管理规划大纲。

2. 编制投标书并进行投标。

3. 签订施工合同。

4. 选定项目经理。

5. 项目经理接受企业法定代表人的委托组建项目经理部。

6. 企业法定代表人与项目经理签订“项目管理目标责任书”。

7. 项目经理部编制“项目管理实施规划”。

8. 进行项目开工前的准备。

9. 施工期间按“项目管理实施规划”进行管理。

10. 在项目竣工验收阶段，进行竣工结算，清理各种债权债务，移交资料和工程。

11. 进行经济分析，做出项目管理总结报告并送企业管理层有关职能部门。

12. 企业管理层组织考核委员会对项目管理工作进行考核评价并兑现“项目管理目标责任书”中的奖罚承诺。

13. 项目经理部解体。

14. 保修期满前，企业管理层根据“工程质量保修书”及相关约定进行项目回访保修。

## 五、工程项目管理的主要方法

### （一）工程项目管理方法的分类

按管理目标分类，项目管理方法有进度管理方法、质量管理方法、成本管理方法和安全管理方法。按管理方法的量性分类，项目管理方法有定性方法、定量方法和综合管理方法。按管理方法的专业性质分类，项目管理方法有行政管理方法、经济管理方法、技术管理方法及法律管理方法等。

### （二）项目管理的主要方法

项目管理的基本方法是目标管理方法，而各项目目标的实现有其适用的主要专业方法。

施工项目管理的任务集中在实现质量、进度、成本和安全等具体目标上。这几个目标的特点不一样，必须有针对性地采用相应的管理方法。质量目标控制的主要方法是“全面质量管理”，进度目标控制的主要方法是“网络计划管理”，成本目标控制的主要方法是“可控责任成本”，安全目标控制主要方法是“安全生产责任制”。

## 六、工程项目管理的组织

组织是指组织机构，即按一定的领导体制、部门设置、层次划分、职责分工、规章制度和信息系统等构成的人的结合体。组织也指组织行为，即通过一定权利和影响力，对所需资源进行合理配置，以实现一定的目标。

组织的基本内容包括组织设计、组织关系、组织运行和组织调整。组织构成的要素有合理的管理层次、合理的管理跨度、合理划分部门、合理确定职责等。组织活动的基本原理有要素有用性原理、动态相关性原理、主观能动性原理及规律效应性原理。

### （一）工程项目组织管理模式

#### 1. 总承包模式

将工程项目全过程或其中某个阶段（如设计或施工）的全部工作发包给一家资质条件符合要求的承包单位，由该承包单位再将若干专业性较强的部分工程任务发包给不同的专业承包单位去完成，并统一协调和监督各分包单位的工作。业主只与总包单位发生直接关系，而不与各专业分包单位发生关系。其特点：

（1）有利于项目的组织管理。

（2）有利于控制工程造价。

（3）有利于控制工程质量。

（4）有利于缩短建设工期。

（5）招标发包工作难度大。

（6）对总承包商而言，责任重、风险大、获得高额利润的潜力也比较大。

#### 2. 平行承包模式

业主将工程项目的设计、施工以及设备及材料采购的任务分别发包给多个设计单位、施工单位和设备材料供应商，并分别与各承包商签订合同。其特点：

（1）有利于业主择优选择承包商。

（2）有利于控制工程质量。

（3）有利于缩短建设工期。

（4）组织管理和协调工作量大。

（5）工程造价控制难度大。

（6）相对于总承包模式而言，平行承包模式不利于发挥那些技术水平高、综合管理能力强的承包商的综合优势。

#### 3. 联合体承包模式

由几家公司联合起来成立联合体去竞争承揽工程建设任务，以联合体的名义与业主签订工程承包合同。其特点：

（1）业主的合同结构简单，组织协调工作量小，有利工程造价和建设工期的控制。

（2）联合体的各成员单位增强了竞争能力和抗风险能力。

#### 4. 合作体承包模式

几家公司自愿结成合作伙伴，成立一个合作体，以合作体的名义与业主签订工程承包意向合同，达成协议后，各公司再分别与业主签订工程承包合同，并在合作体的统一计划、指挥和协调下完成承包任务。他的特点：

（1）业主的组织协调工作量小，但风险较大。

（2）各承包商之间既有合作的愿望，又不愿意组成联合体

5. EPC 承包模式

EPC 承包模式也称为项目总承包，是指一家总承包商或承包商联合体对整个工程的设计、材料设备采购、工程施工实行全面、全过程的“交钥匙”承包。其特点：

（1）业主的组织协调工作量小，但是合同管理难度大。

（2）有利于控制工程造价。

（3）有利于缩短工期。

（4）对总承包商而言，责任重、风险大、获得高额利润的潜力也比较大。

6. CM 承包模式

由业主委托一家 CM 单位承担项目管理工作，该 CM 单位以承包商的身份进行施工管理，并在一定程度上影响工程设计活动，组织快速路径的生产方式，使工程项目实现有条件的“边设计、边施工”。其特点：

（1）采用快速路径法施工。

（2）CM 单位有代理型（Agency）和非代理型（Non-Agency）两种。

（3）CM 合同采用成本加酬金方式。

实施 CM 承包模式的价值包括工程质量控制方面的价值、工程进度控制方面的价值和工程造价控制方面的价值。

7. Partnering 模式

Partnering 模式的组成要素有长期协议；资源共享、风险共担；相互信任；共同的目标及合作。其特点是：

（1）出于自愿。

（2）高层管理的参与。

（3）Partnering 协议不是法律意义上的合同。

（4）信息的开放性。

## （二）工程项目管理组织机构形式

1. 直线制

各种职位均按直线排列，项目经理直接进行单线领导。这种组织机构形式的优点是结构简单、权力集中、易于统一指挥、隶属关系明确、职责分明、决策迅速。但是，这种组织机构形式也存在不足之处，主要表现在：要求领导者通晓各种业务，成为“全能式”人才；无法实现管理工作专业化，不利项目管理水平的提高。

2. 职能制

在各管理层次之间设置职能部门，各职能部门分别从职能角度对下级执行者进行业务管理。在职能制组织机构中，各级领导不直接指挥下级，而是指挥职能部门。各个职能部门可以在上级领导的授权范围内，就其所辖业务范围向下级执行者发布命令和指标。

这种组织机构形式的优点是强调管理业务的专门化，注意发挥各类专家在项目管理中的作用。易于提高工作质量，同时可以减轻领导者的负担。

但是，这种组织机构形式也存在不足之处，主要表现在：没有处理好管理层次和管理部门的关系，形成多头领导，使得下级执行者接受多方指令，容易造成职责不清。

3. 直线职能制

在各管理层次之间设置职能部门，但职能部门只作为本层次领导的参谋，在其所辖业务范围内从事管理工作，不直接指挥下级，和下一层次的职能部门构成业务指导关系。职能部门的指令，必须经过同层次的领导的批准才能下达。各管理层次之间按直线制的原理构成直接上下级关系。

这种组织机构形式的优点是既保持了直线制统一指挥的特点，又满足了职能制对管理工作专业化分工的要求。其主要优点是集中领导、职责清楚，有利于提高管理效率。

但是，这种组织机构形式也存在不足之处，主要表现在：各职能部门之间的横向联系差，信息传递路线长，职能部门与指挥部门之间容易产生矛盾。

4. 矩阵制

按职能划分的部门和按工程项目（或产品）设立的管理机构，依照矩阵方式有机地结合起来的一种组织机构形式。

这种组织机构形式的优点是能根据工程任务的实际情况灵活地组建与之相适应的管理机构，具有较大的机动性和灵活性。它实现集权与分权的最优结合，有利于调动各类人员的工作积极性，使工程项目管理工作顺利进行。但是，这种组织机构形式也存在不足之处，矩阵制组织机构经常变动，稳定性差，尤其是业务人员的工作岗位频繁调动。此外，矩阵中的每一个成员都受项目经理和职能部门经理的双重领导，如果处理不当，会造成矛盾，产生了扯皮现象。

# 第三节 建设工程监理

## 一、建设工程监理的概念、范围及依据

### （一）建设工程监理的概念

建设工程监理即指具有相应资质的工程监理企业，接受建设单位的委托，承担其项目管理工作，并代表建设单位对承建单位的建设行为进行监控的专业化服务活动。其特性主要表现为监理的服务性、科学性、独立性和公正性。

建设监理是商品经济发展的产物。工业发达国家的资本占有者，在进行一项新的投资时，需要一批有经验的专家进行投资机会分析，制定投资决策；项目确立后，又需要专业人员组织招标活动，从事项目管理和合同管理工作。建设监理业务便应运而生，而且随着商品经济的发展，不断得到充实完善，逐渐成为了建设程序的组成部分和工程实施惯例。推行建设工程监理制度的目的是确保工程建设质量和安全，提高工

程建设水平，充分发挥投资效益。

### （二）建设工程监理的范围

根据工程建设监理有关规定，建筑工程实施强制监理的范围包括：

1. 国家重点建设工程。
2. 大中型公用事业工程。
3. 成片开发建设的住宅小区工程。
4. 利用外国政府或者国际组织贷款及援助资金的工程。
5. 国家规定必须实行监理的其他工程。

省、自治区、直辖市的政府和建设行政主管部门根据本地区的情况，对建设工程监理范围还有补充规定的，按补充规定执行。

### （三）建设工程监理的依据

根据《建筑法》和建设监理的有关规定，建设监理的依据有下面几点：

1. 国家法律、行政法规。
2. 国家现行的技术规范、技术标准。
3. 建设文件、设计文件和设计图纸。
4. 依法签订的各类工程合同文件等。

## 二、建设工程监理的任务及内容

建设工程监理的主要任务是控制工程建设投资、建设工期和工程质量，即为三大控制；进行工程建设合同管理及信息管理；协调与有关单位的工作关系。用六个字概括就是“协调”“管理”与“控制”。建设工程监理的协调、管理、控制三大任务中，控制是核心，协调与管理是为控制服务的，监理的最终目的是使工程项目投资省、质量高、按期或者提前完工。

建设工程监理分为建设前期阶段、勘察设计阶段、施工招标阶段、施工阶段和保修阶段的监理。概括地来说建设工程监理的工作内容可以总结为三控制、三管理、一协调。

### （一）三控制

三控制包括的内容有：投资控制、进度控制、质量控制。

1. 建设工程项目投资控制，就是在建设工程项目的投资决策阶段、设计阶段、施工阶段以及竣工阶段，把建设工程投资控制在批准的投资限额内，随时纠正发生的偏差，以保证项目投资管理目标的实现，力求在建设工程中合理使用人力、物力、财力，取得较好的投资效益和社会效益。监理工程师在工程项目的施工阶段进行投资控制的基本原理是把计划投资额作为投资控制的目标值，在施工阶段，定期进行投资实际值与目标值的比较。通过比较发现并找出实际支出额和投资目标值之间的偏差，然后分析产生偏差的原因，采取有效的措施加以控制，以确保投资控制目标的实现。这

种控制贯穿于项目建设的全过程，是动态的控制过程。要有效地控制投资项目，应从组织、技术、经济、合同与信息管理等多方面采取措施。从组织上采取措施，包括明确项目组织结构、明确项目投资控制者及其任务，来使项目投资控制有专人负责，明确管理职能分工；从技术上采取措施，包括重视设计方案选择，严格审查监督初步设计、技术设计、施工图设计、施工组织设计、渗入技术领域研究节约投资的可能性；从经济上采取措施，包括动态地比较项目投资的实际值和计划值，严格审查各项费用支出，采取节约投资的奖励措施等。

2. 进度控制是指对工程项目建设各阶段的工作内容、工作程序、持续时间和衔接关系，根据进度总目标及资源优化配置的原则，编制计划并付诸实施，然后在进度计划的实施过程中经常检查实际进度是否按计划进行，对出现的偏差情况进行分析，采取有效的补救措施，修改原计划后再付诸实施，如此循环，直到建设工程项目竣工验收交付使用。建设工程进度控制的最终目标是确保建设项目按预定时间交付使用或提前交付使用。建设工程进度控制的总目标是建设工期。影响建设工程

进度的不利因素很多，如人为因素、设备、材料及构配件因素、机具因素、资金因素及水文地质因素等。常见影响建设工程进度的人为因素有：

（1）建设单位因素：如建设单位因使用要求改变而进行的设计变更；不能及时提供建设场地满足施工需要；不能及时向承包单位及材料供应单位付款；

（2）勘察设计因素：如勘察资料不准确，特别是地质资料有错误或遗漏；设计有缺陷或错误；设计对施工考虑不周，施工图供应不及时等；

（3）施工技术因素：如施工工艺错误；施工方案不合理等；

（4）组织管理因素：如计划安排不周密，组织协调不力等。

3. 建筑工程质量是指工程满足建设单位需要的，符合国家法律、法规、技术规范标准、设计文件及合同规定的特性综合。建设工程作为一种特殊的产品，除具有一般产品共有的质量特性，如适用性、寿命、可靠性、安全性、经济性等满足社会需要的使用价值和属性外，还具有特定的内涵。建设工程质量的特性主要表现在适用性、耐久性、安全性、可靠性、经济性和与环境的协调性。工程建设的不同阶段，对工程质量的形成起到不同的作用和影响。影响工程的因素很多，但归纳起来主要有五个方面：人、机、料、法、环。人员素质、工程材料、施工设备、工艺方法、环境条件都影响着工程质量。

### （二）三管理

三管理指的是：合同管理、安全管理和风险管理。

1. 合同管理

合同是工程监理中最重要的法律文件。订立合同是为证明一方向另一方提供货品或者劳务，它是订立双方责、权、利的证明文件。施工合同的管理是项目监理机构一项重要的工作，整个工程项目的监理工作即可视为施工合同管理的全过程。

2. 安全管理

建设单位施工现场安全管理包括两层含义：一是指工程建筑物本身的安全，即工程建筑物的质量是否达到了合同的要求；二是施工过程中人员的安全，特别是工程项目建设有关各方在施工现场施工人员的生命安全。

监理单位应建立安全监理管理体制，确定安全监理规章制度，检查指导项目监理机构的安全监理工作。

3. 风险管理

风险管理是对可能发生的风险进行预测、识别、分析及评估，并在此基础上进行有效的处置，以最低的成本实现最大目标保障。工程风险管理是为了降低工程中风险发生的可能性，减轻或消除风险的影响，以最低的成本取得对工程目标保障的满意结果。

### （三）一协调

一协调主要指的是施工阶段项目监理机构的组织协调工作。

工程项目建设是一项复杂的系统工程。在系统中活跃着建设单位、承包单位、勘察单位、监理单位、政府行政主管部门以及与工程建设有关的其他单位。

在系统中监理单位具备最佳的组织协调能力。主要原因是：监理单位是建设单位委托并授权的，是施工现场唯一的管理者，代表建设单位，并根据委托监理合同及有关的法律、法规授予的权利，对整个工程项目的实施过程进行监督并管理。监理人员都是经过考核的专业人员，他们有技术，会管理，懂经济，通法律，一般要比建设单位的管理人员有着更高的管理水平、管理能力和监理经验，可以驾驭工程项目建设过程的有效运行。

## 三、项目监理工作程序

工程项目施工阶段的监理，是指工程项目已经完成施工图设计，并已经完成施工投标招标工作、签订建设工程施工合同以后，从工程项目的承建单位进场准备、审查施工组织设计开始，一直到工程竣工验收、备案、竣工资料存档的全过程实施的监理。

监理工作程序包括组建监理班子进驻施工现场、制定监理工作方法、建立监理工作报告制度、编制项目监理规划和实施细则、组织召开监理工作交流会、实施工程监理、组织工程初验、编写工程评估报告、协助建设单位组织竣工验收、施工阶段监理总结等。

监理工作完成后，项目监理机构应及时从两方面进行监理工作总结。其一，是向业主提交的监理工作总结，其主要内容包含：委托监理合同履行情况概述，监理任务或监理目标完成情况的评价，由业主提供的供监理活动使用的办公用房、车辆、试验设施等的清单，表明监理工作终结的说明等。其二，是向监理单位提交的监理工作总结，其主要内容包括：①监理工作的经验，可以是采用某种监理技术、方法的经验，也可以是采用某种经济措施、组织措施的经验以及委托监理合同执行方面的经验或如何处理好与业主、承包单位关系的经验等；②监理工作中存在的问题及改进的建议。

## 四、工程监理单位

工程监理单位是指受业主的委托和授权，以自己合格的技能和丰富的经验为基础，依照国家有关工程建设的法律、法规、设计文件、合同等，对工程项目建设实施一系列技术服务活动的建设工程监理企业，一般称作工程建设监理公司或工程建设监理事务所。监理单位是受项目法人委托的技术和管理服务方，主要职责是“三控（质量控制、投资控制、进度控制）、三管（合同管理、安全管理、风险管理）、一协调（组织协调承建单位与建设单位的关系）”。

### （一）监理单位的资质

监理单位的资质是指从事建设工程监理业务的工程监理企业，应当具备的注册资本、专业技术人员的素质、管理水平及工程监理业绩等。

工程监理企业的资质等级分为甲级、乙级及丙级，并按照工程性质和技术特点划分为若干个工程类别。

### （二）监理单位与建设单位的关系

第一，建设单位与监理单位的关系是平等的合同约定关系，是委托与被委托的关系。监理单位所承担的任务由双方事先按平等协商的原则确定于合同之中，建设工程委托监理合同一经确定，建设单位不得干涉监理工程师的正常工作；监理单位依据监理合同中建设单位授予的权利行使职责，公正独立开展监理工作。

第二，在工程建设项目监理实施的过程中，总监理工程师应定期（月、季、年度）根据委托监理合同的业务范围，向建设单位报告工程进展情况、存在问题，并提出建议和打算。

第三，总监理工程师在工程建设项目实施的过程中，严格按建设单位授予的权利，执行建设单位与承建单位签署的建设工程施工合同，但无权自主变更建设工程施工合同，可以及时向建设单位提出建议，协助建设单位和承建单位协商变更建设工程施工合同。

第四，总监理工程师在工程建设项目实施的过程中，是独立的第三方，建设单位与承建单位在执行建设工程施工合同过程中发生的任何争议，均须提交总监理工程师调解。

总监理工程师接到调解要求后，必须在30日内将处理意见书面通知双方。如果双方或其中任何一方不同意总监理工程师的意见，在15日内可直接请求当地建设行政主管部门调解，或请当地经济合同仲裁机关仲裁。

第五，工程建设监理是有偿服务活动，酬金及计提办法，由建设单位与监理单位依据所委托的监理内容、工作深度、国家或地方的有关规定协商确定，并且写入委托监理合同。

### （三）监理单位与承建单位的关系

第一，监理单位在实施监理前，建设单位必须将监理的内容、总监理工程师的姓名、所授予的权限等，书面通知承建单位。监理单位与承建单位之间是监理与被监理的关系，承建单位在项目实施的过程中，必须接受监理单位的监督检查，并为监理单位开展工作提供方便，按照要求提供完整的原始记录、检测记录等技术及经济资料；监理单位应为项目的实施创造条件，按时按计划做好监理工作。

第二，监理单位与承建单位之间没有合同关系，监理单位所以对工程项目实施中的行为具有监理身份，一是建设单位的授权；二是在建设单位与承建单位为甲、乙方的建设工程施工合同中已经事先予以承认；三是国家建设监理法规赋予监理单位具有监督实施有关法规、规范、技术标准的职责。

第三，监理单位是存在于签署建设工程施工合同的甲乙双方之外的独立一方，在工程项目实施的过程中，监督合同的执行，体现其公正性、独立性和合法性；监理单位不直接承担工程建设中进度、造价和工程质量的经济责任和风险。监理人员也不得在受监工程的承建单位任职、合伙经营或发生经营性隶属关系，不应参与承建单位的盈利分配。

#### （四）监理单位与质量监督机构的区别

建设工程监理和质量监督是我国建设管理体制改革中的重大措施，是为确保工程建设的质量、提高工程建设的水平而先后推行的制度。质量监督机构在加强企业管理、促进企业质量保证体系的监理、确保工程质量、预防工程质量事故等方面起到了重要作用，两者关系密不可分、相互紧密联系。工程监理单位要接受政府委托的质量监督机构的监督和检查；工程质量监督机构对工程质量的宏观控制也有赖于项目监理机构的日常管理、检查等微观控制活动。监理机构在工程建设中的地位和作用，也只有通过在工程中的一系列控制活动才能得到进一步加强。对于工程质量监督机构和监理单位正确认识和了解，将有助于工程项目管理工作更好地开展。

## 第四节　建设工程项目招投标

### 一、建设工程招标投标的概念及分类

#### （一）建设工程招标投标的概念

招标投标是在市场经济条件下进行工程建设等经济活动的一种竞争形式和交易方式，是引入竞争机制订立合同（契约）的一种法律形式。

从法律意义上讲，建设工程招标一般是建设单位（或业主）就拟建的工程发布通告，用法定方式吸引建设项目的承包单位参加竞争，进而通过法定程序从中选择条件优越者来完成工程建设任务的法律行为。建设工程投标通常是经过特定审查而获得投标资格的建设项目承包单位，按照招标文件的要求，在规定的时间内向招标

单位填报投标书，并争取中标的法律行为。建设工程招标投标，是指建设单位或个人（即招标人）通过招标的方式，将工程建设项目的勘察、设计、施工、材料设备

供应、监理等业务，一次或分步发包，由具有相应资质的承包单位（即投标人）通过投标竞争的方式承接整个招标投标过程，包含着招标、投标及定标（决标）三个主要阶段。

### （二）建设工程招标投标的分类

1. 按工程建设程序分类

可分为建设项目可行性研究招标投标；工程勘察设计招标投标；材料设备采购招标投标；施工招标投标。

2. 按行业和专业分类

可分为工程勘察设计招标投标；设备安装招标投标；土建施工招标投标；建筑装饰装修施工招标投标；工程咨询和建设监理招标投标；货物采购招标投标。

3. 按建设项目的组成分类

可分为建设项目招标投标；单项工程招标投标；单位工程招标投标；分部分项工程招标投标。

4. 按工程发包承包的范围分类

可分为工程总承包招标投标；工程分承包招标投标；工程专项承包招标投标。

5. 按工程是否有涉外因素分类

可分为国内工程招标投标及国际工程招标投标。

## 二、建设工程招标投标的意义和原则

### （一）建设工程招标投标的特征及意义

建设工程招标投标具有平等性、竞争性和开放性三大特征。

实行建设项目的招标投标是我国建筑市场趋向规范化、完善化的重要举措，对于择优选择承包单位、全面降低工程造价，进而使工程造价得到合理有效的控制，具有十分重要的意义，具体表现在：推行招标投标制度，有利于规范建筑市场主体的行为，促进合格市场主体的形成；有利于价格真实反映市场供求状况，实现资源的优化配置；有利于促使承包商不断提高企业的管理水平；有利于去促进市场经济体制的进一步完善；有利于促进我国建筑业与国际接轨。

### （二）建设工程招标投标的基本原则

1. 合法原则

合法原则是指建设工程招标投标主体的一切活动，必须符合法律、法规、规章和有关政策的规定。招标人必须具备一定的条件才能自行组织招标，否则只能委托具有相应资格的招标代理机构组织招标；投标人必须具有和其投标的工程相适应的资格等级，并经招标人资格审查，报建设工程招标投标管理机构进行资格复查。招标活动应按照相关的法律、法规、规章和政策性文件开展。建设工程招标投标活动的程序，必须严格按照有关法规规定的要求进行。建设工程招标投标管理机构必须依法监管、依法办事，不能越权干预招标投标人的正常行为或者对招标投标人的行为进行包办代替，也不能懈怠职责、玩忽职守。

2. 统一、开放原则

要建立和实行由建设行政主管部门统一归口管理的行政管理体制。在一个地区只能有一个主管部门履行政府统一管理的职责。规范统一，如市场准入规则的统一，招标文件文本的统一，合同条件的统一，工作程序、办事规则的统一等。

开放原则，要求根据统一的市场准入规则，打破地区、部门和所有制等方面的限制和束缚，向全社会开放建设工程招标投标市场，破除地区和部门保护主义，反对一切人为的对外封闭市场的行为。

3. 公平、公开、公正原则

公开原则是指建设工程招标投标活动应具有较高的透明度。具体有以下几个方面：建设工程招标投标的信息公开，建设工程招标投标的条件公开，建设工程招标投标的程序公开，建设工程招标投标的结果公开。公平原则是指所有投标人在建设工程招标投标活动中，享有均等的机会，具有同等的权利，履行相应的义务，任何一方都不受歧视。公正原则是指在建设工程招标投标活动中，按同一标准实事求是地对待所有的投标人，不偏袒任何一方。

4. 其他原则

其他原则有诚实信用原则，求效、择优原则，招标投标权益不受侵犯原则等。

## 三、工程项目招标

### （一）工程项目招投标的范围

工程项目中有些是必须进行招标的，有些则可以不进行招标。必须要进行招标的工程项目的范围：

1. 大型基础设施、公用事业等关系社会公共利益、公众安全的项目。
2. 全部或部分使用国有资金投资或者国家融资的项目。
3. 使用国际组织或者国外政府贷款、援助资金的项目。

根据规定，工程有下列情形之一的，经批准后可以不进行工程招标：

（1）涉及国家安全、国家机密或者抢险救灾而不适宜招标的。

（2）涉及利用扶贫资金实行以工代赈需要使用农民工的。

（3）施工主要技术采用特定的专利或专用技术的。

（4）施工企业自建自用的工程，且该施工企业资质等级符合工程要求的。

（5）在建工程追加的附属小型工程或者主体加层工程，原中标人仍然具备承包能力的。

（6）法律、法规、规章规定的其他情形。

### （二）建设工程招标的条件及方式

招标项目按照规定应具备两个基本条件：一是项目审批手续已履行；二是项目资

金来源已落实。

工程项目招标的方式在国际上通行的为公开招标、邀请招标和议标，但《中华人民共和国招标投标法》未将议标作为法定的招标方式，即法律所规定的强制招标项目不允许采用议标方式，主要因为我国国情与建筑市场的现状条件，不应该采用议标方式，但法律并不排除议标方式。

1. 公开招标

公开招标是指招标人以招标公告的方式邀请不特定的法人或者其他组织投标。竞争性招标又称无限竞争性招标，是一种由招标人按照法定程序，在公共媒体上发布招标公告，所有符合条件的供应商或者承包商都可以平等参加投标竞争，招标人从中择优选择中标者的招标方式。

2. 邀请招标

邀请招标是指招标人用投标邀请书的方式邀请特定的法人或者其他组织投标。邀请招标又称有限竞争性招标，是一种由招标人选择若干符合招标条件的供应商或承包商，向其发出招标邀请，被邀请的供应商、承包商投标竞争，从中选定中标者的招标方式。

3. 议标

议标（又称协议招标、协商议标）是一种以议标文件或拟议的合同草案为基础的，直接通过谈判方式，分别与若干家承包商进行协商，选择自己满意的一家，签订承包合同的招标方式。议标通常实用于涉及国家安全的工程或军事保密的工程，或紧急抢险救灾工程及小型工程。

### （三）施工招标程序

从招标人的角度看，依法必须进行施工招标的工程，通常遵循下列程序：100

1. 设立招标组织或者委托招标代理人。

2. 申报招标申请书、招标文件、评标定标办法及标底（实行资格预审的还要申报资格预审文件）。

3. 发布招标公告或者发出投标邀请书。

4. 对投标资格进行审查。

5. 分发招标文件和有关资料，收取投标保证金。

6. 组织投标人踏勘现场，对招标文件进行答疑。

7. 成立评标组织，召开招标会议（实行资格后审的还要进行资格审查）。

8. 审查投标文件，澄清投标文件中不清楚的问题，组织评标。

9. 择优定标，发出中标通知书。

10. 将合同草案报送审查，签订合同。

## 四、工程项目投标

### （一）投标的组织

投标过程竞争十分激烈，需有专门的机构和人员对投标全过程加以组织与管理，以提高工作效率和中标的可能性。建立一个强有力的、内行的投标班子是投标获得成功的根本保证。

不同的工程项目，由于其规模、性质等不同，建设单位在择优时可能各有侧重，但一般来说建设单位主要考虑如下方面：较低的价格；优良的质量和较短的工期，因而在确定投标班子人选及制订投标方案时必须充分考虑。

投标班子应由三类人才组成：

1. 经营管理类人才

经营管理类人才指专门从事工程业务承揽工作的公司经营部门管理人员和拟定的项目经理。经营部门人员应具备一定的法律知识，掌握大量调查和统计资料，具备分析和预测等科学手段，有较强的社会活动与公共关系能力，而项目经理应熟悉项目运行的内在规律，具有丰富的实践经验和大量的市场信息。这类人才在投标班子中起核心作用，制定和贯彻经营方针与规划，负责工作的全面筹划和安排。

2. 专业技术人才

专业技术人才主要指工程施工中的各类技术人才，诸如土木工程师、水暖电工程师、专业设备工程师等各类专业技术人员。他们具有较高的学历和技术职称，掌握本学科最新的专业知识，具备较强的实际操作能力，在投标时可以从本公司的实际技术水平出发，确定各项专业实施方案。

3. 商务金融类人才

商务金融人才指从事预算、财务和商务等方面的人才。他们具有概预算、材料设备采购、财务会计、金融、保险和税务等方面的专业知识。投标报价主要由这类人才进行具体编制。

另外，在参加涉外工程投标时，还要配备懂得专业和合同管理的翻译人员。

## （二）投标的程序

建筑施工承包企业通过招标单位发布的招标公告掌握招标信息，对感兴趣的工程项目可进行调查并做出决策，申请参加投标，办理资格预审，通过资格预审后，即可领取招标文件，进行投标文件的编制等工作。从投标人的角度看，建设工程投标的一般程序，主要经历以下几个环节：

1. 向招标人申报资格审查，提供有关文件资料。
2. 购领招标文件和有关资料，缴纳投标保证金。
3. 组织投标班子或委托投标代理人。
4. 参加踏勘现场和投标预备会。
5. 编制、递送投标书。
6. 接受评标组织就投标文件中不清楚的问题进行的询问，举行澄清会谈。
4. 接受中标通知书，签订合同，提供履约担保，分送合同副本。

# 第二章 建筑工程质量管理

## 第一节 建筑工程质量管理基本知识

### 一、质量和质量管理

在工程建设过程中，加强工程质量管理，确保国家和人民的生命财产安全是施工项目管理中的头等大事。“百年大计，质量第一”，这是我国建筑业多年来一贯奉行的质量方针。目前，许多建筑施工企业经常要强调“以质量求生存，以信誉求发展”。由此可见，加强建筑工程质量管理有着十分重要的意义。

#### （一）质量

质量的概念有广义和狭义之分，狭义的质量通常指的是产品质量，产品质量是指产品适应社会生产和生活消费需要而具备的特性，它是产品使用价值的具体体现。但广义的质量除产品质量之外，还包括工作质量。其为定义：“一组固有特性满足要求的程度。”这里“要求”是指“明示的、通常隐含的或必须履行的需求或期望”。要求不仅是指顾客的要求，还应包括社会的需求，应符合国家的法律、法规和现行的相关政策。就建筑工程而言，施工现场的质量就是施工现场的各个部门、各个环节，乃至各个工人和技术人员、管理人员所做的工作的质量。因为每一个岗位都有明确的工作质量标准，对建筑工程现场施工质量起到保证和完善的作用。所以说，工作质量不仅是现场施工质量的保证，也是建筑工程质量的保证，它反映了与建筑工程直接有关的工作对于建筑工程质量的保证程度。也可以说，施工现场工作质量的优劣，反映出施工现场和企业管理质量水平的高低。

## （二）质量管理

质量管理是指确定和建立质量方针、目标和职责，并在质量体系中通过诸如质量策划、质量控制、质量保证和质量改进等手段来实施的全部管理职能的所有活动。质量管理的发展是与工业生产技术和管理科学的发展密切相关的。现代关于质量管理的概念可以分别归纳为对社会性、对经济性及对系统性这三个方面的认识。

1. 社会性

质量的好坏不仅关系到直接的用户，还要从整个社会的角度来进行评价，尤其关系到生产安全、环境污染、生态平衡等问题时更是如此。

（1）坚持按标准组织生产

标准化工作是质量管理的重要前提，是实现管理规范化的需要。企业的标准分为技术标准和管理标准。技术标准主要分为原材料辅助材料标准、工艺工装标准、半成品标准、产成品标准、包装标准、检验标准等。它是沿着产品形成这根线环环控制投入各工序物料的质量，层层把关设卡，使生产过程处于受控状态。在技术标准体系中，各个标准都是以产品标准为核心而展开的，都是为了达到产成品标准服务的。

（2）强化质量检验机制

质量检验在生产过程中发挥以下的职能：一是保证的职能，也就是把关的职能。通过对原材料、半成品的检验，鉴别、分选、剔除不合格品，并决定该产品或该批产品是否接收。保证不合格的原材料不投产，不合格半成品不转入下道工序，不合格的产品不出厂；二是预防的职能。通过质量检验获得的信息和数据，为控制提供依据，发现质量问题，找出原因及时排除，预防或减少不合格产品的产生：三是报告的职能。质量检验部门将质量信息、质量问题及时向厂长或者上级有关部门报告，为提高质量，加强管理提供必要的质量信息。

（3）实行质量否决权

产品质量靠工作质量来保证，工作质量的好坏主要是人的问题。因此，如何挖掘人的积极因素，健全质量管理机制和约束机制，是质量工作中的一个重要环节。质量责任制或以质量为核心的经济责任制是提高人的工作质量的重要手段。质量责任制的核心就是企业管理人员、技术人员、生产人员在质量问题上实行责、权、利相结合。作为生产过程质量管理，首先，要对各个岗位及人员分析质量职能，即明确在质量问题上各承担的责任，工作的标准要求。其次，要把岗位人员的产品质量与经济利益紧密挂钩，兑现奖罚。对长期优胜者给予重奖，对玩忽职守造成质量损失的除不计工资外，还处以赔偿或其他处分。

（4）抓住影响产品质量的关键因素，设置质量管理点或质量控制点

质量管理点的含义是生产制造现场在一定时期、一定的条件下对需要重点控制的质量特性、关键部位、薄弱环节以及主要因素等采取的特殊管理措施和办法，实行强化管理，使工厂处于很好的控制状态，保证规定的质量要求。加强这方面的管理，需要专业管理人员对企业整体作出系统分析，找出重点部位和薄弱环节并加以控制。质量是企业的生命，是一个企业整体素质的展示，也是一个企业的综合实力体现。伴随

着社会的进步和人们生活水平的提高，人们对产品质量的要求也越来越高。因此，企业要想长期稳定发展，必须围绕质量这个核心开展生产，加强产品质量管理。

2. 经济性

质量不仅从某些技术指标来考虑，还从制造成本、价格、使用价值和消耗等几方面来综合评价。在确定质量水平或目标时，不能脱离社会的条件和需要，不能单纯追求技术上的先进性，还应考虑使用上的经济合理性，使得质量和价格达到合理的平衡。

3. 系统性

质量是一个受到设计、制造、安装、使用、维护等因素影响的复杂系统。例如，汽车是一个复杂的机械系统，同时又是涉及道路、司机、乘客、货物、交通制度等特点的使用系统。

产品的质量应该达到多维评价的目标。费根堡姆认为质量系统是指具有确定质量标准的产品和为交付使用所必需的管理上和技术上的步骤的网络。

质量管理发展到全面质量管理，是质量管理工作的又一个大的进步，统计质量管理着重于应用统计方法控制生产过程质量，发挥预防性管理作用，从而保证产品质量。然而，产品质量的形成过程不仅与生产过程有关，还与其他许多过程、许多环节和因素相关联，这不是单纯依靠统计质量管理所能解决的。全面质量管理相对更加适应现代化大生产对质量管理整体性、综合性的客观要求，从过去的限于局部性的管理进一步走向全面性、系统性的管理。

## 二、建筑工程质量管理及其重要性

### （一）建设工程项目各阶段对质量形成的影响

对于一般的产品而言，顾客在市场上直接购置一个最终产品，是不会介入到该产品的生产过程的。而对于工程产品来说，由于工程建设过程的复杂性和特殊性，它的业主或者是投资者必须直接介入整个生产过程，参与全过程的、各个环节的、对各种要素的质量管理。要达到预期工程项目的目标，得到一个高质量的工程，必须要对整个项目的过程实施严格控制工程质量管理。工程质量管理必须达到微观和宏观的统一、过程和结果的统一。

由于项目施工是循序渐进的过程，因此，在建设工程项目质量管理过程中，任何一个方面出现问题，必然会影响后期的质量管理，进而影响整个工程的质量目标。而工程项目所具有的周期长的特点，使得工程质量不是旦夕之间形成的。工程建设各个阶段紧密衔接且相互制约影响，使得每一个阶段均对工程质量的形成产生十分重要的影响。一般来说，工程项目立项、设计、施工和竣工验收等阶段的过程质量应该为使用阶段服务，应该满足使用阶段的要求，工程建设的不同阶段对工程质量的形成起着不同的作用和影响，具体表现在以下几个方面：

1. 工程项目立项阶段对工程项目质量的影响

项目建议书、可行性研究是建设前期必需的程序，是工程立项的依据，是决定工程项目建设成败的首要条件，它关系到工程建设资金保证、时效保证、资源保证，决定了工程设计与施工能否按照国家规定的建设程序、标准来规范建设行为，也关系到工程最终能否达到质量目标和被社会环境所容纳。在项目的决策阶段主要是确定工程项目应达到的质量目标及水平。对于工程建设，需要平衡投资、进度和质量的关系，做到投资、质量和进度的协调统一，达到让业主满意的质量水平。因此，项目决策阶段是影响工程质量的关键阶段，要充分了解业主和使用者对质量的要求和意愿。

2. 工程勘察设计阶段对工程项目质量的影响

工程项目的地质勘察工作，是选择建设场地和为工程设计与施工提供场地的强度依据。地质勘察是决定工程建设质量的重要环节。地质勘察的内容和深度、资料可靠程度等将决定工程设计方案能否综合考虑场地的地层构造、岩石及土的性质、不良地质现象及地下水等条件，是全面合理地进行工程设计的关键，同时也是工程施工方案确定的重要依据。

3. 工程项目设计阶段对工程项目质量的影响

工程项目设计质量是决定工程建设质量的关键环节，工程采用什么样的平面布置和空间形式，选用什么样的结构类型、材料、构配件及设备等，都直接关系到工程主体结构的安全可靠，关系到建设投资的综合功能是否能充分体现出规划意图。在一定程度上，设计的完美性也反映了一个国家的科技水平和文化水平。设计的严密性和合理性从根本上决定了工程建设的成败，是主体结构和基础安全、环境保护、消防、防疫等措施得以实现的保证。

4. 工程项目施工阶段对工程项目质量的影响

工程项目的施工是指按照设计图纸及相关文件，在建设场地上将设计意图付诸实现的测量、作业、检验并保证质量的活动。施工的作用是将设计意图付诸实施，建成最终产品。任何优秀的勘察设计成果，只有通过施工才能变成现实。因此，工程施工活动决定了设计意图能否实现，它直接关系到工程基础和主体结构的安全可靠、使用功能的实现以及外表观感能否体现建筑设计的艺术水平。在一定程度上，工程项目的施工是形成工程实体质量的决定性环节。工程项目施工所用的一切材料，如钢筋、水泥、商品混凝土、砂石等以及后期采用的装饰装修材料都要经过有资质的检测部门检验合格后，才能用到工程上。在施工期间，监理单位要认真把关，做好见证取样送检及跟踪检查工作。确保施工所用材料、施工操作符合设计要求以及施工质量验收规范规定。

5. 工程项目的竣工验收阶段对工程项目质量的影响

工程项目竣工验收阶段，就是对项目施工阶段的质量进行试车运转、检查评定，考核质量目标是否符合设计阶段的质量要求。这一阶段是工程建设向生产和使用转移的必要环节，影响工程能否最终形成生产能力和满足使用要求，体现工程质量水平的最终结果。因此，工程竣工验收阶段是工程质量管理的最后一个环节。

建筑工程项目质量的形成是一个系统的过程，是工程立项、勘察设计、施工和竣

工验收各阶段质量的综合反映。建筑工程项目质量的优劣，不但关系到工程的使用性，而且关系到人民生命财产的安全和社会安定。由于施工质量低劣，造成工程质量事故或隐患，其后果是不堪设想的。因此在工程建设过程中，加强各个阶段的质量管理，确保国家和人民生命财产安全是施工项目管理的头等大事。

（二）建筑工程项目质量控制

建筑工程施工就是将设计图纸转变为工程项目实体的一个过程，也是最终形成建筑产品质量的重要阶段。因此，建筑工程施工阶段的质量控制自然就成为提高工程质量的关键。那么，在施工的过程中如何才能做好整个项目的质量控制呢？

1. 施工项目质量控制的原则

（1）坚持“质量第一，用户至上”原则

建筑产品是一种特殊商品，使用年限长，相对来说购买费用较大，直接关系到人民生命财产的安全。所以，工程项目施工阶段，必须始终把“质量第一，用户至上”作为质量控制首要原则。

（2）坚持“以人为核心”原则

人是质量的创造者，质量控制必须把人作为控制的动力，调动人的积极性、创造性，增强人的责任感，提高人的质量意识，减少甚至避免人为的失误，用人的工作质量来保证工序质量、促进工程质量的提高。

（3）坚持“以预防为主”原则

以预防为主，就是要从对工程质量的事后检查转向事前控制、事中控制；从对产品质量的检查转向对工作过程质量的检查、对工序质量的检查、对中间产品（工序或半成品、构配件）的检查。这是确保施工项目质量的有效措施。

（4）坚持“用质量标准严格检查，一切用数据说话”原则

质量标准是评价建筑产品质量的尺度，数据是质量控制的基础和依据。产品质量是否符合质量标准，必须通过严格检查，用实测数据说话。

（5）坚持“遵守科学、公正、守法”的职业规范

建筑施工企业的项目经理、技术负责人在处理质量方面的问题时，应该尊重客观事实，尊重科学，正直、公正，不持偏见；遵纪守法、杜绝不正之风；既要坚持原则、严格要求、秉公办事，又要谦虚谨慎、实事求是及以理服人。

2. 施工项目质量控制的内容

（1）对人的控制

人，是指直接参与施工的组织者、指挥者和具体操作者。对人的控制就是充分调动人的积极性，发挥人的主导作用。因此，除了加强政治思想教育、劳动纪律教育、专业技术和安全培训，健全岗位责任制、改善劳动条件外，还应根据工程特点，从确保工程质量的角度出发，在人的技术水平、生理缺陷、心理活动、错误行为等方面来控制对人的使用。如对技术复杂、难度大、精度要求高的工序，应尽可能的安排责任心强、技术熟练、经验丰富的工人完成；对某些要求万无一失的工序，一定要分析操

作者的心理活动，稳定人的情绪；对具有危险源的作业现场，应严格控制人的行为，严禁吸烟、打闹等。此外，还应严禁无技术资质的人员上岗作业；对不懂装懂、碰运气、侥幸心理严重的或有违章行为倾向的人员，应及时制止。总之只有提高人的素质，才能确保建筑新产品的质量。

（2）对材料的控制

对材料的控制包括对原材料、成品、半成品、构配件等的控制，就是严格检查验收、正确合理地使用材料和构配件等，建立健全材料管理台账，认真做好收、储、发、运等各环节的技术管理，避免混料、错用和将不合格的原材料、构配件用到工程上去。

（3）对机械的控制

对机械的控制包括对所有施工机械和工具的控制。要根据不同的工艺特点和技术要求，选择合适的机械设备，正确使用、管理和保养机械设备，要建立健全“操作证”制度、岗位责任制度、“技术、保养”制度等，确保机械设备处于最佳运行状态。如施工现场进行电渣压力焊接长钢筋，按规范要求必须同心，如因焊接机械而达不到要求，就应立即更换或维修后再用，不要让机械设备或工具带病作业，给施工的环节埋下质量隐患。

（4）对方法的控制

对方法的控制主要包括对施工组织设计、施工方案、施工工艺、施工技术措施等的控制，应切合工程实际，能解决施工难题，技术可行，经济合理，有利于保证工程质量、加快进度、降低成本。选择较为适当的方法，使质量、工期及成本处于相对平衡的状态。

（5）对环境的控制

影响工程质量的环境因素较多，主要有技术环境，如地质、水文、气象等；管理环境，如质量保证体系、质量管理制度等；劳动环境，如劳动组合、作业场所、工作面等。环境因素对工程质量的影响，具有复杂而多变的特点，如气象条件就千变万化，温度、湿度、大风、严寒酷暑都直接影响工程质量，有时前一工序往往就是后一工序的环境。因此，应对影响工程质量的环境因素采取有效的措施予以严格控制，尤其是施工现场，应建立文明施工和安全生产的良好环境，始终要保持材料堆放整齐、施工秩序井井有条，为确保工程质量和安全施工创造条件。

3. 施工项目质量控制的方法

（1）审核有关技术文件、报告或报表

具体内容：审核有关技术资质证明文件，审核施工组织设计、施工方案和技术措施，审核有关材料、半成品、构配件的质量检验报告，审核有关材料的进场复试报告，审核反映工序质量动态的统计资料或图表，审核设计变更和技术核定书，审核有关质量问题的处理报告，审核有关工序交接检查及分部分项工程质量验收记录等。

（2）现场质量检查

①检查内容：工序交接检查、隐蔽工程检查、停工后复工检查、节假日后上班检查、分部分项工程完工后验收检查、成品保护措施检查等。

②检查方法：检查的方法主要有目测法、实测法、试验法检查等。

因此，在项目施工的过程中只要严格按照上述施工项目质量控制的原则和质量控制的方法以及施工现场的质量检查等，对于工程项目的施工质量进行认真的控制，就一定能建造出高质量的建筑产品。

4. 监理单位如何在项目施工中控制工程质量

在建筑工程施工阶段，监理对于质量管理是以动态控制为主的，当监理方进入工程施工阶段，其主要工作内容为“三控、三管、一协调”，三控的内容包括质量控制、进度控制、投资控制，其中，以质量控制最为重要。那么，监理单位是如何对质量进行控制的呢？

首先审查施工现场质量管理是否有相应的技术标准。健全的施工质量管理体系、施工质量检验制度和综合施工质量水平评定考核制度，并督促检查施工单位落实到位。并仔细审查施工组织设计和施工方案，检查及审查工程材料、设备的质量，消除质量事故的隐患。

①对工程所需的原材料、半成品的质量进行检查和控制。要求施工单位在人员配备、组织管理、检测程序、方法、手段等各个环节上加强管理，明确对材料的质量要求和技术标准。针对钢筋、水泥等材料多源头、多渠道，对进场的每批钢筋、水泥做到“双控”（既要有质保书、合格证，又要有材料复试报告），未经检验的材料不允许用于工程，质量达不到要求的材料，及时清退出场。

②加强质量意识，实行“三检”。在工程施工前，监理方召开由施工单位技术负责人、质检员及有关各工程队组长参与的质量会议，加强质量管理意识，明确在施工过程中，每道工序必须执行“三检”制，且有公司质监部门专职质检员签字验收。然后经监理人员验收、签字认定，方可进行下道工序的施工。如果施工单位没有进行“三检”或专职质检员签字，监理人员拒绝验收。

③严格把好隐蔽工程的签字验收关，发现质量隐患及时向施工单位提出整改。在进行隐蔽工程验收时，首先要求施工单位自检合格，再由公司专职质检员核定等级并签字，填写好验收表单，递交监理。之后由监理工程师组织施工单位项目专业质量（技术）负责人等进行验收。现场检查复核原材料保证资料齐全，合格证、试验报告齐全，各层标高、轴结也要层层检查，严格验收。

5. 政府部门对建设工程的质量监督管理

政府监督对于工程质量来说是一种国际惯例。建设工程项目的质量关系到社会公众的利益和公共安全。因此，无论是在发达国家，还是在发展中国家，政府均对工程质量进行监督管理。大多数发达国家政府的建设行政主管部门都把制定并执行住宅、城市、交通、环境建设等建设工程质量管理的法规作为主要任务，同时，把大型项目和政府投资项目作为监督管理的重点。政府对建设工程项目的质量监督，主要侧重于宏观的社会利益，贯穿于建设的全过程，其作用是强制性的，其目的是保证工程项目的建设符合社会公共利益，保证国家的有关法规、标准及规范的执行。

建设工程质量监督管理制度具有以下特点：第一，具有权威性。建设工程质量体现的是国家意志，任何单位及个人从事工程建设活动都应服从这种监督管理。第二，具有强制性。这种监督是由国家的强制力来保证实施的，任何单位和个人不服从这种监督管理都将受到法律的制裁。第三，具有综合性。这种监督管理并不局限于某一个阶段或某一个方面，而是贯穿于建设活动的全过程，并且适用于建设单位、勘察单位、设计单位、施工单位、工程建设监理单位等。

## 第二节　建筑工程质量管理及其重要性

### 一、施工质量控制

#### （一）施工质量控制的内涵

1. 施工质量控制的基本概念

（1）质量

质量是反映产品、体系或过程的一组固有特性满足要求，质量有广义与侠义之分。广义的质量包括工程实体质量和工作质量。工程实体质量不是靠检查来保证的，而是通过工程质量来保证的。狭义的质量是指产品的质量，就是工程实体的质量。

（2）施工质量控制

施工质量控制是在明确的质量方针的指导下，通过对施工方案和资源配置的计划、实施、检查和处置，进行施工质量目标的事前控制、事中控制和事后控制的系统过程。

施工是形成工程项目实体的过程，也是形成最终产品质量的重要阶段。所以，施工阶段的质量控制是工程项目质量控制的重点。

2. 施工项目质量控制的特点

由于项目施工涉及面广，是一个极其复杂的综合过程，再加上项目位置固定、生产流动、结构类型不同、质量要求不同、施工方法不同、体型大、整体性强、建设周期长及受自然条件影响大等特点，因此，施工项目的质量比一般工业产品的质量更难以控制，主要表现在以下几个方面：

（1）影响质量的因素多

如设计、材料、机械、地形、地质、水文、气象、施工工艺、操作方法、技术措施、管理制度等，均直接影响施工项目的质量。

（2）容易产生质量变异

因项目施工不像工业产品生产，有固定的自动性和流水线，有规范化的生产工艺和完善的检测技术，有成套的生产设备和稳定的生产环境，有相同系列的规格和相同功能的产品；同时，由于影响施工项目质量的偶然性因素和系统性因素都较多，因此，很容易产生质量变异。如材料性能微小的差异、机械设备正常的磨损、操作微小的变化、环境微小的波动等，均会引起偶然性因素的质量变异：当使用材料的规格、品种有误，施工方法不当，操作不按规程，机械故障，测量仪表失灵，设计计算错误等，均会引起系统性因素的质量变异，造成工程质量事故。因此，在施工中要严防出现系统性因素的质量变异，要把质量变异控制在偶然性因素的范围内。

（3）容易产生第一、二判断错误

施工项目由于工序交接多，中间产品多，隐蔽工程多，如果不及时检查实际情况，事后再看表面，就容易产生第二判断错误，也就是说，容易将不合格的产品，认为是合格的产品；反之，若检查不认真，测量仪表不准，读数有误，则就会产生第一判断错误，也就是说容易将合格的产品，认为是不合格的产品。尤其在进行质量检查验收时，应特别注意。

（4）质量检查不能解体、拆卸

工程项目建成后，不可能像某些工业产品那样，再拆卸或解体检查内在的质量，或重新更换零件，即使发现质量有问题，也不可能像工业产品那样实行“包换”或“退款”。

（5）质量要受投资、进度的制约

施工项目的质量受投资、进度的制约较大。通常情况下，投资大、进度慢，质量就好；反之，质量则差。因此，项目在施工中，还必须正确处理质量、投资、进度三者之间的关系，使其达到对应的统一。

3．施工质量控制的依据

（1）工程合同文件（包括工程承包合同文件、委托监理合同文件等）。

（2）设计文件“按图施工”是施工阶段质量控制的一项重要原则。

（3）国家及政府有关部门颁布的有关质量管理方面的法律、法规性文件。

（4）有关质量检验与控制的专门技术法规性文件，这种专门的技术法规性的依据主要有以下四类：

①工程项目施工质量验收标准。如《建筑工程施工质量验收统一标准》以及其他行业工程项目的质量验收标准。

②有关工程材料、半成品和构配件质量控制方面的专门技术法规性依据：有关工程材料及其制品质量的技术标准：有关材料或半成品等的取样、试验等方面的技术标准或规程等；有关材料验收、包装、标识及质量证明书的一般规定等。

③控制施工作业活动质量的技术规程。

④凡采用新工艺、新技术、新材料的工程，事先应试验，并应有权威性技术部门的技术鉴定书及有关的质量数据、指标，在此基础上制定有关质量标准和施工工艺规程，以此作为判断与控制质量的依据。

4．施工质量控制的全过程

为了加强对施工项目的质量控制，明确各个施工阶段质量控制的重点，可把施工项目质量分为事前质量控制、事中质量控制和事后质量控制三个阶段。

（1）事前质量控制

事前质量控制是指在正式施工前进行的质量控制，他的控制重点是做好施工准备工作，且施工准备工作要贯穿于施工全过程。

①施工准备的范围：

第一，全场性施工准备，是以整个项目施工现场为对象而进行的各项施工准备。

第二，单位工程施工准备，是以一个建筑物或构筑物为对象而进行的施工准备。

第三，分项（部）工程施工准备，是以单位工程中的一个分项（部）工程或冬雨期施工为对象而进行的施工准备。

第四，项目开工前的施工准备，是在拟建项目正式开工前所进行的一切施工准备。

第五，项目开工后的施工准备，是在拟建项目开工后，每个施工阶段正式开工前所进行的施工准备，如混合结构住宅施工，通常分为基础工程、主体工程和装饰工程等施工阶段，每个阶段的施工内容不同，其所需的物质技术条件、组织要求和现场布置也不同，因此，必须做好相应的施工准备。

②施工准备的内容：

第一，技术准备，包括项目扩大初步设计方案的审查；熟悉和审查项目的施工图纸；项目建设地点的自然条件、技术经济条件调查分析；编制项目施工图预算和施工预算；编制项目施工组织设计等。

第二，物质准备，包括建筑材料准备、构配件和制品加工准备、施工机具准备、生产工艺设备的准备等。

第三，组织准备，包括建立项目组织机构、集结施工队伍及对施工队伍进行入场教育等。

第四，施工现场准备，包括控制网、水准点、标桩的测量；“五通一平”，生产、生活临时设施等；组织机具、材料进场；拟定有关试验、试制及技术进步项目计划；编制季节性施工措施；制定施工现场管理制度等。

（2）事中质量控制

事中质量控制是指在施工过程中进行的质量控制。事中质量控制的策略是全面控制施工过程，重点控制工序质量。其具体措施是：工序交接有检查；质量预控有对策；施工项目有方案；技术措施有交底；图纸会审有记录；配制材料有试验；隐蔽工程有验收：计量器具校正有复核；设计变更有手续；钢筋代换有制度；质量处理有复查；成品保护有措施；行使质控有否决（如发现质量异常、隐蔽未经验收、质量问题未处理、擅自变更设计图纸、擅自代换或使用不合格材料、无证上岗未经资质审查的操作人员等，均应对质量予以否决）；质量文件有档案（凡是与质量有关的技术文件，如水准、坐标位置，测量、放线记录，沉降、变形观测记录，图纸会审记录，材料合格证明、试验报告，施工记录，隐蔽工程记录，设计变更记录，调试和试压运行记录，试车运转记录，竣工图等都要编目建档）。

（3）事后质量控制

事后质量控制是指在完成施工过程中形成产品的质量控制，其具体工作内容包括：

第一，组织联动试车。

第二，准备竣工验收资料，组织自检和初步验收。

第三，按规定的质量评定标准和办法，对完成分项工程、分部工程、单位工程进行质量评定。

第四，组织竣工验收，其标准是：

①按设计文件规定的内容和合同规定的内容完成施工，质量达到国家质量标准，能满足生产和使用的要求。

②主要生产工艺设备已安装配套，联动负荷试车合格，形成设计生产能力。

③竣工验收的建筑物要窗明、地净、水通、灯亮、气来、采暖通风设备运转正常。

④竣工验收的工程应内净外洁，施工中的残余物料运离现场，灰坑填平，临时建（构）筑物拆除，2 m以内地坪整洁。

⑤技术档案资料齐全。

（二）施工质量控制的原则

1. 坚持质量第一，用户至上

社会主义商品经营的原则是“质量第一，用户至上”。建筑产品作为一种特殊的商品，使用年限较长，是百年大计，直接关系到人民生命财产的安全。所以，工程项目在施工中应自始至终地把“质量第一，用户至上”作为质量控制基本原则。

2. 坚持以人为核心

人是质量的创造者，质量控制必须“以人为核心”，把人作为控制的动力，调动人的积极性、创造性；增强人的责任感，树立“质量第一”观念；提高人的素质，避免人的失误；以人的工作质量保工序质量和促工程质量。

3. 坚持以预防为主

“以预防为主”就是要从对质量的事后检查把关，转向对质量的事前控制、事中控制；从对产品质量的检查，转向对工作质量的检查、对工序质量的检查、对中间产品质量的检查，这是确保施工项目质量的有效措施。

4. 坚持质量标准、严格检查，一切用数据说话

质量标准是评价产品质量的尺度，数据是质量控制的基础和依据。产品质量是否符合质量标准，必须通过严格检查，用数据说话。

5. 贯彻科学、公正、守法的职业规范

建筑施工企业的项目经理，在处理质量问题的过程中，应尊重客观事实，尊重科学，正直、公正，不持偏见；遵纪、守法，杜绝不正之风；既要坚持原则、严格要求、秉公办事，又要谦虚谨慎、实事求是、以理服人及热情帮助。

## （三）施工质量控制的措施

### 1. 对影响质量因素的控制

（1）人员的控制。项目质量控制中人的控制，是指对直接参与项目的组织者、指挥者和操作者的有效管理和使用。人，作为控制对象能避免产生失误，作为控制动力能充分调动人的积极性和发挥人的主观能动性。为达到以工作质量保工序质量、促工程质量的目的，除加强纪律教育、职业道德、专业技术知识培训、健全岗位责任制、改善劳动条件、制定公平合理的奖惩制度外，还需要根据项目特点，从确保质量的出发，本着人尽其才，扬长避短的原则控制人的使用。

（2）材料及构配件的质量控制。建筑材料品种繁杂，质量及档次相差悬殊，对用于项目实施的主要材料，运到施工现场时必须具备正式的出厂合格证和材质化验单，如不具备或对检验证明有疑问时，应进行补验。检验所有材料合格证时，均须经监理工程师验证，否则一律不准使用。材料质量检验的方法，是通过一系列的检测手段，将所取得的材料质量数据与材料的质量标准相对照，借以判断材料质量的可靠性，能否使用于工程中，同时，还有利于掌握材料质量信息。一般有书面检验、外观检验、理化检验和无损检验等四种方法。

（3）机械设备控制。制定机械化施工方案，应充分发挥机械的效能，力求获得较好的综合经济效益。从保证项目施工质量角度出发，应着重从机械设备的选型、机型设备的主要性能参数和机械设备的使用操作要求等三方面予以控制。机械设备的选择，应本着因地制宜、因工程制宜的原则，按照技术上先进、经济上合理、生产上适用、性能上可靠、使用上安全、操作上轻巧及维修上方便的要求，贯彻执行机械化、半机械化与改良工具相结合的方针，突出机械与施工相结合的方针，机械设备正确地进行操作，是保证项目施工质量的重要环节，应贯彻“人机固定”的原则，实行定机、定人、定岗位责任的“三定”制度。操作人员必须执行各项规章制度，遵守操作规程，防止出现安全质量事故。

（4）方案控制。在项目实施方案审批时，必须结合项目实际，从技术、组织、管理、经济等方面进行全面分析、综合考虑，确保方案在技术上的可行，在经济上合理，以确保工程质量。

（5）施工环境与施工工序控制。施工工序是形成施工质量的必要因素，为了把工程质量从事后检查转向事前控制，达到“以预防为主”的目的，必须加强对施工工序的质量控制。

### 2. 项目实施阶段的质量

（1）事前质量控制。事前质量控制以预防为主，审查其是否具有能完成工程并确保其质量的技术能力及管理水平，检查工程开工前的准备情况，对工程所需原材料、构配件的质量进行检查与控制，杜绝无产品合格证和抽检不合格的材料在工程中使用，并在抽检、送检原材料时需一方见证取样，清除工程质量事故发生的隐患，联系设计单位和施工单位进行设计交底和图纸会审，并且对个别关键和施工较难部位共同协商解决。施工时应采用最佳方案，重审施工单位提交的施工方案和施工组织设计，

审核工程中拟采用的新材料、新结构、施工新工艺、新技术鉴定书，对施工单位提出的图纸疑问或施工困难，热情帮助指导，并提出合理化的建议，积极协助解决。

（2）事中质量控制。事中质量控制坚持以标准为原则，在施工过程中，施工单位是否按照技术交底、施工图纸、技术操作规程和质量标准的要求实施，直接影响到工程产品的质量，是项目工程成败的关键。因此，管理人员要进行现场监督，及时检查，严格把关，强有力地保证工程质量，其中，在土建施工中，模板工程、钢筋工程、混凝土工程、砌体工程、抹灰工程及装饰工程等施工工序质量作为项目质量管理与控制的重点。

（3）事后质量控制。事后质量控制是指竣工验收控制，即对于通过施工过程所完成的具有独立的功能和使用价值的最终产品（单位工程或整个工程项目）及有关方面（如质量文档）的质量控制，其目的是确认工程项目实施的结果是否达到预期要求，实现工程项目的移交与清算。其包括对施工质量检验、工程质量评定和质量文件建档。

施工过程要从各个环节、各个方面落实质量责任，确保建设工程质量。作为施工的管理者，要通过科学的手段和现代技术，从基础工作上做起，注意施工过程中的细节，加强对建筑施工工程的质量管理和控制。

## 二、施工质量控制的方法与手段

### （一）施工质量控制的方法

现场进行质量检查的方法有目测法、实测法和试验法三种。

#### 1. 目测法

目测法的手段可归纳为看、摸、敲、照四个字。

看，就是根据质量标准进行外观目测。如墙纸裱糊质量应是：纸面无斑痕、空鼓、气泡、褶皱；每一面墙纸的颜色、花纹一致；斜视无胶痕，纹理无压平、起光现象；对缝无离缝、搭缝、张嘴：对缝处图案、花纹完整；裁纸的一边不能对缝，只能搭接；墙纸只能在阴角处搭接，阳角应采用包角等。又如清水墙面是否洁净，喷涂是否密实和颜色是否均匀，内墙抹灰大面及口角是否平直，地面是否光洁平整，油漆浆活表面观感，施工顺序是否合理，工人操作是否正确等，均是通过目测检查、评价。

摸，是手感检查，主要用于装饰工程的某些检查项目，如水刷石、干粘石粘结牢固程度，油漆的光滑度，浆活是否掉粉，地面有无起砂等，均可通过手摸加以鉴别。

敲，是运用工具进行音感检查。对地面工程、装饰工程中的水磨石、面砖、锦砖和大理石贴面等，均应进行敲击检查，通过声音的虚实确定有无空鼓，还可根据声音的清脆和沉闷判定属于面层空鼓或底层空鼓。此外用手敲玻璃，如发出颤动音响，一般是底灰不满或压条不实。

照，对于难以看到或光线较暗的部位，则可采用镜子反射或灯光照射的方法进行检查。

2. 实测法

实测法是通过实测数据与施工规范及质量标准所规定的允许偏差对照，来判别质量是否合格。实测检查法的手段，可归纳为靠、吊、量、套四个字。

靠，是用直尺、塞尺检查墙面、地面、屋面的平整度。

吊，是用托线板以线锤吊线检查垂直度。

量，是用测量工具和计量仪表等检查断面尺寸、轴线、标高、湿度、温度等的偏差。

套，是以方尺套方，辅以塞尺检查。如对阴阳角的方正、踢脚线的垂直度、预制构件的方正等项目的检查，对门窗口及构配件的对角线（窜角）检查，也是套方的特殊手段。

3. 试验法

试验法是指必须通过试验手段，才能对质量进行判断的检查方法。如对桩或地基的静载试验，确定其承载力；对钢结构进行稳定性试验，确定是否会产生失稳现象；对钢筋对焊接头进行拉力试验，检验焊接的质量等。

（二）施工质量控制的手段

施工阶段，监理工程师对工程项目进行质量监控主要是通过审核施工单位所提供的有关文件、报告或报表；现场落实有关文件，并检查确认其执行情况：现场检查和验收施工质量；质量信息的及时反馈等手段实现的。

1. 审核施工单位有关技术文件、报告或报表。这是对工程质量进行全面监督、检查与控制的重要途径。审查的具体文件包括：

（1）审批施工单位提交的有关材料、半成品和公平机、构配件质量证明文件（出厂合格证、质量检验或试验报告等）；

（2）审核新材料、新技术、新工艺的现场试验报告及永久设备的技术性能和质量检验报告；

（3）审核施工单位提交的反映工序施工质量的动态统计资料或管理图表；审核施工单位的质量管理体系文件，包括了对分包单位质量控制体系和质量控制措施的审查；

（4）审核施工单位提交的有关工序产品质量的证明文件，包括检验记录及试验报告，工序交接检查（自检）、隐蔽工程检查、分部分项工程质量检验报告等文件、资料；

（5）审批有关设计变更、修改设计图纸等；

（6）审批有关工程质量缺陷或质量事故的处理报告；

（7）审核和签署现场有关质量技术签证、文件等。

2. 现场落实有关文件，并检查确认其执行情况。工程项目在施工阶段形成的许多文件需要得到落实，如多方形成的有关施工处理方案、会议决定，来自质量监督机构的质量监督文件或要求等。施工单位上报的许多文件经监理单位检查确认后，如得不到有效落实，会使工程质量失去控制。因此监理工程师应认真检查并确认这些文件的执行情况。

3. 现场检查和验收施工质量。

## 三、施工质量五大要素的控制

影响施工项目质量的因素主要有五大方面，即4M1E，指人（Man）、材料（Material），机械（Machine）、方法（Method）和环境（Environment）。事前对这五方面的因素严加控制，是保证施工项目质量关键。

### （一）人的控制

人的因素主要是指领导者的素质，操作人员的理论、技术水平，生理缺陷，粗心大意，违纪违章等。施工时，首先要考虑到对人的因素的控制，因为人是施工过程的主体，工程质量的形成受到所有参加工程项目施工的工程技术干部、操作人员、服务人员共同作用，他们是形成工程质量的主要因素。首先，应提高他们的质量意识。施工人员应当树立五大观念，即质量第一的观念、预控为主的观念、为用户服务的观念、用数据说话的观念以及社会效益、企业效益（质量、成本、工期相结合）、综合效益的观念。其次，是人的素质。领导层、技术人员素质高，决策能力就强，就有较强的质量规划、目标管理、施工组织和技术指导、质量检查的能力；管理制度完善，技术措施得力，工程质量就高。操作人员应有精湛的技术技能、一丝不苟的工作作风，严格执行质量标准和操作规程的法制观念；服务人员应做好技术和生活服务，以出色的工作质量，间接地保证工程质量。提高人的素质，可以依靠质量教育、精神和物质激励的有机结合，也可以靠培训和优选，进行了岗位技术练兵。

### （二）材料的控制

材料（包括原材料、成品、半成品、构配件）是工程施工的物质条件，材料质量是工程质量的基础，材料质量不符合要求，工程质量也就不可能符合要求。所以，加强材料的质量控制，是提高工程质量的重要保证。影响材料质量的因素主要是材料的成分、物理性能、化学性能等。材料控制的要点有：①优选采购人员，提高他们的政治素质和质量鉴定水平，挑选那些有一定专业知识，忠于事业的人担任该项工作；②掌握材料信息，优选供货厂家；③合理组织材料供应，确保正常施工；④加强材料的检查验收，严把质量关；⑤抓好材料的现场管理，并做到合理使用；⑥搞好材料的试验、检验工作。据资料统计，建筑工程中材料费用占总投资的70%或更多、正因为这样，一些承包商在拿到工程后。为谋取更多利益，不按工程技术规范要求的品种、规格及技术参数等采购相关的成品或半成品，或因采购人员素质低下，对原材料的质量不进行有效控制，放任自流，从中收取回扣和好处费。还有的企业没有完善的管理机制和约束机制，无法杜绝假冒、伪劣产品及原材料进入工程施工中，给工程留下质量隐患。科学技术的高度发展，为材料的检验提供了科学的方法。国家相关部门在有关施工技术规范中对其进行了详细的介绍，实际施工中只要我们严格执行，就可以确保施工所用材料的质量。

## （三）机械的控制

机械的控制包括施工机械设备、工具等控制。要根据不同工艺特点和技术要求，选用合适的机械设备；正确使用、管理和保养好机械设备。为此要健全“人机固定”制度、“操作证”制度、岗位责任制度、交接班制度、“技术保养”制度、“安全使用”制度、机械设备检查制度等，确保机械设备处于最佳使用状态。

## （四）方法的控制

施工过程中的方法包含整个建设周期内所采取的技术方案、工艺流程、组织措施、检测手段及施工组织设计等。施工方案正确与否，直接影响工程质量控制能否顺利实现。往往由于施工方案考虑不周而拖延进度，影响质量，增加投资。所以，在制定和审核施工方案时，必须结合工程实际，从技术、管理、工艺、组织、操作、经济等方面进行全面分析、综合考虑，力求方案技术可行、经济合理、工艺先进、措施得力、操作方便，这样有利于提高质量、加快进度、降低成本。

## （五）环境的控制

影响工程质量的环境因素较多，有工程地质、水文、气象、噪声、通风、振动、照明、污染等。环境因素对工程质量的影响具有复杂而多变的特点，如气象条件就变化万千，温度、湿度、大风、暴雨、酷暑、严寒都直接影响工程质量，往往前一工序就是后一工序的环境，前一分项、分部工程也就是后一分项、分部工程的环境。因此，根据工程特点和具体条件，应对影响质量的环境因素，采取有效的措施严加控制。此外，冬雨期、炎热季节、风季施工时，还应针对工程的特点，尤其是混凝土工程、土方工程、水下工程及高空作业等，拟定季节性保证施工质量的有效措施，以免工程质量受到冻害、干裂、冲刷等的危害。同时要不断改善施工现场的环境，尽可能地减少施工对环境的污染，健全施工现场管理制度，实行文明施工。

通过科技进步和全面质量管理来提高质量控制水平。建设部（2008年改为住房和城乡建设部）《技术政策》中指出：“要树立建筑产品观念，各个环节中要重视建筑最终产品的质量和功能的改进，通过技术进步，实现产品和施工工艺的更新换代”。这里阐明了新技术、新工艺和质量的关系。为了工程质量，应重视新技术、新工艺的先进性、适用性。在施工的全过程中，要建立符合技术要求的工艺流程质量标准、操作规程，建立严格的考核制度，不断改进和提高施工技术和工艺水平，确保工程质量。建立严密的质量保证体系和质量责任制，各分部、分项工程均要全面实行到位管理，施工队伍要根据自身情况和工程特点及质量通病，确定质量目标和相关内容。

“百年大计，质量第一”。工程施工项目管理中，要站在企业生存与发展的高度来认识工程质量的重大意义，坚持“以质取胜”的经营战略，科学管理与规范施工，以此推动企业拓宽市场，赢得市场，谋求更大的发展。

# 第三节　建筑工程施工质量验收

## 一、建筑工程施工质量验收概述

### （一）基本术语

建筑工程质量管理应以“突出质量策划、完善技术标准、强化过程控制、坚持持续改进”为指导思想，以提高质量管理要求为核心，力求在有效控制工程制造成本的前提之下，使工程质量在施工过程中始终处于受控状态，质量验收是质量管理的重要环节，现行的质量验收规范中涉及众多术语，如《建筑工程施工质量验收统一标准》中给出了 17 个专业术语，正确理解相关术语的含义，有利于正确把握现行施工质量验收规范的执行。

1. 建筑工程

建筑工程是为新建、改建或扩建房屋建筑物和附属构筑物设施所进行的规划、勘察、设计和施工、竣工等各项技术工作和完成的工程实体以及与其配套的线路、管道、设备等的安装工程。

其中，“房屋建筑物”的建造工程包括厂房、剧院、旅馆、商店、学校、医院和住宅等，其新建、改建或扩建必须兴工动料，通过施工活动才能实现：“附属构筑物设施”是指与房屋建筑配套的水塔、自行车棚、水池等；“线路、管道、设备的安装”是指与房屋建筑及其附属设施相配套的电气、给排水、暖通、通信、智能化、电梯等线路、管道及设备的安装活动。

2. 检验

对检验项目中的性能进行量测、检查、试验等，并将结果和标准规定要求进行比较，以确定每项性能是否符合所进行的活动。

3. 进场检验

对进入施工现场的建设材料、构配件、设备及器具等，按相关标准规定要求进行检验，并对产品达到合格与否作出确认的活动。

4. 见证检验

在监理单位或建设单位的监督下，由施工单位有关人员现场取样，并送至具备相应资质的检测单位所进行的检测。涉及了结构安全的试块、试件以及有关材料，应按规定进行见证取样检测。

5. 复验

建筑材料、设备等进入施工现场后，在外观质量检查和质量证明文件核查符合要求的基础上，按照有关的规定从施工现场抽取试样送至试验室进行检验的活动。

6. 检验批

按统一的生产条件或按规定的方式汇总起来供检验用的，由一定数量样本组成的检验体。检验批是工程质量验收的基本单元（最小单位）. 检验批通常按下列原则划分:

（1）检验批内质量基本均匀一致，抽样应符合随机性和真实性的原则。

（2）贯彻过程控制的原则，按施工次序、便于质量验收和控制关键工序的需要划分检验批。

7. 验收

建筑工程在施工单位自行质量检查评定的基础上，参与建设活动的有关单位共同对检验批、分项、分部、单位工程的质量进行抽样复验，根据相关标准以书面形式对工程质量达到合格与否作出确认。

8. 主控项目

建筑工程中对安全、节能、环境保护和主要使用功能起决定性作用的检验项目。主控项目是对检验批的基本质量起决定性影响的检验项目，主控项目和一般项目的区别是：对有允许偏差的项目，如果是主控项目，则其检测点的实测值必须在给定的允许偏差范围内，不允许超差。如果有允许偏差的项目是一般项目，允许有20%的检测点的实测值超出给定的允许偏差范围，但是最大偏差不得大于给定允许偏差值的1.5倍。监理单位应对主控项目全部进行检查，对于一般项目可根据施工单位质量控制情况确定检查项目。

9. 一般项目

除主控项目以外的检验项目。

10. 抽样方案

根据检验项目的特性所确定的抽样数量及方法。

11. 计数检验

通过确定抽样样本中不合格的个体数量，对样本总体质量作出判定的检验方法。

12. 计量检验

以抽样样本的检测数量计算总体均值、特征值或推定值，并以此判断或评估总体质量的检验方法。

13. 错判概率

合格批被判为不合格批的概率，即合格批被拒收的概率，用a表示。

14. 漏判概率

不合格批被判为合格批的概率，即不合格批被误收概率，用〃表示。

15. 观感质量

通过观察和必要的测试所反映的工程外在质量和功能状态。

16. 返修

对施工质量不符合标准规定的部位采取整修等措施。

17. 返工

对工程质量不符合标准规定的部位采取的更换、重新制作及重新施工等措施。

（二）施工质量验收的基本规定

1. 施工现场质量管理应有相应的施工技术标准、健全的质量管理体系、施工质量检验制度和综合施工质量水平评定考核制度。

建筑工程施工单位应建立必要的质量责任制度，对建筑工程施工的质量管理体系提出了较全面的要求，建筑工程的质量控制应为全过程的控制。施工单位应推行生产控制和合格控制的全过程质量控制，应有健全的生产控制和合格控制的质量管理体系。这里不仅包括原材料控制、工艺流程控制、施工操作控制、每道工序质量检查、各道相关工序之间的交接检验以及专业工种之间等中间交接环节的质量管理和控制要求，还应包括满足施工图设计和功能要求的抽样检验制度等。

施工单位通过内部的审核与管理者的评审，找出质量管理体系中存在的问题和薄弱环节，并制订改进的措施和跟踪检查落实等措施，使单位的质量管理体系不断健全和完善，是该施工单位不断提高建筑工程施工质量的保证。

同时，施工单位还应重视综合质量控制水平，从施工技术、管理制度、工程质量控制和工程质量等方面制订对施工企业综合质量控制水平的指标，以达到提高整体素质和经济效益。

2. 未实行监理的建筑工程，建设单位相关人员应该履行《建筑工程施工质量验收统一标准》中涉及的监理职责。

3. 建筑工程施工质量的控制应符合下列规定：

（1）建筑工程采用的主要材料、成品、半成品、建筑构配件、器具和设备应进行现场验收。凡涉及安全、节能、环境保护和主要使用功能的重要材料、产品，应按各专业工程施工规范、验收规范和设计文件等规定进行复验，并经监理工程师检查认可。

（2）各施工工序应按施工技术标准进行质量控制，每道施工工序完成后，经施工单位自检符合规定后，才能进行下道工序施工。各专业工种之间的相关工序应进行交接检验，并记录。

（3）对于监理单位提出检查要求的重要工序，应该经监理工程师检查认可，才能进行下道工序施工。

4. 符合下列条件之一时，可按相关专业验收规范的规定适当调整抽样复验、试验数量，调整后的抽样复验、试验方案应由施工单位编制，并报监理单位审核确认。

（1）同一项目中由相同施工单位施工的多个单位工程，使用的同一生产厂家的同品种、同规格、同批次的材料、构配件、设备。

（2）同一施工单位在现场加工的成品、半成品、构配件用于同一项目中的多个单位工程。

（3）在同一项目中，针对同一抽样对象已有检验成果可以重复利用。

5. 当专业验收规范对工程中的验收项目未作出相应规定时，应由建设单位组织监理、设计、施工等相关单位制定专项验收要求。涉及安全、节能。环境保护等项目的专项验收要求应由建设单位组织专家论证。

6. 检验批的质量检验，应根据检验项目的特点在下列抽样方案中进行选择：

（1）计量、计数的抽样方案。

（2）一次、二次或多次抽样方案。

（3）根据生产连续性和生产控制稳定性情况，尚可采用调整型抽样方案。

（4）对重要的检验项目，当可采用简易快速的检验方法时，可选用全数检验方案。

（5）经实践检验有效的抽样方案。

7. 检验批抽样样本应随机抽取，满足分布均匀、具有代表性的要求。

明显不合格的个体可不纳入检验批，但必须进行处理，使其满足有关专业验收规范的规定，对处理的情况应予以记录并重新验收。

8. 计量抽样的错判概率$\alpha$和漏判概率$\beta$可以按下列规定采取。

## 二、建筑工程施工质量验收的划分

### （一）施工质量验收层次划分的目的

工程施工质量验收涉及工程施工过程质量验收和竣工质量验收，是工程施工质量控制的重要环节。根据工程特点，按项目层次分解的原则合理划分工程施工质量验收层次，将有利于对工程施工质量进行过程控制和阶段质量验收，特别是不同专业工程的验收批的确定，将直接影响到工程施工质量验收工作的科学性、经济性、实用性和可操作性。因此，对施工质量验收层次进行合理划分非常必要，这有利于工程施工质量的过程控制和最终把关，确保工程质量符合有关标准。

### （二）施工质量验收划分的层次

随着我国经济发展和施工技术的进步，工程建设规模不断地扩大，技术复杂程度越来越高，出现了大量工程规模较大的单体工程和具有综合使用功能的综合性建筑物。由于大型单体工程可能在功能或结构上由若干个单体组成，且整个建设周期较长，可能出现已建成可使用的部分单体需先投入使用，或先将工程中一部分提前建成使用等情况，需要进行分段验收。再加上对规模特别大的工程进行一次验收也不方便，因此标准规定，可将此类工程划分为若干个子单位工程进行验收。同时，为了更加科学地评价工程施工质量和有利于对其进行验收，根据工程特点，按结构分解的原则将单位或子单位工程又划分为若干个分部工程。在分部工程中，按相近工作内容和系统又划分为若干个子分部工程。每个分部工程或子分部工程又可以划分为若干个分项工程。每个分项工程又可划分为若干个检验批。检验批是工程施工质量验收的最小单位。

### （三）单位工程

根据《建筑工程施工质量验收统一标准》的规定，单位工程应按下列原则划分：

1. 具备独立施工条件并能形成独立使用功能的建筑物及构筑物为一个单位工程。如一个学校中的一栋教学楼，某城市的广播电视塔等。

2. 规模较大的单位工程，可将其能形成独立使用功能的部分划分为一个子单位工程。子单位工程的划分一般可根据工程的建筑设计分区、使用功能的显著差异、结构缝的设置等实际情况，在施工前由建设、监理、施工单位自行商定，并据此收集整理施工技术资料和验收。

3. 室外工程可根据专业类别和工程规模划分单位（子单位）工程。

### （四）分部工程

根据《建筑工程施工质量验收统一标准》的规定，分部工程应按下列原则划分：

1. 分部工程的划分应按专业性质、建筑部位确定。

一般工业与民用建筑工程的分部工程包括：地基与基础、主体结构、建筑装饰装修、建筑屋面、建筑给水排水及采暖、建筑电、智能建筑、通风与空调、电梯及建筑节能等十个分部工程。

公路工程的分部工程包括路基土石方工程、小桥涵工程、大型挡土墙、路面工程、桥梁基础及下部构造、桥梁上部构造预制和安装等。

2. 当分部工程较大或较复杂时，可按材料种类、施工特点、施工程序、专业系统及类别等划分为若干分部工程。如建筑装饰装修分部工程可分为地面、门窗、吊顶工程；建筑电气工程可划分为室外电气、电气照明安装及电气动力等子分部工程。

## 三、建筑工程施工质量验收

建筑工程质量验收应划分为检验批、分项工程、分部（子分部）工程和单位（子单位）工程。《建筑工程施工质量验收统一标准》中仅给出了每个验收层次的验收合格标准，对于工程施工质量验收只设合格一个等级，若在施工质量验收合格后，希望评定更高的质量等级，可以按照另外制定的高于行业和国家标准的企业标准执行。

### （一）检验批

#### 1. 检验批验收合格规定

（1）主控项目的质量经抽样检验均应合格。

（2）一般项目的质量经抽样检验合格。

（3）具有完整的施工操作依据及质量验收记录。

#### 2. 检验批质量验收要求

（1）检验批验收，标准应明确

各专业施工质量验收规范中对各检验批中的主控项目和一般项目的验收标准都有具体的规定，但对有一些不明确的还须进一步查证，例如，规范中提出符合设计要求的仅土建部分就约有300处，这些要求应在施工图纸中去找，施工图中无规定的，应在开工前图纸会审时提出，要求设计单位书面答复并加以补充，供日后验收作为依据。另外，验收规范中提出按施工组织设计执行的条文就约有30处，因此，施工单位应按规范要求的内容编制施工组织设计，并报送监理审查签认，作为日后验收依据。

（2）检验批验收，施工单位自检合格是前提

《建筑工程施工质量验收统一标准》的强制条文规定：工程质量的验收均应在施工单位自行检查评定的基础上进行。《中华人民共和国建筑法》第58条规定：建筑施工企业对工程的施工质量负责。建筑工程验收中，经常发现，施工单位自检表数字与实际的工程中存在较大的差距，这都是施工单位不严格自检造成。有些工程施工单位将“自控”与“监理”验收合二为一，这都是不正确的，这实际是对工程质量的极端不负责任。国家有关法律规定：“施工单位违反工程建设强制性标准的，责令改正，处工程合同价款2%以上4%以下的罚款，造成的损失，情节严重的，责令停业整顿，降低资质等级或吊销资质证书。

（3）检验批验收、报验是手续

《建设工程质量管理条例》中规定，未经监理工程师签字，建筑材料建筑构配件和设备不得在工程上使用或安装，施工单位不得进行下一道工序的施工。未经总监工程师签字，建设单位不拨付工程款，不进行竣工验收。《建设工程监理规范》规定，实行监理的工程，施工单位对工程质量检查验收实行报验制，并规定了报验表的格式。

通过报验，监理工程师可全面了解施工单位的施工记录、质量管理体系等一系列问题，便于发现问题，更好地控制检验批的质量，报验是施工单位要重视质量管理，对工程质量郑重其事，是质量管理中的必然程序。

（4）检验批验收，内容要全面，资料应完备

检验批验收，一定要仔细、慎重，对照规范、验收标准、设计图纸等一系列文件，应进行全面、细致地检查，对主控项目、一般项目中所有要求核查施工过程中的施工记录，隐蔽工程检查记录，材料、构配件及设备复验记录等，通过检验批验收，消除发现的不合格项，避免遗留质量隐患。

检验批质量验收资料应包括下列资料：

①检验批质量报验表；

②检验批质量验收记录表；

③隐蔽工程验收记录表；

④施工记录；

⑤材料、构配件、设备出厂合格证及进场复验单；

⑥验收结论及处理意见；

⑦检验批验收，不合格项要有处理记录，监理工程师签署验收意见。

（5）检验批验收，验收人员即主体要合格

检验批验收的记录，应由施工项目的专业质量检查员填写，监理工程师、施工方为专业质量检查员，只有他们才有权在检验批质量验收记录上签字。具有国家或省部

级颁发监理工程师岗位证书的监理工程师，才算是合法的验收签字人。施工单位的专业质量检查员，应是专职管理人员，是经过总监理工程师确认的质量保证体系中的固定人员，并应持证上岗。

3. 检验批质量验收记录

检验批质量验收记录应由施工项目专业质量检查员填写，专业监理工程师组织项目专业质量检查员、专业工长等进行验收。

（二）分项工程

分项工程由一个或若干个检验批组成，分项工程的验收是在所包含检验批全部合格的基础上进行的。

1. 分项工程验收合格规定

（1）所含检验批的质量均应验收合格。

（2）所含检验批的质量验收记录应完整。

分项工程的验收在检验批的基础上进行。一般情况下，两者具有相同或相近的性质，只是批量的大小不同而已。因此，将有关的检验批汇集构成分项工程。分项工程合格质量的条件比较简单，只要构成分项工程的各检验批的验收资料文件完整，并且均已验收合格，就分项工程验收合格。

2. 分项工程质量验收要求

分项工程质量的验收是在检验批验收的基础上进行的，是一个统计过程，没有时也有一些直接的验收内容，所以，在验收分项工程时应注意：

（1）核对检验批的部位、区段是否全部覆盖分项工程的范围，是否有缺漏的部位没有验收到。

（2）一些在检验批中无法检验的项目，在分项工程中直接验收，例如砖砌体工程中的全高垂直度、砂浆强度的评定等。

（3）检验批验收记录的内容及签字人是否正确且齐全。

3. 分项工程质量验收记录

分项工程质量应由专业监理工程师组织施工单位项目专业技术负责人等进行验收。

（三）分部（子分部）工程

1. 分部（子分部）工程质量验收合格规定

（1）所含分项工程的质量均应验收合格。

（2）质量控制资料应完整。

（3）有关安全、节能、环境保护和主要使用功能的抽样检验结果应符合相应规定。

（4）观感质量应符合要求。

2. 分部（子分部）工程质量验收要求

首先，分部工程所含各分项工程必须已验收合格且相应的质量控制资料齐全、完整，这是验收的基本条件。此外，由于各分项工程的性质不尽相同，因此，作为分部工程不能简单地组合而加以验收，尚须进行下列两方面的检查项目：

（1）涉及安全、节能、环境保护和主要使用功能等的抽样检验结果应符合相应规定，即涉及安全、节能、环境保护和主要使用功能的地基与基础、主体结构和设备安装等分部工程应进行有关见证检验或抽样检验。如建筑物垂直度、标高、全高测量记录，建筑物沉降观测测量记录，给水管道通水试验记录，暖气管道、散热器压力试验记录，照明全负荷试验记录等。总监理工程师应组织相关人员，检查各专业验收规范中规定检测的项目是否都进行了检测；查阅各项检测报告，核查有关检测方法、内容、程序、检测结果等是否符合有关标准规定；核查有关检测单位的资质，见证取样与送样人员资格，检测报告出具单位负责人的签署情况是否符合要求。

（2）观感质量验收，这类检查往往难以定量，只能以观察、触摸或简单量测的方式进行观感质量验收，并由验收人的主观判断，检查结果并不给出“合格”或“不合格”的结论，而是综合给出“好”“一般”“差”的质量评价结果。所谓“好”，是指在质量符合验收规范的基础上，能到达精致、流畅的要求，细部处理到位、精度控制好；所谓“一般”，是指观感质量检验能符合验收规范的要求；所谓“差”，是指勉强达到验收规范要求或有明显的缺陷，但不影响安全或使用功能的。评为“差”的项目能进行返修的应进行返修，不能返修的只要不影响结构安全和使用功能的可通过验收。有影响安全和使用功能的项目，不能评价，应返修后再进行评价。

#### 3. 分部（子分部）工程质量验收记录

分部（子分部）工程完工后，由施工单位填写分部工程报验表，由总监理工程师组织施工单位项目负责人和有关的勘察、设计单位项目负责人等进行质量验收并记录。

### （四）单位（子单位）工程

#### 1. 单位（子单位）工程质量验收合格的规定

（1）所含分部（子分部）工程的质量均应验收合格。施工单位应在验收前做好准备，将所有分部工程的质量验收记录表及相关资料，及时进行收集整理，在核查和整理过程中，应注意：

①核查各分部工程中所含的子分部工程是否齐全；

②核查各分部工程质量验收记录表及相关资料的质量评价是否完善；

③核查各分部工程质量验收记录表及相关资料的验收人员是否是规定的有相应资质的技术人员，并进行了评价和签认。

（2）质量控制资料应完整。虽然质量控制资料在分部（子分部）工程质量验收时就已检查过，但某些资料由于受试验龄期的影响或受系统测试的需要等，难以在分部工程验收时到位，因此，在单位（子单位）工程质量验收时，应该全面核查所有分部工程质量控制资料，确保所收集到的资料能充分反映工程所采用的建筑材料、构配件和设备的质量技术性能，施工质量控制和技术管理状况，保证结构安全和使用功能的施工试验和抽样检测结果，以及工程参建各方质量验收的原始依据、客观记录、真实数据和见证取样等资料的准确性，确保工程结构安全和使用功能，满足设计要求。

（3）所含分部工程中有关安全、节能、环境保护和主要使用功能等的检验资料应完整。

（4）主要使用功能的抽查结果应符合相关专业质量验收规范的规定。有的主要使用功能抽查项目在相应分部（子分部）工程完成后即可以进行，有的则需要等单位工程全部完成后才能进行检测。这些检测项目应在单位工程完工，施工单位向建设单位提交工程竣工验收报告之前，全部进行完毕，并将检测报告写好。至于在竣工验收时抽查什么项目，应在检查资料文件的基础上由参加验收的各方人员商定，并用计量、计数的方法抽样检验，检验结果应符合有关专业验收规范的要求。

使用功能的检查是对建筑工程和设备安装工程最终质量的综合检验，也是用户最为关心的内容，体现了过程控制的原则，也将减少工程投入使用之后的质量投诉和纠纷。

（5）观感质量应符合要求。观感质量验收不仅仅是对工程外表质量进行检查，同时也是对部分使用功能和使用安全所作的一次全面检查。如门窗启闭是否灵活、关闭后是否严密；又如室内顶棚抹灰层的空鼓、楼梯踏步高差过大等。观感质量验收须由参加验收的各方人员共同进行，最后共同协商确定是否通过验收。

2. 单位（子单位）工程质量竣工验收报审表及竣工验收记录

表中的验收记录由施工单位填写，验收结论由监理单位填写。综合验收结论由参加验收各方共同商定，由建设单位填写，并且应对工程质量是否符合设计和规范要求及总体质量水平作出评价。

## 四、建筑工程施工质量验收的程序与组织

### （一）检验批及分项工程

检验批由专业监理工程师组织项目专业质量检验员等进行验收；分项工程由专业监理工程师组织项目专业技术负责人等进行验收。

检验批和分项工程是建筑工程施工质量基础，因此所有检验批和分项工程均应由监理工程师或建设单位项目技术负责人组织验收。验收前，施工单位先填好“检验批和分项工程的验收记录（有关监理记录和结论不填）”，并由项目专业质量检查员和项目专业技术负责人分别在检验批合分项工程质量检验记录中相关栏目中签字，然后由监理工程师组织严格按规定程序进行验收。

### （二）分部工程

分部工程由若干个分项工程构成，分部工程验收是在其所含的分项工程验收的基础上进行的，分部工程应由总监理工程师（建设单位项目负责人）组织施工单位项目负责人和技术、质量负责人等进行验收；地基与基础、主体结构分部工程的勘察、设计单位工程项目负责人和施工单位技术、质量部门负责人也应参加相关分部工程验收。

验收前，施工单位应先对施工完成的分部工程进行自检，合格后填写分部工程报验表及分部工程质量验收记录，并报送项目监理机构申请验收。总监理工程师应组织

相关人员进行检查、验收，对验收不合格的分部工程，应要求施工单位进行整改，自检合格后予以复查。对验收合格的分部工程，应该签认分部工程报验表及验收记录。

（三）单位（子单位）工程

单位工程质量验收也称质量竣工验收，是建筑工程投入使用前的最后一次验收，也是最重要的一次验收。参建各方责任主体和有关单位及人员，应加以重视，认真做好单位工程质量竣工验收，把好工程质量关。

1. 预验收

当单位（子单位）工程达到竣工验收条件后，施工单位应依据验收规范、设计图纸等组织有关人员进行自检，并在自查、自评工作完成后，填写工程竣工报验单，并将全部竣工资料报送项目监理机构，申请竣工验收。总监理工程师应组织各专业监理工程师对竣工资料及各专业工程的质量情况进行全面检查，对检查出的问题，应督促施工单位及时整改。对需要进行功能试验的项目（包括单机试车和无负荷试车），监理工程师应督促施工单位及时进行试验，并对重要项目进行监督、检查，必要时请建设单位和设计单位参加；监理工程师应认真审查试验报告单并督促施工单位搞好成品保护和现场清理。

经项目监理机构对竣工资料及实物全面检查和验收合格后，由总监理工程师签署工程竣工报验单，并向建设单位提出质量评估报告。

2. 正式验收

建设单位收到工程验收报告后，应由建设单位（项目）负责人组织施工（含分包单位）、设计、监理等单位（项目）负责人进行单位（子单位）工程验收。单位工程由分包单位施工时，分包单位对所承包的工程项目应按规定的程序检查评定，总包单位应派人参加。分包工程完成后，应将工程有关资料交总包单位。建设工程经验收合格的，方可交付使用。

《建设工程质量管理条例》规定，建设工程竣工验收应当具备以下条件：

（1）完成建设工程设计和合同约定的各项内容；

（2）有完整的技术档案和施工管理资料；

（3）有工程使用的主要建筑材料、建筑构配件和设备的进场试验报告；

（4）有勘察、设计、施工、工程监理等单位分别签署的质量合格文件；

（5）有施工单位签署的工程保修书。

在竣工验收时，对某些剩余工程和缺陷工程，在不影响交付的前提之下，经建设单位、设计单位、施工单位和监理单位协商，施工单位应在竣工验收后的限定时间内完成。

参加验收各方对工程质量验收意见不一致时，可请当地建设行政主管部门或工程质量监督机构协调处理。单位工程验收时，如有因季节影响需后期调试的项目，单位工程可先行验收。后期调试项目可约定具体时间另行验收。如一般空调制冷性能不能在冬季验收，采暖工程不能在夏季验收。

# 第三章　建筑工程项目职业健康安全管理

## 第一节　施工项目职业健康安全管理概述

施工项目安全管理，是指在施工项目的实施过程中，对安全生产进行计划、组织、监控、调节和改进的一系列管理活动。其目的是通过对生产因素具体的状态控制，使生产因素不安全的行为和状态减少或消除，让安全事故引发的损失或伤害得以避免，从而保证工程项目的效益和目标得以实现。

### 一、施工项目安全管理的方针和目标

#### （一）施工项目安全管理的方针

我国建筑安全管理的方针是“安全第一、预防为主”。安全第一毋庸置疑，但应有更具体的含义，如当安全与工期、安全与费用产生矛盾时，应确保安全。预防为主是明智之见，目前的绝大部分管理和安全措施都是为了预防事故的发生。但对事故发生后的控制、救援、处理也应从制度和管理上予以加强，这一方面可减少事故的损失，另一方面完善的救援措施也可使工人有安全感。

#### （二）施工项目安全管理的目标

安全管理的总体目标是减少或消除生产过程中的事故，保证人员健康、安全及财产免受损失。具体包含：

1. 减少或消除人的不安全行为。

2. 减少或消除设备、材料的不安全状态。

3. 改善生产环境和保护自然环境。

## 二、施工项目安全管理的基本要求

第一，必须取得相关安全行政主管部门颁发的安全施工许可证后方可开工。

第二，总承包单位和每个分包单位都应持有施工企业安全资格审查认可证。

第三，安全检查员、专业技术人员等必须具备相应的职业资格证方能上岗作业。

第四，新员工入职必须进行三级安全教育，即进企业、进项目部及进岗位部门的安全教育。

第五，特殊工种作业人员必须持有特种作业操作证，并严格按照相关规定进行定期复查。

第六，“五定、七关”。对查出的安全隐患要做到“五定”，即定整改责任人、定整改措施、定整改完成时间、定整改完成人、定整改验收人；对安全生产把好“七关”，即措施关、交底关、教育关、防护关、检查关、改进关、文明关。

第七，施工现场设施齐全，并符合国家和地方相关规定。

第八，施工机具必须经过安全检查合格后方可以使用。

## 三、危险源的辨识

第一，高空坠落。造成高空坠落的一般原因有：临边、洞口安全防护措施不符合要求；脚手架上高空作业人员安全防护不符合要求；操作平台与交叉作业的安全防护不符合要求；操作人员未按操作规程操作。

第二，触电。造成触电的主要因素有：临时用电防护、接地与接零保护系统、配电线路不符合要求；配电箱、开关箱、现场照明、电气设备、变配电装置等不符合要求；架空线路距建筑物近、防护措施不到位等。

第三，施工坍塌。主要包括两方面：一是深基坑工程，二是脚手架和模板支撑工程。

第四，机械设备伤害。造成机械设备伤害的主要因素有：机械设备安装、拆除时操作不符合要求；需做防护的防护措施不到位，如电锯等；工人操作时违反操作规程要求；机械设备的各种限位、保护装置不符合要求；对机械设备未做定期检查，或对已检查出存在安全隐患的机械设备未停止使用，未及时地整改处理。

第五，物体打击。造成物体打击的主要因素有：进入施工现场未按要求系戴安全帽；安全帽不合格；脚手架外侧未用密封网封闭。

第六，中毒。造成施工现场中毒的主要因素有：施工现场化学物品临时存放或使用不当；地下作业时防护、通风措施不符合要求；食堂卫生不符合要求也是造成群体中毒的主要因素。

第七，火灾。造成施工现场火灾的主要因素有：易燃易爆等危险物品未按要求存放、保管、搬运、使用；在有明火作业时无消防器材或者消防器材不足。

# 第二节 施工项目现场安全管理

施工项目现场是指从事工程施工活动经批准占用的场地。它包括两方面用地：既包括建筑红线以内占用的建筑用地和施工用地，又包括红线以外现场附近，经批准占用的临时施工用地。所谓“现场管理”是指项目经理部按照“施工现场管理规定”科学合理安排使用施工场地，协调各专业管理和各项施工活动，控制污染及确保人身财产安全的一系列管理活动。

## 一、工程项目安全生产责任制

### （一）落实安全生产责任制

项目经理承担控制、管理施工生产进度、成本、质量、安全等目标的责任，因此必须同时承担进行安全管理的责任。每个项目应根据具体的组织结构情况成立以项目经理为主的安全生产委员会或安全生产领导小组。同时还应根据建设工程的性质、规模和特点配备规定数量的专职、兼职安全管理员来督促检查各类人员贯彻执行安全措施计划。

### （二）安全责任管理的实施

1. 建立、完善以项目经理为首的安全生产领导机构，有组织、有领导的开展安全管理活动。项目经理应承担组织、领导安全生产的责任。

2. 建立各级人员安全管理制度，明确各级人员的安全责任。抓制度落实及抓责任落实，定期检查各责任落实情况。

3. 施工项目应通过监察部门的安全生产资质审查，并且得到认可。

4. 施工项目负责施工生产中物的状态审验与认可，承担物的状态漏验、失控的管理责任。

5. 一切管理操作人员均需与施工项目签订安全协议，向施工项目做出安全保证。

6. 安全生产责任落实情况的检查，应认真、详细的记录，作为分配补偿的原始资料之一。

## 二、施工现场安全管理

### （一）安全事故诱因分析

施工现场的不安全因素主要来源于人、物及环境。

1. 个人的不安全因素

个人的不安全因素是由人的心理和生理特点造成的，主要表现在身体缺陷、错误行为和违规行动三个方面。

（1）身体缺陷。身体缺陷主要指疾病、精神失常、智力过低、易紧张、易烦躁、易冲动、易兴奋及运动神经迟钝。

（2）错误行为。错误行为主要指嗜酒、吸烟、吸毒、打赌、戏耍、嬉笑、追逐、错时、错听、错嗅、错触、错误判断、相碰、误入危险区等。

（3）违规行动。违规行动与错误行为不同，主要是指粗心大意、漫不经心、注意力不集中、不懂装懂、工作不认真、不按规章办事、玩忽职守、图省事不顾安全等。

2. 人的不安全行为

人的不安全行为指能造成事故的认为错误，是人为地使系统发生故障或性能不良的事件，是违背设计和错做规程的错误行为。人的不安全行为的类型有：

（1）操作失误、忽视安全、忽视警告；

（2）造成安全装置失效；

（3）使用不安全设备；

（4）手代替工具操作；

（5）物体放置不当；

（6）冒险进入危险场所；

（7）攀坐不安全位置；

（8）在起吊物下作业、停留；

（9）在机器运转时进行检查、维修及保养；

（10）未正确使用个人防护用品用具。

3. 物和环境的不安全状态

（1）设备、装置的缺陷。

设备、装置的缺陷主要指设备、装置的技术性能降低、强度不够、结构不良、磨损、失灵、老化和腐蚀等。

（2）作业场所的缺陷。

作业场所的缺陷主要是指施工场地狭小，交通道路不宽敞，机械设备拥挤，多工种交叉作业等。

（3）个人防护用品的缺陷。

个人防护用品的缺陷指防护用品超过规定使用时间，质量不合格等。

（4）施工现场环境不良。

施工现场环境不良指现场布置杂乱无序，视线不畅且交通堵塞等。

### （二）安全教育

安全教育是实现安全生产的一项重要基础工作，它可以提高职工搞好安全生产的自觉性、积极性和创造性，增强安全意识，掌握安全知识，提高职工的自我防护能力，使安全规章制度得到贯彻执行。

1. 新工人三级安全教育

新工人三级安全教育是企业必须支持的安全生产基本教育制度。对于新工人（包括新招收的合同工、临时工、学徒工、劳务工及实习和代培人员）都必须进行公司、项目、班组的三级安全教育。

（1）公司安全教育内容包括：熟悉企业安全生产制度，学习相关法律法规，如《建筑法》《建设工程安全生产管理条例》《建筑安装工程安全技术规程》。

（2）项目经理部安全教育内容包括：学习安全知识，安全技能，设备性能，操作规程，安全生产法律、法规、制度和安全纪律，讲解安全事故案例。

（3）班组安全教育内容包括：了解本班组作业特点，学习安全操作规程、安全生产制度及纪律；学习正确使用安全防护装置、设施及个人劳动防护用品知识；了解本班组作业中的不安全因素及防范对策、作业环境和所使用的机具安全要求。

2. 特种作业人员安全培训

凡对操作者本人尤其是对他人和周围环境设施的安全有重大危害因素的作业，称为特种作业。直接从事特种作业者，称为特种作业人员。特种作业人员包括：电工、电焊工、架子工、司炉工、爆破工、机械操作工、起重工、塔吊司机及指挥人员、人货两用电梯司机、信号指挥人员、场内车辆驾驶人员、起重机机械拆装作业人员及物料提升机作业拆装人员。

从事特种作业的人员必须经国家规定的有关部门进行安全教育和安全技术培训，并经考核合格取得操作证者方可批准独立作业。

## （三）安全技术措施和交底

### 1. 安全技术措施

安全技术措施是指为防止工伤事故的危害，从技术上应采取的措施。在工程施工中，是指针对工程特点、环境条件、劳力组织、作业方法施工机械供电设施等指定的确保安全施工的措施。

施工安全技术措施包括安全防护设施的设置和安全预防措施，其主要内容如下。

（1）一般工程安全技术措施

场内运输道路及人行通道的布置；临时用电技术方案；临边、洞口及交叉作业，施工防护安全技术措施；安全网的假设范围和管理要求；防火、防毒、防爆、防雷安全技术措施；临街防护、临近外架供电线路、地下供电、供气、通风、管线、毗邻建筑物防护等安全技术措施；机械设备安全技术措施；冬、雨季施工安全技术措施；新工艺、新技术、新材料施工安全技术措施。

（2）特殊工程安全技术措施

结构复杂、危险性较大的分部分项工程，应该编制专项施工方案和安全措施。如：基坑支护与排水降水工程、土方开挖工程、模板工程、起重吊装工程、脚手架工程、拆除工程、爆破工程等，必须编制单项的安全技术措施，并要有设计依据，计算、样图和文字要求。

（3）季节性施工安全技术措施

季节性施工安全技术措施就是，考虑夏季、冬季等不同季节的气候对施工生产带来的不安全因素可能造成的各种突发性事故，而从防护上、技术上、管理上采取的防护措施。一般建筑工程可在施工组织设计或施工方案的安全技术措施中编制季节性施工安全技术措施；危险性大高温期长的建筑工程应单独编制季节性的施工安全技术措施。

2. 安全技术交底

安全技术交底是落实安全技术措施及安全管理事项的重要手段之一。重大安全技术措施和重要部位的安全技术由公司技术负责人向项目经理部技术负责人进行书面的安全技术交底；一般安全技术措施及施工现场应注意的安全事项由项目经理部技术负责人向施工作业班组作业人员做出详细说明，并且经双方签字认可。

（1）安全技术交底的主要内容

①本工程项目的施工作业特点和危险点；

②针对危险点的具体预防措施；

③应注意的安全事项；

④相应的安全操作规程和标准；

⑤发生事故后应及时采取的避难和急救措施。

（2）安全技术交底的基本要求

①项目经理部必须实行逐级安全技术交底制度，纵向延伸到班组全体作业人员；

②技术交底必须具体、明确及针对性强；

③技术交底的内容应针对分部分项工程施工中给作业人员带来潜在隐含危险的因素和存在的问题；

④应优先采用新的安全技术措施；

⑤应将工程概况施工方法、施工程序、安全技术措施等向工长、班组长及作业人员进行详细交底；

⑥定期向由两个以上作业队伍组成多工种进行交叉施工的作业队伍进行书面交底；

⑦保留书面安全技术交底等签字记录。

## （四）安全检查

1. 建设工程施工安全检查的主要内容

安全检查要根据施工生产特点，具体确定检查的项目和检查的标准。

（1）查安全思想主要是检查以项目经理为首的项目全体员工（包括分包作业人员）的安全生产意识和对安全生产工作的重视程度。

（2）查安全责任主要是检查现场安全生产责任制度的建立；安全生产责任目标的分解与考核情况；安全生产责任制与责任目标是否已经落实到了每一个岗位和每一个人员，并得到了确认。

（3）查安全制度主要是检查现场各项安全生产规章制度和安全技术操作规程的

建立和执行情况。

（4）查安全措施主要是检查现场安全措施计划及各项安全专项施工方案的编制、审核、审批及实施情况；重点检查方案的内容是否全面、措施是否具体并且有针对性，现场的实施运行是否与方案规定的内容相符。

（5）查安全防护主要是检查现场临边、洞口等各项安全防护设施是否到位，有无安全隐患。

（6）查设备设施主要是检查现场投入使用的设备设施的购置、租赁、安装、验收、使用、过程维护保养等各个环节是否符合要求；设备设施的安全装置是否齐全、灵敏、可靠，有无安全隐患。

（7）查教育培训主要是检查现场教育培训岗位、教育培训人员、教育培训内容是否明确、具体、有针对性；三级安全教育制度和特种作业人员持证上岗制度的落实情况是否到位；教育培训档案资料是否真实、齐全。

（8）查操作行为主要是检查现场施工作业过程中有无违章指挥、违章作业、违反劳动纪律的行为发生。

（9）查劳动防护用品的使用主要是检查现场劳动防护用品、用具的购置、产品质量、配备数量和使用情况是否符合安全与职业卫生的要求。

（10）查伤亡事故处理主要是检查现场是否发生伤亡事故，对发生的伤亡事故是否已按照“四不放过”的原则进行了调查处理，是否已有针对性地制订了纠正与预防措施；制订的纠正与预防措施是否已得到落实并且取得实效。

### 2. 建设工程施工安全检查的主要形式

建设工程施工安全检查的主要形式一般可分为定期安全检查、经常性安全检查、季节性安全检查、节假日安全检查、开工复工安全检查、专业性安全检查和设备设施安全验收检查等。安全检查的组织形式应根据检查的目的、内容而定，因此参加检查的组成人员也就不完全相同。

（1）定期安全检查。建筑施工企业应建立定期分级安全检查制度，定期安全检查属全面性和考核性的检查，建筑工程施工现场应至少每旬开展一次安全检查工作，施工现场的定期安全检查应由项目经理亲自组织。

（2）经常性安全检查。建筑工程施工应经常开展预防性的安全检查工作，以便于及时发现并消除事故隐患，保证施工生产正常进行。施工现场经常性的安全检查方式主要如下。

①现场专（兼）职安全生产管理人员和安全值班人员每天例行开展的安全巡视、巡查。

②现场项目经理、责任工程师及相关专业技术管理人员在检查生产工作的同时进行的安全检查。

③作业班组在班前、班中及班后进行的安全检查。

（3）季节性安全检查。季节性安全检查主要是针对气候特点（如暑季、雨季、风季、冬季等）可能给安全生产造成的不利影响或带来的危害而组织的安全检查。

（4）节假日安全检查。在节假日特别是重大或传统节假日（如“五一”“十一”、元旦、春节等）前后和节假日期间，为防止现场管理人员和作业人员思想麻痹、纪律松懈等进行的安全检查。节假日加班，更要认真检查各项安全防范措施的落实情况。

（5）开工、复工安全检查。针对工程项目开工、复工之前进行的安全检查，主要是检查现场是否具备保障安全生产的条件。

（6）专业性安全检查。由有关专业人员对现场某项专业安全问题或在施工生产过程中存在的比较系统性的安全问题进行的单项检查，这类检查专业性强，主要应由专业工程技术人员、专业安全管理人员参加。

（7）设备设施安全验收检查。针对现场塔吊等起重设备、外用施工电梯、龙门架及井架物料提升机、电气设备、脚手架、现浇混凝土模板支撑系统等设备设施在安装、搭设过程中或完成后进行的安全验收、检查。

3. 建设工程安全检查方法

建设工程安全检查在正确使用安全检查表的基础上，可以采用“问”“看”“量”“测”“运转试验”等方法进行。

（1）“问”。主要是指通过询问、提问，对用项目经理为首的现场管理人员和操作工人进行的应知应会抽查，似便了解现场管理人员和操作工人的安全意识和安全素质。

（2）“看”。主要是指查看施工现场安全管理资料和对施工现场进行巡视。例如：查看项目负责人、专职安全管理人员、特种作业人员等的持证上岗情况；现场安全标志设置情况；劳动防护用品使用情况；现场安全防护情况；现场安全设施及机械设备安全装置配置情况；“三宝”（安全帽、安全带、安全网）使用情况，“四口”（在建工程预留洞口、电梯井口、通道口、楼梯口）、“五临边”（在建工程的楼面临边、屋面临边、阳台临边、升降口临边、基坑临边）防护情况等。

（3）“量”。主要是指使用测量工具对施工现场的一些设施、装置进行实测实量。

（4）“测”。主要是指使用专用仪器、仪表等监测器具对特定对象关键特性技术参数的测试。例如：使用漏电保护器测试仪对漏电保护器漏电动做电流、漏电动作时间的测试；使用地阻仪对现场各种接地装置接地电阻的测试；使用兆欧表对电机绝缘电阻的测试；使用经纬仪对塔吊、外用电梯安装垂直度的测试等。

（5）“运转试验”。主要是指由具有专业资格的人员对机械设备进行实际操作、试验，检验其运转的可靠性或安全限位装置的灵敏性。

## （五）安全设施管理

施工项目的安全设施有：脚手架、安全帽、安全带、安全网、操作平台、防护栏杆及临时用电防护等。

1. 脚手架

（1）脚手架的基本要求

①坚固稳定。即要保证足够的承载能力、刚度和稳定性，保证在施工期间不产生

超过容许要求的变形、倾斜、摇晃或扭曲现象，不发生失稳倒塌，确保施工作业人员的人身安全。

②装拆简便，能多次周转使用。

③其宽度应满足施工作业人员操作、材料堆置和运输的要求。

（2）脚手架材质的要求

①木脚手架常用剥皮杉杆，不准使用杨木、柳木、桦木、油松、腐朽及有刀伤的木料。

②竹脚手架一般使用3年以上楠竹，不准使用青嫩、枯脆、虫蛀和有大裂缝的竹料。

③钢管材质脚手架一般采用48mm直径，壁厚3.5mm的焊接钢管，也可采用同样规格的无缝钢管或其他钢管。钢管应涂防锈漆。脚手架钢管要求无严重锈蚀、弯曲、压扁或裂纹。

④绑扎辅料不准使用草绳、麻绳、塑料绳、腐蚀铁丝等。

（3）脚手架设计要求。

脚手架及搭设方案须经设计计算，并经技术负责人审批后方可搭设。由于脚手架的问题特别在高层建筑施工中导致安全事故较多。因此脚手架的设计不但要满足使用要求，而且首先要考虑安全问题。设置可靠的安全防护措施，如防护栏、挡脚板、安全网、通道扶梯、斜道防滑、多层立体作业的防护，悬吊架的安全销和雨季放电、避雷设施等。

2. 安全帽

安全帽必须经过有关部门检验合格后方能使用，应该正确使用安全帽，扣好帽带，不准抛、扔或坐垫安全帽，不准使用缺衬、缺带或破损的安全帽。

3. 安全带

（1）安全带需经有关部门检验合格后方能使用。

（2）安全带使用2年后必须按规定抽检一次，对抽检不合格的必须更换安全绳后才能使用。

（3）安全带应储存在干燥、通风的仓库内，不准接触高温、明火、强酸、强碱或者尖锐坚硬物体。

（4）安全带应高挂低用，不准将绳打结使用。安全带上下的各种部件不得任意拆除，更换新绳时要注意加绳套。

4. 安全网

（1）从二层楼面开始设安全网，往上每隔10m设置一道，同时必须设一道随施工高度可提升的安全网。

（2）网绳不破损并生根牢固、绷紧、圈牢，拼接严密。

（3）立网随施工层提升，网高出施工层1m以上，同下口与墙生根牢靠；离墙不大于15cm，网之间拼接严密，空隙不大于10cm。

5. 防护栏杆

地面基坑周边，无外脚手架的楼面及屋面周边，分层的楼梯口与楼段边，尚未安装阳台栏板的阳台，料台周边，井架、施工用电梯，外脚手架通向建筑物通道两侧边，均应该设置防护栏杆；顶层的楼梯口，应该随工程结构的进度安装正式栏杆或立挂安全网封闭。

6. 临时用电安全防护

（1）临时用电应按有关规定编号施工组织设计，并建立对现场线路、设施定期检查制度。

（2）配电线路必须按有关规定架设整齐，架空线应采用绝缘导线，不得采用塑胶软线，不得成束架空敷设或沿地面明敷设。

（3）室内、室外线路均应与施工机具、车辆及行人保持最小安全距离，否则应采取可靠的防护措施。

（4）配电系统必须采取分线配电，各类配电箱、开关箱的安装和内部设置必须符合有关规定，开关电器应标明用途。

（5）一般场所采用 220V 电压作为现场照明用，照明导线用绝缘子固定，照明灯具的金属外壳必须接地或接零。特殊场所必须按国家有关规定使用安全电压照明。

（6）手持电工工具必须单独安装漏电保护装置，具有了良好的绝缘性，金属外壳接地性良好。所有手持电动工具必须装有可靠的防护罩，外皮电线不得破损。

（7）电焊机应有良好的接地或接零保护，并有可靠的防雨、防潮、防砸保护措施，焊接线应双线到位，绝缘良好。

# 第三节　文明施工与环境保护

## 一、建设工程现场文明施工的要求

根据《建筑工程施工现场管理规定》中的“文明施工管理”和《建筑工程项目管理规范》“项目现场管理”的规定，以及各省市有关建筑工程文明施工管理的要求，施工单位应规范施工现场，创造良好生产、生活环境，保障职工的安全与健康，做到文明施工、安全有序、整洁卫生、不扰民、不损害公众利益。

依据我国相关标准，文明施工的要求主要包括现场围挡、封闭管理、施工场地、材料堆放、现场住宿、现场防火、治安综合治理、施工现场标牌、生活设施、保健急救、社区服务 11 项内容，总体上应符合以下要求：

第一，有整套的施工组织设计或施工方案，施工总平面布置紧凑，施工场地规划合理，符合环保、市容、卫生的要求；

第二，有健全的施工组织管理机构和指挥系统，岗位分工明确；工序交叉合理，

交接责任明确；

第三，有严格的成品保护措施和制度，大小临时设施和各种材料构件、半成品按平面布置堆放整齐；

第四，施工场地平整，道路通畅，排水设施得当，水电线路整齐，机具设备状况良好，使用合理，施工作业符合消防和安全要求；

第五，搞好环境卫生管理，包括施工区、生活区环境卫生和食堂卫生管理；

第六，文明施工应贯穿施工结束后的清场。

实现文明施工，不仅要抓好现场的场容管理，而且还要做好现场材料、机械、安全、技术、保卫、消防及生活卫生等方面的工作。

## 二、现场文明施工的组织措施

### （一）建立文明施工的管理组织

应确立项目经理为现场文明施工的第一责任人，以各专业工程师、施工质量、安全、材料、保卫、后勤等现场项目经理部人员为成员的施工现场文明管理组织，共同负责本工程现场文明施工工作。

### （二）健全文明施工的管理制度

包括建立各级文明施工岗位责任制、将文明施工工作考核列入经济责任制，建立定期的检查制度，实行自检、互检、上下道工序交接检查制度，建立了奖罚制度，开展文明施工立功竞赛，加强文明施工教育培训等。

## 三、现场文明施工管理的控制要点

### （一）施工平面布置

施工总平面图是现场管理、实现文明施工的依据。施工总平面图应对施工机械设备设置、材料和构配件的堆场、现场加工场地以及现场临时运输道路、临时供水供电线路和其他临时设施进行合理布置，并随工程实施的不同阶段进行场地布置和调整。

### （二）现场围挡

施工现场必须实施封闭管理，设置进出口大门，制定门卫制度，严格执行外来人员进场登记制度。沿工地四周连续设置围挡，对于市区主要路段和其他涉及市容景观路段的工地设置围挡的高度不低于2.5m，其他工地的围挡高度不应低于1.8m，围挡材料要求坚固、稳定、统一、整洁、美观。

### （三）现场标牌

施工现场必须设有“五牌一图”，即工程概况牌、管理人员名单和监督电话牌、消防保卫牌（也称防火责任牌）、安全生产牌、文明施工牌和施工现场平面图。

施工现场应合理悬挂安全生产宣传和警示牌，标牌悬挂牢固可靠，特别是主要施工部位、作业点和危险区域以及主要通道口都必须有针对性地悬挂醒目的安全警示牌。

（四）施工场地

施工现场道路应通畅、平坦、整洁、无散落物；场区内应设置排水系统，确保排水通畅，不积水；施工现场应积极推行硬地坪施工，作业区、生活区主干道地面必须用一定厚度的混凝土硬化，场内其他道路地面也应硬化处理；有条件时尚应该对施工现场进行绿化布置。

（五）材料堆放

材料、构配件、必须按施工现场总平面布置图堆放，布置合理。堆放材料、构配件时必须做到安全、整齐、不得超高。堆放材料应由标识牌，其内容为：名称、规格型号、批量、产地、质量等。易燃物品应分类堆放，易爆物品应有专门仓库存放，存放点附近不得有火源，应有禁火标识和责任人标识。

（六）现场生活设施布置

1. 职工生活设施要符合卫生、安全、通风及照明等要求。

2. 职工的膳食、饮水供应等应符合卫生要求。炊事员必须有卫生防疫部门颁发的体检合格证。生熟食分别存放，炊事员要穿白工作服，食堂卫生要定期清理检查。

3. 施工现场应设置符合卫生要求的厕所，有条件的应设水冲式厕所，并有专人清扫管理。现场应保持卫生，不得随地大小便。

4. 生活区应设置满足使用要求的淋浴设施和管理制度。

5. 生活垃圾要及时清理，不能与施工垃圾混放，并设专人管理。

6. 职工宿舍要考虑到季节性的要求，冬季应有保暖、防煤气中毒措施；夏季应有消暑、防虫叮咬措施，保证施工人员的良好睡眠。

7. 宿舍内床铺及各种生活用品放置要整齐，通风良好，并要符合安全疏散的要求。

8. 生活设施的周围环境要保持良好的卫生条件，周围道路、院区平整，并要设置垃圾箱和污水池，不得随意乱泼乱倒。

（七）现场临时设施布置

现场的施工区域应与办公、生活区划分清晰，并且采取相应的隔离防护措施。施工现场的临时用房应选址合理，符合安全、消防要求和国家有关规定。在建工程内严禁住人。生产区进口处应设有值班人员，例如有不戴安全帽、穿拖鞋等违规行为的人员应禁止入内。

（八）现场消防、防火管理

1. 施工现场应根据工程实际情况，订立消防制度或消防措施。

2. 按照不同作业条件和消防有关规定，合理配餐消防器材，符合消防要求。消防器材设置点要有明显标志，夜间设置红色警示灯，消防器材应垫高设置，周围2m内不准乱放物品。

3. 当建筑施工高度超过30m（或当地规定）时，为了防止单纯依靠消防器材灭火不能满足要求，应配备有足够的消防水源和自救的用水量。扑救电气火灾不得用水，应使用干粉灭火器。

4. 在容易发生火灾的区域施工或储存、使用易燃易爆器材时，必须采取特殊的消防安全措施。

5. 现场动火，必须经有关部门批准，设专人管理。五级风及以上禁止使用明火。

6. 坚决执行现场防火“五不走”的规定，即交接班不交代不走、用火设备火源不熄灭不走、用电设备不拉闸不走、可燃物不清干净不走且发现险情不报告不走。

#### （九）现场临时用电布置

1. 施工现场临时用电配电线路

（1）按照 TN-S 系统要求配备五芯电缆、四芯电缆和三芯电缆。

（2）按要求架设临时用电线路的电杆、横担、瓷夹、瓷瓶等，或电缆埋地的地沟。

（3）对靠近施工现场的外电线路，设置木质、塑料等绝缘体的防护设施。

2. 配电箱、开关箱

（1）按三级配电要求，配备总配电箱、分配电箱、开关箱、三类标准电箱。开关箱应符合一机、一箱、一闸、一漏。三类电箱中的各类电器应是合格品。

（2）按两级保护的要求，选取符合容量要求及质量合格的总配电箱和开关箱中的漏电保护器。

3. 接地保护

装置施工现场保护零线的重复接地应不应少于三处。

#### （十）治安管理

1. 建立现场治安保卫领导小组，由专人管理。

2. 新入场的人员做到及时登记，做到合法用工。

3. 按照治安管理条例和施工现场的治安管理规定搞好各项管理工作。

4. 建立门卫值班管理制度，严禁无证人员和其他闲杂人员进入施工现场。

#### （十一）医疗急救的管理

开展卫生防病教育，准备必要的医疗设施，配备经过培训的急救人员，有急救措施、急救器材和报建医药箱。在现场办公室的显著位置张贴急救车和有关医院的电话号码。

### 四、环境保护

环境保护是按照法律、法规、各级主管部门和企业的要求，保护和改善作业现场环境，控制现场的各种粉尘、废水、废气、固体废弃物、噪声及振动等对环境的污染和危害，环境保护也是文明施工的重要内容之一。

（一）现场水污染的防治措施

1. 禁止将有毒废弃物作为土方回填。

2. 施工现场搅拌站的废水、现场水磨石的污水、电石（CaC2）的污水须经过沉淀池沉淀后再排入城市污水管道或河流，污水未经沉淀处理不应直接排入城市污水管道或河流中。

3. 现场存放油料，必须对库房地面进行防渗处理。如采用防渗混凝土地面、铺设油毡等。使用时也要采取措施，防止油料跑、冒、滴、漏，污染水源。

4. 施工现场 100 人以上的食堂，污水排放时可设置简易有效的隔油池，定期掏油和杂物，防止污染。

5. 工地厕所及化粪池应采取防渗漏措施。中心城市施工现场的临时厕所可采取水冲式厕所，蹲坑上加盖，并有防蝇灭蛆措施，防止污染水体和环境。

6. 化学药品、外加剂等要妥善保管，库内存放为防止污染环境。

（二）现场大气污染防治措施

1. 施工现场外围设置的围挡不得低于 1.8m，以便避免或减少污染物向外扩散。

2. 施工现场的主要运输道路必须进行硬化处理。现场应采取覆盖、固化、绿化、洒水等有效措施，做到不泥泞、不扬尘。

3. 应有专人负责环保工作，并配备相应的洒水设备，及时洒水，减少扬尘污染。

4. 对现场有毒有害气体的产生和排放，必须采取有效措施进行严格控制。

5. 对于多层或高层建筑物内的施工垃圾，应采用封闭的专用垃圾道或容器吊运，严禁随意凌空抛洒造成扬尘。现场内还应设置密闭式垃圾站，施工垃圾和生活垃圾分类存放。施工垃圾要及时消运，消运时应尽量洒水或覆盖，减少扬尘。

6. 拆除旧建筑物、构筑物时，应配合洒水，减少扬尘污染。

7. 水泥和其他易飞扬的细颗粒散体材料应密闭存放，使用过程当中应采取有效的措施防止扬尘。

8. 对于土方、渣土的运输，必须采取封盖措施。现场出入口处设置冲洗车辆的设施，出场时必须将车辆清洗干净，不得将泥砂带出现场。

9. 市政道路施工铣刨作业时，应采用冲洗等措施，控制扬尘污染。灰土和无机料应采用预拌进场，碾压过程中要洒水降尘。

10. 混凝土搅拌，对于城区内施工，应使用商品混凝土．从而减少搅拌扬尘；在城区外施工，搅拌站应搭设封闭的搅拌棚，搅拌机上应设置喷淋装置（如 JW-1 型搅拌机雾化器）方可施工。

11. 对于现场内的锅炉、茶炉、大灶等，必须要设置消烟除尘设备。

12. 在城区、郊区城镇和居民稠密区、风景旅游区、疗养区及国家规定的文物保护区内施工的工程，严禁使用敞口锅熬制沥青。凡进行沥青防潮防水作业时，要使用密闭和带有烟尘处理装置的加热设备。

## （三）现场噪声污染的控制措施

施工现场施工噪声的类型有四种，包括：机械性噪声、空气动力性噪声、电磁性噪声和爆炸性噪声。其中，如柴油打桩机、推土机、挖土机、搅拌机、风钻、风铲、混凝土振动器、木材加工机械等发出的噪声属于机械性噪声；如通风机、鼓风机、空气锤打桩机、电锤打桩机、空气压缩机等发出的噪声属于空气动力性噪声；如发电机、变压器等发出的噪声属于电磁性噪声；例如放炮作业过程中发出的噪声属于爆炸性噪声。

施工现场噪声的控制措施，可从声源控制、传播途径控制、接受者的防护等方面来考虑。

### 1. 声源控制

从声源上降低噪声，这是防止噪声污染的最根本措施。施工单位应尽量采用低噪声设备和工艺代替高噪声设备和工艺。若实在不能购置到低噪声设备也可在声源处安装消声器来消声，即在通风机、鼓风机、压缩机、燃气机、内燃机及各个排气装置的进出风口位置处设置消声装置。

### 2. 传播途径的控制

（1）利用吸声材料或由吸声结构形成的共振结构吸收声能，降低噪声。

（2）应用隔声结构阻碍噪声向空气传播。

（3）将接受者与噪声声源分隔。

（4）利用消声器阻止传播。

### 3. 接受者的防护

为处于噪声环境下的人配备耳塞、耳罩等防护用品，减少相关人员在噪声环境中的暴露时间，以减轻噪声对人体的危害。

### 4. 高分贝噪声的作业时间控制

对于人口稠密地区的高分贝噪声施工过程，必须要严格控制工序的工作时间，一般来说，晚间作业不应超过22点，早晨作业不早于6点。特殊情况下需昼夜施工时，应尽量采取降噪措施，并会同建设单位做好周围居民的工作，会同当地区委会、村委会协调，张贴安民告示，取得群众谅解，同时报工地所在地的环保部门备案后方可施工。

## （四）固体废弃物的控制措施

### 1. 固体废物的类型

施工现场产生的固体废物主要有三种，包括拆建废物、化学废物及生活固体废物。

（1）拆建废物，包括渣土、砖瓦、碎石、混凝土碎块、废木材、废钢铁、废弃装饰材料、废水泥、废石灰及碎玻璃等。

（2）化学废物，包括废油漆材料、废油类（汽油、机油、柴油等）、废沥青、废塑料、废玻璃纤维等。

（3）生活固体废物，包括炊厨废物、丢弃食品、废纸、废电池、生活用具、煤灰渣、粪便等。

2. 固体废物的处理技术

废物处理是指采用物理、化学、生物处理等方法，将废物在自然循环中，加以迅速、有效、无害地分解处理。根据环境科学理论，可以将固体废物的治理方法概括为无害化、资源化和减量化三种。主要处理方法如下。

（1）无害化（亦称安全化）。是将废物内的生物性或化学性的有害物质，进行无害化或安全化处理。例如，利用焚化处理的化学法，将微生物杀灭，促使有毒物质氧化或分解。

（2）安定化。是指为了防止废物中的有机物质腐化分解，产生臭味或衍生成有害微生物，将此类有机物质通过有效的处理方法，不再继续分解或变化。如，以厌氧性的方法处理生活废物，使其产生甲烷气，使处理后的残余物完全腐化安定，不再发酵腐化分解。

（3）减量化。大多废物疏松膨胀、体积庞大，不但增加运输费用，而且占用堆填处置场地大。减量化是通过对已经产生的固体废弃物进行分选、破碎、压实浓缩、脱水等处理，以减小其最终处置量，降低处理成本，减少对环境的污染，使其体积缩小至1/10以下，以便运输堆填。在减量化处理过程中，也包括其他处理技术相关的工艺方法，如焚烧、热解、堆肥等。

（4）回收利用。回收利用是对固体废弃物资源化及减量化的重要手段之一。例如，在建设工程领域广泛应用的粉煤灰就是对固体废弃物进行资源化利用的最典型范例。又如，在发达国家，炼钢原料中的70%是利用回收的废钢铁，所以，钢材可以看成是可再生利用的建筑材料。

（5）填埋。填埋是将经过无害化、减量化处理的固体废弃物集中填到填埋场进行处置。禁止将有毒、有害废弃物现场填埋，更不可以将有毒、有害废弃物作为土方回填。填埋场应利用天然或人工屏障，尽量使需处理的废弃物与环境隔离，并注意废物的稳定性和长期安全性。

（6）焚烧。焚烧用于不适合再利用且不宜予以直接填埋处理的废物。除了有符合规定的装置外，不得在施工现场熔化沥青和油毡、油漆，也不得焚烧其他有毒、有害和恶臭气体的废弃物。垃圾焚烧处理应使用符合环境保护要求的处理装置，避免对大气的二次污染。

## 第四节　安全事故的分类和处理

### 一、安全事故分类

事故是指人们在进行有目的的活动过程中，发生违背人们意愿的不幸事件，使其有目的的行动暂时或永久地停止。事故可能造成人员的伤害、疾病、死亡，物品损坏，财产损失或其他损失。按照我国《企业伤亡事故分类》（GB6441—1986）标准的规定，职业伤害事故分为如下20种类：物体打击、车辆伤亡、机器工具伤害、起重伤害、触电、淹溺、灼烫、火灾、刺割、高处坠落、坍塌、冒顶片帮、透水、放炮、火药爆炸、瓦斯爆炸、锅炉和受压容器爆炸、中毒、窒息和其他伤害。

根据《企业伤亡事故分类》（GB6441-1986）标准规定，按伤害程度，可将安全事故分类为：

第一，轻伤，指损失1个工作日至105个工作日以下的失能伤害。

第二，重伤，指损失工作日等于和超过105个工作日的失能伤害，重伤的损失工作日最多不超过6000工作日。

第三，死亡，指损失工作日超过6000工作日，这是根据我国职工的平均退休年龄和平均工作日计算出来的。

根据中华人民共和国国务院令第493号《生产安全事故报告和调查处理条例》（以下简称处理条例）第三条规定，按照安全事故造成的人员伤亡或者直接经济损失，将安全事故划分为以下4个等级：

1. 特别重大事故，是指造成30人以上死亡，或100人以上重伤（包括急性工业中毒，下同），或者1亿元以上直接经济损失的事故。

2. 重大事故，是指造成10人以上30人以下死亡，或者50人以上100人以下重伤，或者5000万元以上1亿元以下直接经济损失的事故。

3. 较大事故，是指造成3人以上10人以下死亡，或者10人以上50人以下重伤，或者1000万元以上5000万元以下直接经济损失的事故。

4. 一般事故，是指造成3人以下死亡，或者10人以下重伤，或者1000万元以下的直接经济损失的事故

其中，所称的“以上”包括本数，“以下”是不包括本数。

## 二、安全事故的处理

### （一）安全事故处理的原则

施工项目一旦发生安全事故，必须实施“四不放过”的原则。

1. 事故原因未查明不放过

2. 事故责任者和员工未受到教育不放过

3. 事故责任者未处理不放过

4. 整改措施未落实不放过

### （二）安全事故处理的程序

1. 事故报告

事故报告应当及时、准确及完整，任何单位和个人对事故不得迟报、漏报、谎报或者瞒报。

（1）施工单位事故报告要求

生产安全事故发生后，受伤者或最先发现事故的人员应立即用最快的传递手段，将发生事故的时间、地点、伤亡人数、事故原因等情况，及时地向施工单位负责人报告；施工单位负责人接到报告后，应在1小时内如实地向事故发生地县级以上人民政府建设主管部门和有关部门报告。

情况紧急时，事故现场有关人员可以直接向事故发生地县级以上人民政府建设主管部门和有关部门报告。

实行施工总承包的建筑工程，由总承包单位负责上报事故。

（2）建设主管部门事故报告要求

建设主管部门接到事故报告后，应当依照下列规定上报事故情况，并通知安全生产监督管理部门、公安机关、劳动保障行政主管部门、工会和人民检察院：

①较大事故、重大事故及特别重大事故逐级上报至国务院建设主管部门；

②一般事故逐级上报至省、自治区、直辖市人民政府建设主管部门；

③建设主管部门依照本条规定上报事故情况，应当同时报告本级人民政府。国务院建设主管部门接到重大事故和特别重大事故的报告后，应当立即报告国务院。

必要时，建设主管部门可以越级上报事故情况。建设主管部门按照上述规定逐级上报事故情况时，每级上报的时间不得超过2小时。

（3）事故报告的内容

①事故发生的时间、地点和工程项目和有关单位名称；

②事故的简要经过；

③事故已经造成或者可能造成的伤亡人数（包括下落不明的人数）及初步估计的直接经济损失；

④事故的初步原因；

⑤事故发生后采取的措施及事故控制情况；

⑥事故报告单位或报告人员；

⑦其他应当报告的情况。

（4）迅速抢救伤员并保护施工现场

施工单位负责人在上报安全事故的同时尚应有组织、有指挥地抢救伤员、排除险情，防止人为或自然因素的破坏，便于事故原因调查。

2. 事故调查

按照《处理条例》和《若干意见》的要求，事故调查处理应当坚持实事求是、尊重科学的原则，及时、准确地查清事故经过、事故原因和事故损失，查明事故性质，认定事故责任，总结事故教训，提出整改措施，并对事故责任者依法追究责任。

对于特别重大事故应由国务院授权有关部门组织事故调查组进行调查；重大事故、较大事故、一般事故分别由事故发生地省级人民政府、市级人民政府、县级人民政府负责调查。对于未造成人员伤亡的一般事故，县级人民政府也可以委托事故发生单位组织事故调查组进行调查。

（1）施工单位项目经理应指定技术、安全、质量等部门的人员，会同企业工会、安全管理部门组成调查组，开展调查。

（2）建设主管部门应当按照有关人民政府的授权或委托组织事故调查组，对事故进行调查，并履行下列职责：

①核实事故项目基本情况，包括项目履行法定建设程序情况、参与项目建设活动各方主体履行职责的情况；

②查明事故发生的经过、原因、人员伤亡和直接经济损失，并依据国家有关法律法规和技术标准分析事故的直接原因和间接原因；

③认定事故的性质，明确事故责任单位和责任人员在事故中的责任；

④依照国家有关法律法规对事故的责任单位和责任人员提出处理建议；

⑤总结事故教训，提出防范和整改措施。

3. 现场勘查

事故发生后，调查组应迅速赶到事故现场进行及时、全面、准确和客观的勘查，包括现场笔录、现场拍照和现场图绘。

4. 事故原因分析

通过调查分析，查明事故经过，按受伤部位、受伤性质、起因物、致害物、伤害方法、不安全状态、不安全行为等，查清事故原因，包括人、物、生产管理和技术管理等方面的原因。通过直接和间接分析，确定了事故的直接责任者、间接责任者和主要责任者。

5. 制定预防措施

根据事故原因分析，制定防止类似事故再次发生的预防措施。根据事故后果和事故责任者应负的责任提出处理意见。

6. 提交事故调查报告

事故调查组应当自事故发生之日起 60 日内提交事故调查报告；特殊情况下经负责事故调查的人民政府批准，提交事故调查报告的期限应适当延长，但延长的期限最长不超过 60 日，事故调查报告应当包括下列内容：

（1）事故发生单位概况；

（2）事故发生经过和事故救援情况；

（3）事故造成的人员伤亡和直接经济损失；

（4）事故发生的原因和事故性质；

（5）事故责任的认定以及对事故责任者的处理建议；

（6）事故防范和整改措施。

7. 事故的审理和结案

重大事故、较大事故、一般事故，负责事故调查的人民政府应当自收到事故调查报告之日起 15 日内做出批复；特别重大事故 30 日内做出批复，特殊情况下，批复时间可以适当延长，但延长的时间最长不超过 30 日。

有关机关应当按照人民政府的批复，依照法律、行政法规规定的权限及程序，对事故发生单位和有关人员进行行政处罚，对负有事故责任的国家工作人员进行处分。事故发生单位应当按照负责事故调查的人民政府的批复对本单位负有事故责任的人员进行处理。

负有事故责任的人员涉嫌犯罪的依法追究刑事责任。

事故处理的情况由负责事故调查的人民政府或者其授权的有关部门、机构向社会公布，依法应当保密的除外，事故调查处理的文件记录应该长期完整的保存。

# 第四章 建筑工程合同管理

## 第一节 建筑工程合同管理概述

### 一、施工合同的概念

施工合同即建筑安装工程承包合同，是发包人及承包人为完成商定的建筑安装工程，明确相互权利、义务关系的合同。依照施工合同，承包人应该完成一定的建筑、安装工程任务，发包人应提供必要的施工条件并支付工程价款。施工合同是建设工程合同的一种，它与其他建设工程合同一样是一种双务合同，在订立时也应该遵守资源公平、诚实信用等原则。

施工合同是工程建设的主要合同，是工程建设质量控制、进度控制、投资控制的主要依据。在市场经济条件下，建设市场主体之间相互的权利义务关系主要是通过合同确立的。因此，在建设领域加强施工合同的管理具有十分重要意义。

施工合同的当事人是发包人和承包人，双方是平等的民事主体。承发包双方签订施工合同，必须具备相应的资质条件和履行施工合同的能力。对合同范围内的工程实施建设时，发包人具备组织协调能力，承包人必须具备与有关部门核定的资质等级并持有企业法人营业执照等证明文件，发包人既可以是建设单位，也能是取得建设的项目总承包资格的项目总承包单位。

在施工合同中，实行的是以工程师为主的管理体系。施工合同中的工程师是指监理单位委派的总监理工程师或发包人指定的履行合同的负责人，其具体身份和职责由双方在合同中约定。

## 二、施工合同的特点

### （一）合同主体的严格性

施工合同主体一般只能是法人，法人通常只能是经过批准进行工程项目建设的法人，必须是国家批准建设的项目，落实投资计划，并且应具备相应的协调能力；承包人则必须具备法人资格，而且应当具备相应施工资质等级。无营业执照或无承包资质的单位不能作为建设工程施工的主体，资质等级低的不能越级对承包建设工程施工。

### （二）合同的特殊性

施工合同的标的是各类建筑产品，建筑产品是不动产，其基础部分与大地相连，不能移动。这就决定了每个建设工程施工合同的标的都是特殊的，相互具有不可替代性；这还决定了承包人工作的流动性。建筑物所在地就是施工生产地，施工队伍、施工机械必须围绕建筑产品不断移动。另外，建筑产品的类别庞杂，其外观、结构、使用目的、使用人都各不相同，这就要求每一个建筑产品都需要单独设计、施工，即建筑产品是单体性生产，这也决定建设工程施工合同标的的特殊性。

### （三）合同履行期限的长期性

建设工程由于结构复杂、体积大，建筑材料类型多，工作量大，所以合同履行期限都较长。建筑工程施工合同的订立和履行一般都需要较长的准备期，在合同的履行过程中，还可能因为不可抗力、工程变更、材料供应不及时等原因而导致合同期限顺延。所有这些情况，决定了建设工程施工合同的履行期限具有期限性。

### （四）合同监督的严格性

由于建设对国家的经济发展、公民的工作及生活都有重大的影响。因此，国家对建设工程项目的计划和程序都有严格的管理制度。

### （五）合同形式的特殊性要求

我国《合同法》在一般情况下对合同形式没有限制。但是，考虑到建设工程施工的重要性和复杂性，在施工过程中经常会发生影响合同履行的纠纷，因此《合同法》要求，建设工程施工合同应该采用书面形式。

## 三、施工合同的作用

### （一）明确发包人和承包人在施工中的权利和义务

施工合同一经签订，就具有法律效力。施工合同明确了发包人和承包人在工程施工中的权利和义务，是双方在履行合同中的行为准则，双方都应以施工合同作为行为的依据。双方应当认真履行各自的义务，任何一方不得随意变更或解除施工合同；任何一方违反合同规定的内容，都必须承担相应的法律责任。如果不订立施工合同，将无法规范双方的行为，也将无法明确各自在工程中所享受的权利和承担的义务。

### （二）有利于对施工合同的管理

合同当事人对工程的管理应当以施工合同为依据。同时有关的国家机关、金融机构对工程施工进行监督和管理，施工合同也是其重要的依据。不订立施工合同将给施工管理带来很大的困难。

### （三）有利于建筑市场的培育和发展

在计划经济条件下，行政手段是施工管理的主要方法；在市场经济条件下，合同是维系市场运转的主要因素。因此，培育和发展建筑市场，首先要培育合同意识。推行建设监理制度、实行招标投标等，都是以签订施工合同为基础的。因此，不建立施工合同管理制度，建设市场的培育和发展将无从谈起。

### （四）是进行监理的依据和推行制度的需要

建设监理制度是工程建设管理专业化、社会化的结果。在这一制度中，行政干预的作用淡化了，建设单位、施工单位、监理单位三者之间的关系是通过工程建设监理合同和施工合同来确立的，监理单位对工程建设进行监理是以订立施工合同为前提和基础的。作为平等的民事主体，监理单位对施工单位的监督管理必须经过施工单位以合同的形式进行认可，而施工单位并不是建设合同当事人。因此单纯通过监理合同是无法进行监理活动，必须有施工合同中施工单位对监理行为的认可。

## 四、建筑工程项目施工合同计价方式

按照建筑工程项目施工合同的计价方式，可将施工合同分为总价合同、单价合同和成本加酬金合同三类。

### （一）总价合同

总价合同是指在合同中确定一个完成项目的总价，承包单位据此完成项目全部内容的合同。采用这种合同能够使发包人在评标时易于确定报价最低的投标人，同时在合同履行过程中易于进行支付计算。在实践中，总价合同还有以下几种具体形式。

#### 1. 固定总价合同

承包人在投标时以初步设计或施工图设计为基础，报一个合同总价，在图纸及工程要求不变的情况下，合同总价将固定不变。这种合同类型对承包人不太有利，因为在合同签订后，合同价格一般不能再调整，工程的全部风险全部由承包商承担，因此这种合同一般报价较高。这类合同仅适用于工程量不太大且能精确计算、工期较短、技术不太复杂、风险不大的项目。

#### 2. 调值总价合同

这种合同大体与固定总价合同相同，不同的是在合同当中规定由于通货膨胀引起的工料成本增加到某一规定的限度时，合同总价可作相应调整。这样合同由发包人承担了通货膨胀的风险因素，但采用这种形式的施工合同一般需要工期在 1 年以上的工程。

### 3. 估计工程量总价合同

采用这种合同形式要求承包人在投标报价时，根据图纸列出工程量清单，并以相应的费率为基础计算出合同总价。当因设计变更或新增项目而引起工程量增加时，可按照新增的工程量和合同中已经确定的相应的费率来调整合同价格。

因而采用这种合同类型要求发包人必须准备详细而全面的设和图纸（一般要求施工详图）和各项说明，使承包人能准确计算工程量。这种合同只适用于工程量变化不大的项目。这种合同形式对发包人非常有利，因为他可以了解承包人的投标报价是如何计算出来的，在谈判时可以据此压价，同时不须承担任何风险。

## （二）单价合同

单价合同是承包人在投标时，按招标文件就分部分项工程所列出的工程量表确定各分部分项工程费用的合同类型。这类合同的适用范围比较宽，其风险可以得到合理的分摊。这类合同能够成立的关键在于双方对单价及工程量计算方法的确认，单价合同有以下三种具体形式。

### 1. 估计工程量单价合同

承包人在发包人招标文件中列出的工程量表中填入相应的单价，据之计算出投标报价作为合同总价。业主每月按承包人所完成的核定工程量支付工程款。待工程验收移交后，以竣工结算的价款为合同价。采用这种合同形式应在合同中规定出单价调整的条款。如果一个单项工程的实际工程量比招标文件中规定的工程量增加或减少某一百分数（如 20%）时，应由合同双方讨论对单价的调整。这是一种比较常见的合同形式。

### 2. 纯单价合同

这种合同只要求发包人在招标文件中提出项目一览表、工程范围及工程要求的说明，而没有详细的图纸和工程量表，承包人在投标时只需列出各工程项目的单价。发包人按承包人实际完成的工程量付款，这种合同形式适用于来不及提供施工详图就要开工的工程项目。

### 3. 单价与包干混合式合同

在有些工程项目建造时，有些子项目容易计算工程量，而另有些子项目不容易计算工程量，如施工导流等。对于容易计算工程量的子项目可以采用单价的计价形式，对于不容易计算工程量的子项目可以采用包干的计价形式。因而在工程施工时，发包人将分别按单价合同和总价合同形式支付工程款。

## （三）成本加酬金合同

成本加酬金合同是由业主向承包人支付工程项目的实际成本，并按事先约定的某一种方式支付酬金的合同类型。这种合同一般是在工程内容及其技术经济和设计指标尚未完全确定而又急于开工的工程，或者是一个前所未有的崭新工程和施工风险很大的工程中采用。在这类合同中，业主需承担项目实际发生的一切费用，因此也就承担了项目的全部风险。成本加酬金合同一般有以下三种形式：

1. 成本加固定百分比酬金合同

合同双方约定工程成本中的直接费用实报实销，然后按直接费用的某一百分比提取酬金。由于发生的直接费用越多，按一定百分比提取的酬金就越多，工程总造价就越高。因此这种合同形式虽然简单易行，但不利于鼓励承包商降低工程成本。

2. 成本加固定酬金合同

合同双方当事人根据讨论约定的工程估算成本来确定酬金的比例，这一估算成本只为确定酬金的比例，而工程成本仍按实报实销原则计算。这种合同形式避免了成本加固定百分比酬金合同中酬金随成本水涨船高的现象，虽仍不能鼓励承包商降低成本，但可以鼓励承包商为尽快得到固定酬金而缩短工期。

3. 成本加浮动酬金合同

这种合同是经过合同双方确定工程的一个概算直接成本和一个固定的酬金，然后将实际发生的直接工程成本与概算的直接成本比较。若实际成本低于概算成本，就奖励某一固定的或节约成本的某一百分比的酬金，若实际成本高于概算成本就罚某一固定的或增加成本的某一百分比的酬金。这种合同适用于在招标时工程设计的图纸和规范的准备不够充分，不能据此来比较准确地确定合同总价时采用。这种合同从理论上讲是比较合理的一种合同形式，对合同双方都无多大风险，可以促使承包商在关心成本降低的同时，又能注意工期的缩短。

我国《施工合同文本》在确定合同计价方式时，考虑到我国的具体情况和工程计价的有关管理规定，确定有固定价格合同、可调价格合同和成本加酬金合同。

（四）合同类型的选择

这里讲的合同类型选择，仅指以计价方式来分的合同类型的选择，合同内容视为不可选择。选择合同类型应考虑的因素有以下几个。

1. 项目规模和工期长短

如果项目的规模较小、工期较短，则合同类型选择余地较大，总价合同、单价合同及成本加酬金合同都可选择。由于选择总价合同业主可以不承担风险，业主较愿意选用。对这类项目，承包人同意采用总价合同的可能性较大，因为这类项目风险小，不可预测因素少。

2. 项目的竞争情况

如果愿意承包某一项目的承包人较多，则业主拥有较多的主动权，可按照总价合同、单价合同、成本加酬金合同的顺序进行选择。如果愿意承包项目的承包人较少，则承包人拥有的主动权较多，可尽量选择承包人愿意采用的合同类型。

3. 项目的复杂程度

如果项目的复杂程度较高，则意味着：一是对承包人的技术水平要求高；二是项目的风险较大。因此，承包人对合同的选择有较大的主动权，总价合同被选用的可能性较小。如果项目的复杂程度低，则业主对合同类型的选择握有较大的主动权。

4. 项目的单项工程的明确程度

如果单项工程的类别和工程量都已十分明确，则可选用的合同类型较多，总价合同、单价合同、成本加酬金合同都可以选择。如果单项工程的分类已详细而明确，但实际工程量与预计的工程量可能有较大出入时，则应优先选择单价合同，此时单价合同为最合理的合同类型。如果单项工程的分类及工程量都不甚明确，则无法采用单价合同。

5. 项目准备时间的长短

项目的准备包括业主的准备工作和承包人的准备工作。对于不同的合同类型，他们分别需要不同的准备时间和准备费用。一些非常紧急的项目如抢险救灾等项目给予业主和承包人的准备时间都非常短，因此，只能采用成本加酬金的合同形式。反之，则可采用单价或总价合同形式。

6. 项目的外部环境因素

项目的外部环境因素包括项目所在地区的政治局势、经济情况（如通货膨胀、经济发展速度等）、劳动力素质、交通、生活条件等。若项目的外部环境恶劣，则意味着项目的成本高、风险大、不可预测的因素多，承包商很难接受总价合同方式，而较适合采用成本加酬金合同。

总之，在选择合同类型时一般情况是业主占有主动权。但业主不能单纯考虑已方利益，应当综合考虑项目的各种因素、考虑承包商的承受能力，确定双方都可以认可的合同类型。

# 第二节　建筑工程项目施工合同的订立与履行

## 一、施工合同的订立

### （一）施工合同的谈判

施工合同的谈判是指在施工合同签订之前，双方当事人就合同的主要内容进行反复协商的过程。对于承包商而言，其承包工程的基本目标是取得工程利润。承包商在合同谈判时应服从企业的整体经营战略，既不能因市场竞争激烈、怕丧失承包资格而接受条件苛刻的合同，忽视承接到工程而不能盈利甚至亏损的后果，也不应盲目追求高的合同额而忽视丧失承包的可能。所以“利益原则”既是承包商合同谈判和订立、履行的基本原则，又是承包商工程项目管理的基本原则。

1. 施工合同谈判的阶段

在实际工作中施工合同的谈判，通常在决标前和决标后两个阶段进行。

（1）决标前的谈判，业主在决标前与初选出的几家投标者主要就以下两方面内容进行谈判：一是技术问题；二是价格问题。

（2）决标后的谈判，通过评标及决标前的谈判，业主将确定中标者并发出中标通知书。在中标通知书发放之后，业主还要与中标者进行谈判，将过去双方达成的协议具体化。

2. 施工合同谈判的内容

（1）工程范围谈判中应明确承包商所承担的工作范围，包括施工、设备材料采购、设备安装和调试等。如果范围不清，把直接导致报价漏项，最终受损失的还是承包人。

（2）合同文件双方应明确施工合同文件的构成及解释顺序，以免在合同履行过程中发生误解和争端。

（3）双方的一般义务，尽管当事人订立的施工合同大都采用标准文本，但为了保障各自的利益，对于双方应承担的一些义务还是要进行谈判，如对不可抗力的约定等。

（4）工期在谈判时，承包商应将合同期与工期区别开。在工程建造过程中，通常是工期已结束，但合同期并未结束。因为该工程的保修期未满，工程价款尚未全部清结，合同仍然有效。在谈判时，承包商应要求业主将影响开工、影响工程顺利进行的情形列入合同条款中，如施工的“三通一平”完成情况等。在合同履行过程中，如果由于业主的原因导致承包商不能按计划施工，则承包商可要求顺延工期，并要求业主赔偿自己的损失。

（5）工程的变更和增减，施工合同履行过程中工程变更是不可避免的。一般工程变更在一定限额之内承包商无权修改单价。所以承包商在合同谈判时应尽力争取一个合适的限额，当工程的变更或增减超过这个限额时承包商就有权修改单价，以维护自己的权益。

（6）有关工程款的问题应从两方面进行谈判：价格问题及支付问题。

①价格问题。依照计价方式的不同，施工合同可分为固定价格合同、可调价格合同和成本加酬金合同。这三种合同中对承包商最有利的是成本加酬金合同，因为这种合同的风险是由业主承担的。但对于合同计价方式的选择，承包商没有主动权。因此，承包商只有通过自己的努力，尽力减少合同风险的承担。如果是固定价格合同，承包商应争取订立“增价条款”，以保证在特殊情况下允许对合同价格进行必要的调整，从而减少承包商承担的风险。如果是可调价格合同，合同总价格风险是由业主和承包商共同承担的，双方应对合同履行过程中发生的价格可以调整的情形进行详细约定。如果是成本加酬金合同，虽然对承包商有利，但承包商应在合同中明确哪些费用列为成本、哪些费用列为酬金，因为酬金是按成本的一定比例计算的，如果把应当列入成本的费用化为酬金，承包商将会受损失。

②支付问题。对支付问题的谈判应集中在两个方面：支付时间和支付方式。在支付时间上，承包商当然希望越早越好，但业主是不可能一次性全部交付工程款的。从

实际来看，工程款的交付通常采取的方式有预付款、工程进度款、工程结算款和保修金几种。对承包商而言，应在谈判时尽力争取将所采用的每种付款方式的额度、范围、具体交付时间等约定清楚。如对于工程进度款，应争取它不仅包括当月已完成的工程价款，还包括运到现场的合格材料与设备的费用。只有这样承包商才不会为业主垫付太多的资金。

在谈判中除应就以上问题进行协商外，双方当事人还应就材料供应和检验，工程维修、合同纠纷的解决方法、不可抗力和特殊风险的范围等问题进行谈判。

3. 施工合同谈判应注意的几个问题

（1）承包商应积极争取自己的正当权益。

（2）应重视合同的审查及风险分析。

（3）要预防合同陷阱。

（4）应注重谈判策略和谈判技巧。

## （二）订立施工合同应具备的条件

1. 初步设计已经批准。

2. 工程项目已经列入年度建设计划。

3. 有能够满足施工需要的设计文件和有关技术资料。

4. 建设资金和主要建筑材料设备来源已经落实。

5. 对招投标工程，中标通知书已下达。

## （三）订立施工合同的形式要求

《合同法》规定，建设工程合同应当采用书面形式。这是因为施工合同属于建设工程合同的一种。

## （四）订立施工合同的方式

发包人可以与总承包人订立建设工程合同，也可以分别与勘察单位、设计单位、施工单位订立勘察、设计、施工承包合同。发包人与总承包单位订立的建设工程合同是总承包合同，一般包括从工程立项到交付使用的工程建设全过程，具体应包括可行性研究、勘察设计、设备采购、施工管理、试车考核（或交付使用）等内容。发包人也可以分别与勘察单位、设计单位、施工单位订立勘察、设计、施工承包合同。但是，发包人不得将应当由一个承包单位完成的建设工程肢解成若干部分发包给几个承包单位。

## （五）施工合同订立的程序

一般合同的签订需要经过要约和承诺两个步骤，但是施工合同的签订有其特殊性，需要经过要约邀请、要约、承诺三个阶段。

1. 要约邀请

要约邀请是指当事人一方邀请不特定的另一方当事人向自己提出要约的意思表示。要约邀请行为属于实事行为，不具有法律约束力，只有经过被邀请的一方作出要

约并经邀请方承诺后，合同方可成立。在施工合同订立过程中，发包方发布招标公告或招标邀请书的行为就是一种要约邀请行为，其目的是在邀请承包方投标。

2. 要约

要约是由要约人向受要约人提出希望与其订立合同的意思表示。要约具有法律约束力，要约生效后要约人不得擅自撤回或更改。在施工合同签订过程中，承包商向发包人递交投标书的行为就是要约行为。为使要约有效，投标书中应包含施工合同应具备的主要条款，如工期、工程质量、工程造价等内容。作为要约的投标对承包商具有法律约束力，主要表现为承包商在投标生效后无权修改或撤回投标，而且一旦中标就必须与发包人签订合同，否则将承担相应的法律责任。

3. 承诺

承诺是指受要约人完全同意要约的意思表示。受要约人做出承诺的意思表示后，即受到法律的约束，不得任意变更或解除承诺。在招投标过程中，发包人发出中标通知书的行为即为承诺。《中华人民共和国招标投标法》规定，招标人和中标人应当自中标通知书发出之日起30日内，按照招标文件和中标人的投标文件订立书面合同。因此，确定中标单位后，发包方及承包方均有权利要求对方签订施工合同。

## 二、施工合同的履行

### （一）施工合同的履行原则

施工合同一经依法订立即具有法律效力，双方当事人应当按合同约定严格履行，不得违反。《合同法》规定：合同当事人应当按照约定“全面履行自己的义务”。所以，施工合同的履行应当遵守以下两个原则。

1. 实际履行原则

施工合同的实际履行原则，是指施工合同当事人必须依据施工合同规定的标的履行自己的义务。由于施工合同的标的特殊性和不可替代性，因此，施工合同签订后，合同当事人就必须按照合同规定的内容和范围实际履行，承包方应按期保质保量交付工程项目，发包人应及时予以接受。

2. 全面履行原则

施工合同的全面履行原则，是指施工合同当事人必须按照合同规定的所有条款完成工程建设任务。因此，在施工合同中应明确履行标的、履行期限、履行价格以及标的质量等内容：如果施工合同对以上内容约定不明，当事人如果不能通过协商达成补充协议，则应按照合同有关条款或交易习惯确定；若仍确定不了，则可根据适当履行的原则，在适当的时间、适当的地点以适当的方式来履行。

### （二）施工合同履行中应注意的问题

1. 安全施工

承包人按工程质量、安全及消防管理有关规定组织施工，并随时接受行业安全检查人员依法实施的监督检查，采取严格的安全防护措施，承担由于自身的安全措施不力造成事故的责任和因此发生的费用。非承包人责任造成安全事故，由责任方承担责任和发生的费用。

发生重大伤亡及其他安全事故，承包人应按有关规定立即上报有关部门并通知监理工程师，同时按政府有关部门要求处理，发生的费用由事故责任方承担。承包人在动力设备、输电线路、地下管道、密封防震车间、易燃易爆地段以及临街交通要道附近施工时，施工开始前应向监理工程师提出安全保护措施，经监理工程师及有关单位认可后实施，防护措施费用作为措施费由发包人承担。实施爆破作业、在放射、毒害性环境中施工（含存储、运输、使用）及使用毒害性、腐蚀性物品施工时，承包人应在施工前 14 天以书面形式通知监理工程师，并且提出相应的安全保护措施，经监理工程师认可后实施。安全保护措施费由发包人承担。

2. 不可抗力

（1）不可抗力的概念

不可抗力是指合同当事人不能预见、不能避免并且不能克服的客观情况。建设工程施工中的不可抗力包括因战争、动乱、空中飞行物坠落或其他非发包人责任造成的爆炸、火灾，以及专用条款约定的风、雨、雪、洪水、地震等自然灾害。不可抗力事件发生后，对施工合同的履行会造成较大的影响。在合同订立时应当明确不可抗力的范围。

（2）不可抗力事件发生后当事人的处理程序

不可抗力事件发生后当事人应当尽量减少损失，承包人应在力所能及的条件下迅速采取措施，尽量减少损失，并在不可抗力事件结束后 48 小时内向监理工程师通报受害情况、损失情况及预计清理和修复的费用。发包人应协助承包人采取措施。不可抗力事件如持续发生，承包人应每隔 7 天向监理工程师报告二次受害情况，并于不可抗力事件结束后 14 天内，向监理工程师提交清理和修复费用的正式报告及有关资料。

（3）责任承担

因不可抗力事件导致的费用及延误的工期由双方按下列方法分别承担：

a. 工程本身的损害、第三方人员伤亡及财产损失以及运至施工场地用于施工的材料和待安装设备的损害，由发包人承担。

①承发包双方人员伤亡由其所在单位负责，并承担相应费用。

②承包人机械设备损坏及停工损失，由承包人承担。

③停工期间，承包人应监理工程师要求留在施工场地必要的管理人员及保卫人员的费用由发包人承担。

④工程所需清理、修复费用，由发包人承担。

⑤延误的工期相应顺延。

因合同一方延迟履行合同后发生不可抗力的，不可以免除相应责任。

3. 施工合同的担保

合同的担保是保证合同能够顺利履行的一项法律制度，是合同双方当事人为全面

履行合同及避免因对方违约遭受损失而设定的保证措施。这种保证措施通常是通过签订单独的担保合同或在主合同中设立担保条款来实现的。在1995年10月1日开始实施的《中华人民共和国担保法》中规定了保证、抵押、质押、留置、定金等五种担保形式，而这五种担保形式中适用在施工合同的担保形式主要有保证、抵押、留置、定金四种。

（1）保证

保证是指保证人与债权人约定，当债务人不履行债务时，由保证人按照约定代为履行或带有承担责任的担保方式。保证人是合同当事人（债权人和债务人）以外的第三人，一旦担保成立，他就成为被保证人所负债务的从债务人，当被保证人不履行自己的债务时，保证人就有代为履行的义务，而当他代为履行或代为赔偿后，就成为被担保人的债权人，可以对被保证人行使追偿权。

按保证人承担责任的不同，可将保证分为一般保证和连带责任保证。一般保证是指当被保证人（债务人）不能履行合同债务时，才由保证人承担保证责任的保证方式，此时保证人承担的责任是补充责任，即保证人是违约责任的第二履行人，而被保证人为违约责任的第一履行人。连带责任保证是指在被保证人履行债务之前，债权人就可以要求保证人承担保证责任，即保证人及被保证人对违约行为承担连带责任，他们同为第一履行人。

在国际工程承包中，施工合同中最常见的保证方式主要有三种：一是投标保证担保；二是履约保证担保；三是付款保证担保。

①投标保证担保是保证投标人有能力、有资格按竞标价格签订合同，完成工程项目，并能够提供业主要求的履约和付款的保证担保。担保金额一般为合同价的5%～20%。如果承包商中标后不签订工程合同，担保人将负责偿付业主的损失。

②履约保证担保是保证人向业主保证承包商能按合同履约，使业主避免由于承包商违约、不能完成承包的工程而遭受的财产损失。担保金额通常为合同价的100%，费率为1%～2%；特大型工程的费率可能在0.5%以下，保证期限一般为12个月。如果承包商不能按合同完成工程项目，除非业主有违规行为，否则担保人必须无条件保证工程项目按合同的约定完工。它可以给承包商以资金上的支持，避免承包商宣布破产而导致工程失败的恶果；可以提供专业和技术上的服务，使工程得以顺利进行；也可以将剩余的工程转给其他承包商去完成，并且弥补费用的价差。若上述措施都不能实施，则以现金赔偿业主的损失。

③付款保证担保是向业主保证承包商根据合同向分包商付清全部的工资和材料费用，以及材料设备厂家的货款。保证金额为合同价的100%。一般它是履约保证的一部分，不再另行收取费用。

此外，还有三种保证担保形式：一是预付款保证担保。它保证业主预付给承包商的工程款用于建筑工程，而不是挪作他用，其保证金额一般是合同价款的10%～50%，费率视具体情况而定。二是质量保证担保。它保证承包商在工程竣工后的一定期限内，将负责质量问题的处理责任。若承包商拒不对出现的质量问题进行处理，则由保证人负责维修或赔偿损失。这种担保保证也可以包含在履约保证之中，也可以在工程竣工后签订。其担保期限为 1 ～ 5 年，保证金额通常为合同价款的 5% ～ 25%。三是不可预见款保证担保，即保证不可以预见款全部用于工程项目。

（2）抵押

抵押是指债务人或第三人不转移对抵押物的占有，将特定的财产作为债权的担保。当债务人不履行债务时，债权人有权依法以该财产折价或以拍卖、变卖该财产的价款优先受偿的一种担保方式。其中提供财产进行抵押的一方为抵押人，接受财产抵押的一方为抵押权人，抵押的财产为抵押物。

根据《担保法》的规定，以下财产可以抵押：抵押人所有的房屋和其他地上定着物，抵押人所有的机器、交通运输工具和其他财产，抵押人依法有权处分的国有土地使用权，抵押人依法有权处分的机器、交通运输工具和其他财产，抵押人依法承包并经发包人同意抵押的荒山、荒沟、荒丘、荒滩等荒地土地所有权，依法可抵押的其他财产。

采用抵押担保时，抵押人和抵押权人应以书面形式订立抵押合同。当抵押物为土地使用权、城市房地产、林木、航空器、船舶、车辆、企业的设备等时，双方当事人还应到相关部门办理抵押物登记手续，否则，抵押合同无效。

（3）定金

定金是指合同签订后履行前，为证明合同的成立和担保合同的履行，合同当事人在合同中约定由一方当事人给付对方一定数额的货币。合同履行后，定金可以收回或抵作货款。给付定金的一方不履行合同，无权要求返还定金；收取定金的一方不履行合同，应双倍返还定金。定金应以书面形式约定。

（4）留置

留置是指合同当事人一方（债权人）依据合同约定占有了对方的财产，当对方当事人不按合同规定履行义务时，债权人有权依法留置该财产，以该财产折价或以拍卖、变卖该财产的价款优先受偿。留置这种担保形式的适用不需当事人约定，它是一种法定的担保形式，只能用于特定的合同。工程建设过程中，承包人在竣工验收交付使用前有看管工程的义务，从法律上讲，承包方也是实现合法掌握了对方的财产，承包人有没有权利留置该工程呢？1999 年 10 月 1 日生效的《中华人民共和国合同法》第 286 条对此做出明确规定：“发包人未按照约定支付价款的，承包人可以催告发包人在合理期限内支付价款。发包人逾期不支付的，除按照建设工程的性质不宜折价、拍卖的以外，承包人可以与发包人协议将该工程折价，也可以申请人民法院将该工程依法拍卖。建设工程的价款就该工程折价或拍卖的价款优先受偿。”这实际上是从法律上充分肯定了建设工程承包人的留置权。

对于留置的期限，《担保法》做出相应规定，债权人留置财产后，债务人应在不少于两个月的期限内履行债务。

4. 专利技术及特殊工艺

发包人要求采用专利技术或特殊工艺，须负责办理相应的申报手续，承担申报、

试验、使用等费用。承包人按发包人要求使用，并负责试验等有关工作。承包人提出使用专利技术或特殊工艺，报监理工程师认可后实施。承包人负责办理申报手续并承担有关费用。擅自使用专利技术侵犯他人专利权，责任者承担全部后果及所发生的费用。

5. 文物和地下障碍物

在施工中发现古墓、古建筑遗址、钱币等文物以及化石或其他有考古、地质研究等价值的物品时，承包人应立即保护好现场，并于4小时内以书面形式通知监理工程师，监理工程师应于收到书面通知后24小时内报告当地文物管理部门，承发包双方按文物管理部门要求采取妥善保护措施。发包人承担由此发生的费用，延误的工期相应顺延。施工中发现影响施工的地下障碍物时，承包人应于8小时内以书面形式通知监理工程师，同时提出处置方案，监理工程师收到处置方案后24小时内予以认可或提出修正方案。发包人承担由此发生的费用，延误工期相应顺延。所发现的地下障碍物有归属单位时，发包人应报请有关部门协同处置。

# 第三节　建筑工程项目施工合同变更与索赔管理

## 一、建筑工程项目施工合同变更

合同的变更是指合同依法成立后，在尚未履行或尚未完全履行时，当事人双方依法对合同的内容进行修订或调整所达成的协议，若对合同约定的数量、质量标准、履行期限、履行地点和履行方式等进行变更。合同变更一般不涉及已履行部分，而只对履行的部分进行变更，因此合同变更不能在合同完全履行后进行，只能在合同完全履行之前进行。

### （一）施工合同变更的原因

1. 业主的原因，如业主新的要求、业主指令错误、业主资金短缺和合同转让等。

2. 勘察设计的原因，如工程条件不准确和设计错误等。

3. 监理工程师的原因，如错误的指令等。

4. 承包商的原因，如合同执行错误、质量缺陷和工期延误等。

5. 合同的原因，如合同文件问题，必须调整合同目标或修改合同条款等。

6. 其他方面的原因，如工程环境的变化、环境保护要求、城市规划变动及不可抗力影响等。

### （二）施工合同变更的内容

1. 工程量的增减。

2. 质量及特性的变化。

3. 工程标高、基线、尺寸等变更。

4. 施工顺序的改变。

5. 永久工程的删减。

6. 附加工作。

7. 设备、材料和服务的变更等。

### （三）施工合同价款的变更

合同变更后，当事人应当按照变更后的合同履行。根据《合同法》规定，合同的变更仅对变更后未履行的部分有效，而对已履行的部分无效，因合同的变更使当事人一方受到经济损失的，受损一方可向另一方当事人要求赔偿损失。

### （四）施工合同变更责任分析

施工合同变更更多的是工程变更，它在工程索赔中所占的份额最大。工程变更的责任分析是确定相应价款变更或赔偿的重要依据。

1. 施工合同的原因主要是项目计划、设计的深度不够，项目投资设计失误，新技术、新材料和新规范的出台，设计、施工方案错误或疏忽。设计变更的实质是对设计图纸进行补充、修改。设计变更往往会引起工程量的增减、工程分项的增加或删除、工程质量和进度的变化和施工方案的变化。

2. 施工方案变更。承包商承担由于自身原因而修改施工方案的责任。重大的设计变更常常会导致施工方案的变更。如果设计变更由于业主承担责任，则相应的施工方案的变更也由业主负责；反之，则由承包商负责。对于不利的异常地质条件引起的施工方案的变更，一般应由业主承担，在工程中承包商采用或修改施工方案都要经业主（或监理工程师）批准。

## 二、施工项目合同的终止

### （一）施工项目合同终止的原因

1. 因合同已按照约定履行完毕而终止。合同生效后，当事人双方按照约定履行自己的义务，实现了自己的全部权利，订立合同的目的已经实现，合同确立的权利义务关系结束，合同因此而终止，即自然终止。

2. 因合同解除而终止。合同生效后，当事人一方不得擅自解除合同。但在履行过程中，有时会产生某些特定情况，应当允许解除合同。《合同法》规定合同解除有以下两种情况：

（1）法定解除。合同成立后，没有履行或者没有完全履行以前，当事人一方可以行使法定解除权是合同终止。为了防止解除权的滥用，《合同法》规定了十分严格的条件和程序。有下列情形之一的，当事人可以解除合同：因不可抗力致使不能实现合同目的；在履行期限届满之前，当事人一方明确表示或者以自己的行为表示不履行主要义务；当事人一方延迟履行义务或者有其他违约行为致使不能实现合同目的；当事人一方延迟履行义务，经催告后在合理期限内仍没有履行；法律规定的其他情形。

（2）协议解除。当事人双方通过协议可以解除原合同规定的权利和义务关系。

### （二）合同终止后的义务

1. 合同终止后，不影响双方在合同中约定的结算和清理条款的效力。承包商应妥善做好已完工程和已购材料、设备的保护和移交工作，按照业主要求将自有机械设备和人员撤出施工场地。业主应为承包商撤出提供必要条件，并按合同约定支付已完工程价款。已预订的材料、设备由订货方负责退货或解除订货合同，不能退还的货款和因退货、解除订货合同发生的费用，由业主承担，因未及时退货造成的损失由责任方承担。

2. 合同终止后，合同双方都应当遵循诚实信用原则，履行通知、协助、保密等合同义务。

## 三、建筑工程项目施工合同索赔管理

### （一）施工索赔概述

1. 施工索赔的概念

（1）索赔的概念

索赔是指当事人在合同履行过程中，合同一方因对方不履行合同或不适当履行合同所设定的义务而遭受损失时，根据法律、合同规定及惯例，受损失方向责任方提出利益补偿和（或）工期顺延的要求，索赔是合同双方共同享有的权利。索赔也是合同管理的目的之一。

（2）施工索赔

在工程建设的各个阶段，都有可能发生索赔。但发生索赔最集中、处理的难度最复杂的情况发生在施工阶段，因此我们常说的工程建设索赔主要是指工程施工的索赔。广义地讲，索赔应当是双向的，既可以是施工企业（承包人、承包商）向建设单位（发包人、业主）的索赔，也可以是建设单位向施工企业的索赔。

施工索赔的含义是广义的，是法律和合同赋予当事人的正当权利。当事人应当树立起索赔意识，重视索赔、善于索赔。索赔的含义一般包括以下三个方面：

①一方违约使另一方蒙受损失，受损失方向对方提出赔偿损失的要求。

②发生了应由建设单位承担责任的特殊风险事件或遇到了不利的自然条件等情况，使施工企业蒙受了较大损失而向建设单位提出补偿损失的要求。

③施工企业本来应当获得的正当利益，由于没能及时得到工程师的确认和建设单位应给予的支付，而以正式函件的方式向建设单位索要。

索赔的性质属于经济补偿行为，而不是惩罚。索赔的损失结果与被索赔人行为并不一定存在法律上的因果关系，索赔工作是承发包双方之间经常发生的管理业务，是双方合作的方式，而不是对立。

2. 施工索赔的作用

工程索赔的健康开展，对于培育和发展建筑市场，促进建筑业的发展，提高工程建设的效益，将发挥非常重要的作用。

（1）索赔可以促进双方内部管理，保证合同正确、完全履行

索赔的权利是施工合同的法律效力的具体体现，索赔的权利可以对施工合同的违约行为起到制约作用。索赔有利于促进双方加强内部管理，严格履行合同，有助于双方提高管理素质，加强合同管理，维护市场正常秩序。

（2）索赔有助于对外承包的开展

工程索赔的健康开展，能促使双方迅速掌握索赔和处理索赔的方法和技巧，有利于他们熟悉国际惯例，有助于对外开放，有助对外承包的展开。

（3）有助于政府转变职能

工程索赔的健康开展，可使双方依据合同和实际情况实事求是地协商调整工程造价和工期，有助政府转变职能，并使它从繁琐的调整概算和协调双方关系等微观管理工作中解脱出来。

（4）促使工程造价更加合理

工程索赔的健康开展，把原来打入工程报价的一些不可预见费用，改为按实际发生的损失支付，有助于降低工程报价，使工程造价更加合理。

3. 施工索赔的类型

（1）按照索赔有关当事人

可分为承包人与发包人之间的索赔，承包人与分包人之间的索赔，承包人或发包人与供货人之间的索赔，承包人或发包人和保险人之间的索赔。

（2）按照索赔目的和要求

可分为工期索赔，一般指承包人向业主或者分包人向承包人延长工期；费用索赔，即要求补偿经济损失，调整合同价格；综合索赔，一般既要求延长工期，又要补偿经济损失。

（3）按照索赔事件的性质

可分为工程延期索赔；工程加速索赔；工程变更索赔；工程终止索赔；不可预见的外部障碍或条件索赔；不可抗力事件引起的索赔；其他索赔（如货币价值、汇率变化、物价变化和政策法令变化等）。

（4）按索赔依据

①合同内索赔，是指索赔涉及的内容可以在合同内找到依据，施工单位提出的索赔是明确规定应由建设单位承担责任或风险的合同条款。

②合同外索赔，是指索赔涉及的内容超过合同规定的索赔。这种索赔在合同规定中未写明，但根据条款隐含的意思可以判定应由建设单位承担赔偿责任的情况以及根据适用法律建设单位承担责任的情况。

③道义索赔，是指通融索赔或优惠索赔，这种索赔在合同内或其他法规中均找不到依据，从法律角度讲，没有索赔要求的基础，是施工单位明显出现巨大亏损的情况

下，建设单位给予一定的补偿以利于工程的顺利竣工的一种特殊赔偿形式。

（5）按索赔的对象不同

可分为索赔，是指承包商向业主、供货商、保险公司和运输公司等提出的索赔；反索赔，是指业主、供货商、保险公司和运输公司等向承包商提出索赔。

（二）施工索赔产生的原因

1. 工程变更

一般在合同中均订有变更条款，即业主均保留变更工程的权力。业主在任何时候均可对施工图、说明书、合同进度表用文字写成书面文件进行变更。工程变更的原则是：不能带来人身危害或财产损失；不能额外增加工程量，如要增加工程必须有工程师的书面签证确认；不能增加工程总费用，除非是增加工程的同时也必须增加造价，但也必须有工程师或业主的书面签证。除这三个方面外，工程师在发布工程通知书时，有权提出较小的改动，但不得额外的加价，并且这类改动与建设本工程的目标应完全一致。

在工程变更的情况下，承包商必须熟悉合同规定的工程内容，以便确定执行的变更工程是否在合同范围以内。如果不在合同范围以内，承包商可以拒绝执行，或者经双方同意签订补充协议。

如果因这种变更，合同造价有所增减，引起工期延迟，合同也应相应加以调整。除此之外，其他均应在原合同条款上予以执行。

关于合同的调整问题，有的规定了一个公认的合同调整百分比公式，也有的只简单规定因工程变更而对合同价款做出公平合理的调整。不过，这种简单的规定容易引起争议，如果变更的程度较大，在规定的时限内承包商应做出预算，并及时用书面形式通知业主与工程师，若在规定的时限内得不到答复，则有权对此提出索赔要求。

2. 施工条件变化（即与现场条件不同）

这里所说的施工条件变化是针对以下两种情况：一是现场地面以下潜在自然条件与合同出入较大。例如，地质勘探资料和说明书上的数据错误，造成地基和地下工程的特殊处理而给承包商带来了损失，承包商则有权要求对合同价格进行公平合理的调整。二是现场的施工条件与合同确定的情况不相同，承包商应立即通知业主或者工程师进行检查确认。

3. 工程延期

在以下情况下，工程完成期限是允许推迟的。

（1）业主或其雇员的疏忽失职。

（2）提供施工图的时间推迟。

（3）业主暂停施工。

（4）业主中途变更工程。

（5）工程师同意承包商提出的延期理由。

（6）不可抗力所造成的工程延期。

在发生上述任何一种情况时，承包商应立即将备忘录送给工程师，并提出延长工期的要求。工程师应在接到备忘录5天内给承包商签认。如果业主要求暂停施工而没有在备忘录上标明复工日期和期限，那么承包商可以被迫放弃暂停施工的部分工程，并将停工部分进行估算，开具账单，请业主结付工程款，且还可以按被迫放弃的工程价值加一个百分比作为补偿管理费、专用工厂设施和预期利润等所遭受的损失。

4. 不可抗力或意外风险

不可抗力，顾名思义即指超出合同各方控制能力的意外事件。其中任何一件不可抗力事件发生，都会直接干扰合同的履行，由此造成的施工时间的延长，工程修理的义务和费用，终止合同，或业主、第三方的破产和损害及人身伤亡，承包商概不承担任何责任。业主应对此引起的一切权利、要求、诉讼、损害赔偿费、各项开支和费用等负责，保障承包商免受损害并给承包商以补偿。

凡是发生上述情况，承包商应迅速向业主报告，并提供适当的证明文件，以便业主核实。业主或其代表接到通知后也应及时答复。如长期拖延不予处理，也要负违约责任。对于自然灾害的影响，承包商不仅可以要求顺延工期，而且应当声明，除顺延工期外，还应对由于灾害暂时停工而不得不对承包价格做合理的调整。

5. 检查和验收

如业主对已检查验收过的隐蔽工程和设备内部再次要求拆下或者剥开检查时，承包商必须照办。经检查工程完全符合合同要求时，承包商应要求补偿因拆除、剥开部分工程所造成的损失，包括修复的直接费用和间接费用，以及因检查所引起的额外工程费用等。

6. 在工程竣工验收前业主占用

业主有权占用或使用已竣工的或部分竣工的工程。关于这一情况，在签订合同时应分清双方的责任和义务。一般这种占用或使用不得被认为是对已完成的、不符合合同规定的工程的验收。但是对于工程所遭受的损失和损害，如不是由于承包商的过失或疏忽造成，则不应该由承包商负责。如这种先期进占或使用使工程进度受到拖延给承包商造成额外费用，就应对合同价款和竣工期限进行公平合理的调整，承包商必须对此作详细记录。

7. 业主提供设备

设备如由业主提供，合同中应规定有设备的交付时间或履行合同日期。例如业主未按期供应，按规定就要公平合理地调整合同价格，延长竣工期限。

8. 劳动力、材料费用涨价

如果材料价格及劳动力费用受到供求关系或市场因素的巨大影响，业主会在合同中同意准许材料价格及劳动力费用调整。因此，合同实施中如遇到市场价格上涨的情况，承包商应及时向业主提出工程价格调整的要求。

除以上情况外，还有许多引起承包商提出索赔要求的因素，如加快工程进度、波及效应等。承包商必须熟悉合同条款的具体规定，对各种因素进行仔细斟酌、严加推敲，以便适时采取措施保护自己的利益。

## （三）施工索赔的处理

### 1. 提出索赔

承包商必须通过索赔机会分析，抓住索赔机会，迅速做出反应，在一定时间之内（施工合同条件规定为28天），向工程师和业主递交索赔意向通知。该项通知是承包商就具体的干扰事件向工程师和业主表示的索赔愿望和要求，是保护自己索赔权利的措施。如果超过这个期限，工程师和业主有权拒绝承包商的索赔要求。索赔通知的内容包括以下几个方面：

（1）事件发生的时间和情况的简单描述。

（2）合同依据的条款和理由。

（3）有关后续资料的提供，包括及时记录及提供事件发展的动态。

（4）对工程成本和工期产生的不利影响的严重程度。

（5）提交索赔审请报告及相关索赔证据资料。

我国《建设工程施工合同（示范文本）》中规定：承包商必须在发出索赔意向通知后的28天内，向工程师提交一份详细的索赔报告。如果索赔事件对工程的影响持续时间长，则承包商还应向工程师每隔一段时间提交中间索赔申请报告，并在索赔事件影响结束后28天内，向业主或工程师提交最终索赔申请报告。

承包商必须在规定的索赔时限内向业主或工程师提交正式的书面索赔报告，其内容一般应包括索赔事件的发生情况与造成损害的情况，索赔的理由及依据，索赔的内容和范围，索赔额度的计算依据与方法等，并附上必要的记录和证明材料。

### 2. 索赔的解决

从递交索赔报告到最终获得赔偿的支付是索赔的解决过程。这个阶段的工作重点是通过谈判、调解或仲裁，使索赔得到合理的解决。具体工作程序包括：工程师审查分析索赔报告，评价索赔要求的合理性和合法性；根据工程师的处理意见，业主审查、批准承包商的索赔报告，三方就索赔的解决进行磋商，达成一致。

### 3. 索赔的支付

（1）在监理工程师与业主或承包商适当协商之后，认为根据承包商所提供的足够充分的细节使监理工程师有可能确定出应付的金额时，承包商有权将监理工程师可能认为应支付给他的索赔金额纳入监理工程师签署的任何临时付款。

（2）如果承包商提供的细节不足以证实全部的索赔，则承包商有权得到以满足监理工程师要求的那部分细节所证明的有关部分的索赔付款。

（3）监理工程师应将上述要求所做的任何决定通知承包商，并且将一份副本呈交业主。

（4）一般情况下，某一项索赔的付款不用等到全部索赔结案之后才能支付，为防止把问题积成堆再解决，通常是将已确定的索赔放在最近的下一次验工计价书中支付。

# 第五章　建筑绿色工程运营管理

## 第一节　绿色建筑及设备运营管理

绿色建筑的最大特点是将可持续性和全生命周期综合考虑，从建筑的全生命周期的角度考虑和运用“四节一环保”目标和策略，实现建筑的绿色内涵，而建筑的运行阶段占整个建筑全生命时限的95%以上。可见要实现“四节一环保”的目标，不仅要使这种理念体现在规划、设计和建造阶段，更需要提升和优化运行阶段的管理技术水平和模式，并在建筑的运行阶段得到落实。

一座环保绿色的建筑不仅要提供健康的室内空气，而且对热、冷和潮湿也要提供防护。和较好的室内空气品质一样，合适的热湿环境对建筑使用者的健康、舒适性和工作效率也非常重要，并且在保证对建筑使用者的健康、舒适性和工作效率的同时，还要考虑建筑及建筑设备运行时是否节能减排，由此可确定建筑及建筑设备运行管理的原则包括三个方面：一是控制室内空气品质；二是控制热舒适性；三是节能减排。根据建筑及建筑设备运行管理的原则和绿色建筑技术导论中提到的绿色建筑运行管理的技术要点，其管理的内容分为室内环境参数管理、建筑设备运行管理及建筑门窗管理。

### 一、室内环境参数管理

#### （一）合理确定室内温、湿度和风速

假设空调室外计算参数为定值时，夏季空调室内空气计算温度和湿度越低，房间的计算冷负荷就越大，系统耗能也越大。研究证明，在不降低室内舒适度标准前提下，合理组合室内空气设计参数可以收到明显的节能效果。

随室内温度的变化，节能率呈线性规律变化，室内设计温度每提高1℃，中央空

调系统将减少能耗约 6%。当相对湿度大于 50% 时，节能率随相对湿度呈线性规律变化。由于夏季室内设计相对湿度一般不会低于 50%，所以以 50% 为基准，相对湿度每增加 5%，节能 10%。因此在实际控制过程中，我们可以通过楼宇自动控制设备，使空调系统的运行温度和设定温度差控制在 0.5℃以内，不应盲目地追求夏季室内温度过低，冬季室内温度过高。

通常认为 20℃左右是人们最佳的工作温度；25℃以上人体开始出现一些状况的变化（皮肤温度出现升高，接下来出汗，体力下降以及消化系统等发生变化）；30℃左右时，人们开始心慌、烦闷；50℃的环境里人体只能忍受 1 小时。确定绿色建筑室内标准值的时候，我们可以在国家《室内空气质量标准》的基础上做适度调整。随着节能技术的应用，我们通常把室内温度，在采暖期控制在 16℃左右。制冷时期，由于人们的生活习惯，当室内温度超过 26℃时，并不一定就开空调，通常人们有一个容忍限度，即在 29℃时，人们才开空调，所以在运行期间，通常我们把室内空调温度控制在 29℃。

空气湿度对人体的热平衡和湿热感觉有重大的作用。通常在高温高湿的情况下，人体散热困难，使人感到透不过气，若湿度降低，会感到凉爽。低温高湿环境下虽说人们感觉更加阴凉，如果降低湿度，会感觉到加温，人体会更舒适。所以根据室内相对湿度标准，在国家《室内空气质量标准》的基础之上做了适度调整，采暖期一般应保证在 30% 以上，制冷期应控制在 70% 以下。

室内风速对人体的舒适感影响很大。当气温高于人体皮肤温度时，增加风速可以提高人体的舒适度，但是如果风速过大，会有吹风感。在寒冷的冬季，增加风速使人感觉更冷，但是风速不能太小，如果风速过小，人们会产生沉闷的感觉。因此，采纳国家《室内空气质量标准》的规定，采暖期在 0.2m/s 以下，制冷期在 0.3m/s 以下。

### （二）合理控制新风量

根据卫生要求建筑内每人都必须保证有一定的新风量。但新风量取得过多，将增加新风耗能量。所以新风量应该根据室内允许 CO2 浓度和根据季节及时间的变化以及空气的污染情况．来控制新风量以保证室内空气的新鲜度。一般根据气候分区的不同，在夏热冬暖地区主要考虑的是通风问题，换气次数控制在 0.5 次 /h，在夏热冬冷地区则控制在 0.3 次 /h，寒冷地区和严寒地区则应控制在 0.2 次 /h。通常新风量的控制是智能控制，根据建筑的类型、用途及室内外环境参数等进行动态控制。

### （三）合理控制室内污染物

控制室内污染物的具体措施有：采用回风的空调室内应严格禁烟；采用污染物散发量小或者无污染的“绿色”建筑装饰材料、家具、设备等养成良好的个人卫生习惯定期清洁系统设备，及时清洗或更换过滤器等；监控室外空气状况，对室外引入的新风系统应进行清洁过滤处理；提高过滤效果，超标时能及时对其进行控制；对复印机室和打字室、餐厅、厨房及卫生间等产生污染源的地方进行处理，避免建筑物内的交叉污染。必要时在这些地方进行强制通风换气。

## 二、建筑设备运行管理

### （一）做好设备运行管理的基础资料工作

基础资料工作是设备管理工作的根本依据，基础资料必须正确齐全。利用现代手段，运用计算机进行管理，使基础资料电子化、网络化，活化其作用，设备的基础资料包括以下几点：

第一，设备的原始档案。指基本技术参数和设备价格；质量合格证书；使用安装说明书；验收资料；安装调试及验收记录；出厂、安装、使用的日期。

第二，设备卡片及设备台账。设备卡片将所有设备按系统或部门、场所编号。按编号将设备卡片汇集进行统一登记，形成一本企业的设备台账，从而反映全部设备的基本情况，给设备管理工作提供方便。

第三，设备技术登记簿。在登记簿上记录设备从开始使用到报废的全过程。包括规划、设计、制造、购置、安装、调试、使用、维修、改造、更新及报废，都要进行比较详细的记载。每台设备建立一本设备技术登记簿，做到设备技术登记及时准确齐全，反映该台设备的真实情况，用于指导实际工作，

第四，设备系统资料。建筑的物业设备都是组成系统才发挥作用的。例如中央空调系统由冷水机组、冷却泵、冷冻泵、空调末端设备、冷却塔、管道、阀门、电控设备及监控调节装置等一系列设备组成，任何一种设备或传导设施发生故障，系统都不能正常制冷。因此，除了设备单机资料的管理之外，对系统的资料管理也必须加以重视。系统的资料包括竣工图和系统图。竣工图：在设备安装、改进施工时原则上应该按施工图施工，但在实际施工时往往会碰到许多具体问题需要变动，把变动的地方在施工图上随时标注或记录下来，等施工结束，将施工中变动的地方全部用图重新标识出来，符合实际情况，绘制竣工图，交资料室及管理设备部门保管。系统图：竣工图是整个物业或整个层面的布置图，在竣工图上各类管线密密麻麻，纵横交错，非常复杂，不熟悉的人员一时也很难查阅清楚，而系统图就是把各系统分割成若干子系统（也称分系统），子系统中可以用文字对系统的结构原理、运作过程及一些重要部件的具体位置等作比较详细的说明，表示方法灵活直观、图文并茂，使人一目了然，可以很快解决问题。并且把系统图绘制成大图，可以挂在工程部墙上强化员工的培训教育意识。

### （二）合理匹配设备、实现经济运行

合理匹配设备，是建筑节能关键。否则，匹配不合理，“大马拉小车”，不仅运行效率低下，而且设备损失和浪费都很大。在合理匹配设备方面，应注意以下几点：

第一，要注意在满足安全运行、启动、制动及调速等方面的情况下，选择好额定功率恰当的电动机，避免选择功率过大而造成的浪费和功率过小而电动机动过载运行，缩短电机寿命的现象。

第二，要合理选择变压器容量。由于使用变压器的固定费用较高且按容量计算，而且在启用变压器时也要根据变压器的容量大小向电力部门交纳增容费。因此合理选择变压器的容量也至关重要。选得太小，过负荷运行变压器会因过热而烧坏；选得太

大，不仅增加了设备投资和电力增容等费用，同时耗损也很大，使变压器运行效率低，能量损失大。

第三，要注意按照前后工序的需要，合理匹配各工序各工段的主辅机设备，使上下工序达到优化配置和合理衔接，实现前后工序能力和规模的和谐一致，避免因某一工序匹配过大或过小而造成浪费资源及能源的现象。

第四，要合理配置办公、生活设施，比如空调的选用，要根据房间面积去选择合适的空调型号和性能，否则功率过大造成浪费，功率过小又达不到效果。

### （三）动态更新设备，最大限度发挥设备能力

设备技术和工艺落后，往往是产生性能差、消耗高、运行成本高、污染大的一个重要原因，同时对安全管理等方面也有很大影响。因此要实现节能减排，必须下决心去尽快淘汰那些能耗高、污染大的落后设备和工艺。在淘汰落后设备和技术工艺中，应注意以下几个事项：

第一，根据实际情况，对设备实行梯级利用和调节使用，逐步把节能型设备从开动率高的环节向使用率低的环节动态更新，把节能型设备用在开动率高的环节上，更换下的高能耗设备用在开动率低的环节上。这样换下来的设备用在开动率低的环节后，虽然能耗大、效率低，但由于开动的次数少，反而比投入新设备的成本还低。

第二，要注意对闲置设备按照节能减排的要求进行革新和改造，努力盘活这些设备并用于运行中。

第三，要注意单体设备节能向系统优化节能转变，全面的考虑工艺配套，使工艺设备不仅在技术设备上高起点，而且在节能上高起点。

### （四）合理利用和管理设备，实现最优化利用能量

节能减排的效率和水平很大程度上取决于设备管理水平的高低。加强设备管理是不需要投资或少投资就能收到节能减排效果的措施。在设备管理上，应该注意以下几个事项：

第一，要把设备管理纳入经济责任制严格考核，对重点设备指定专人操作和管理。

第二，要注意削峰填谷，例如蓄冷空调。针对建筑的性质和用途以及建筑冷负荷的变化和分配规律来确定蓄冷空调的动态控制，完善峰谷分时电价，分季电价，尽量安排利用低谷电。特别是大容量的设备要尽量放在夜间运行。

第三，设备要做到在不影响使用效果的情况下科学合理使用，根据用电设备的性能和特点，因时因地因物制宜，做到能不用的尽量不用，能少用的尽量少用，在开机次数、开机时间等方面灵活掌握，严格执行主机停、辅机停的管理制度。如：一台115匹分体式空调机如果温度调高1摄氏度，按照运行10h计算能节省0.5度电，而调高1摄氏度，人所能感到的舒适度并不会降低。

第四，摸清建筑节电潜力和存在的问题，有针对性地采取切实可行的措施挖潜降耗，坚决杜绝白昼灯、长明灯、长流水等浪费能源的现象发生，提高节能减排的精细化管理水平。

### （五）养成良好的习惯，减少待机设备

待机设备是指设备连接到电源上且处于等待状态的耗电设备。在企业的生产和生活中，许多设备大多有待机功能，在电源开关未关闭的情况下，用电设备内部的部分电路处于待机状态，照样会耗能。比如：电脑主机关后不关显示器和打印机电源；电视机不看时只关掉电视开关，而电源插头并未拔掉；企业生产中有许多不是连续使用的设备和辅助设备，操作工人为了使用上的便利，在这些设备暂不使用时将其处于待机通电状态。由于诸如此类的许多待机功耗在作怪，等于在做无功损耗，这样不仅会耗费可观的电能，造成大量电能的隐性浪费，而且释放出的 CO2 还会对环境造成不同程度的影响。

因此，在节能减排方面，我们要注意消除隐性浪费，这不仅有利于节约能源，也有利于减少环保压力。要消除待机状态，这其实是一件很容易的事情，只要对生产、生活、办公设备长时间不使用时彻底关掉电源就可以了。如果我们每个企业都养成这样良好的用电习惯，每年就可以减少很多设备的待机时间，节约大量能耗。

## 三、建筑门窗管理

绿色建筑是资源和能源的有效利用、保护环境、亲和自然、舒适、健康、安全的建筑，然而实现其真正节能，我们通常就是利用建筑自身和天然能源来保障室内环境品质。基本思路是使日光、热、空气仅在有益时进入建筑，其目的是控制阳光和空气于恰当的时间进入建筑，以及储存和分配热空气和冷空气以备需要，手段则是通过建筑门窗的管理，实现其绿色的效果。

### （一）利用门窗控制室内得热量、采光等问题的措施

太阳通过窗口进入室内一方面增加进入室内的太阳辐射，可充分利用昼光照明，减少电气照明的能耗，也减少照明引起的夏季空调冷负荷，减少冬季采暖负荷。另一方面，增加进入室内的太阳辐射又会引起空调日射冷负荷的增加。针对此问题采取以下几项具体措施。

1. 建筑外遮阳。为了取得遮阳效果的最大化，遮阳构件有可调性增强、便于操作及智能化控制的趋向。有的可以根据气候或天气情况调节遮阳角度；有的可以根据居住者的使用情况（在或不在），自动开关，达到最有效的节能。具体形式有：遮阳卷帘、活动百叶遮阳、遮阳篷、遮阳纱幕等。

下面介绍一下自动卷帘遮阳棚的运作模式。它在解决室内自然采光和节能、热舒适性的同时，还可以解决因夏季室内过热，但增加室内空调能耗的问题，可根据季节、日照、气温的变化而实现灵活控制。

在夏季完全伸展时，可遮挡大部分太阳辐射和光线，减少眩光的同时能够引入足够的内部光线；冬季时可以完全打开，使阳光进入建筑空间，提高内部温度的同时也提高了照明水平；在过渡季节，则根据室外日照变化自动控制中庭遮阳篷的运行模式。

2. 窗口内遮阳。目前窗帘的选择，主要是根据住户的个人喜好来选择面料和颜

色的，很少顾及节能的要求。相比外遮阳，窗帘遮阳更灵活，更易于用户根据季节天气变化来调节适合的开启方式，不易受外界破坏。内遮阳的形式有：百叶窗帘、百叶窗、拉帘、卷帘等。材料则多种多样，有布料、塑料、金属、竹、木等。内遮阳也有不足的地方。当采用内遮阳的时候，太阳辐射穿过玻璃，使内遮阳帘自身受热升温。这部分热量实际上已经进入室内，有很大一部分将会通过对流和辐射的方式，使室内的温度升高。

3. 玻璃自遮阳利用窗户玻璃自身的遮阳性能，阻断部分阳光进入室内。玻璃自身的遮阳性能对节能的影响很大，应该选择遮阳系数小的玻璃。遮阳性能好的玻璃常见的有吸热玻璃、热反射玻璃、低辐射玻璃。这几种玻璃的遮阳系数低，具有良好的遮阳效果。值得注意的是，前两种玻璃对采光有不同程度的影响，而低辐射玻璃的透光性能良好。此外，利用玻璃进行遮阳时，必须是关闭窗户的，会给房间的自然通风造成一定的影响，使滞留在室内的部分热量无法散发出去。所以，尽管玻璃自身的遮阳性能是值得肯定的，但是还必须配合百叶遮阳等措施，才能取长补短。

4. 采用通风窗技术将空调回风引入双层窗夹层空间，带走由日照引起的中间层百叶温度升高的对流热量。中间层百叶在光电控制下自动改变角度，遮挡在直射阳光，透过散射可见光。

## （二）利用门窗有组织的控制自然通风

自然通风是当今生态建筑中广泛采用的一项技术措施。它是一项久远的技术，我国传统建筑平面布局坐北朝南，讲究穿堂风，都是自然通风、节省能源的朴素运用。只不过当现代人们再次意识到它时，才感到更加珍贵，并与现代技术相结合，从理论到实践都将其提高到一个新的高度。在建筑设计中自然通风涉及建筑形式、热压、风压、室外空气的热湿状态和污染情况等诸多因素。自然通风可以在过渡季节提供新鲜空气和降温，也可以在空调供冷季节利用夜间通风，降低围护结构及家具的蓄热量，减少第二天空调的启动负荷。

一般办公室工作时间（8：30～17：00）空调系统开启，而下班后“人去楼空”，室外气温却开始下降，这时通过采取自然通风的运行管理模式将室内余热散去，可以为第二天的早晨提供一个清凉的办公室室内环境，不仅有利于空调节能，更有利于让有限的太阳能空调负荷发挥最佳的降温效果，使办公室在日间经历高温的时段室内温度控制在舒适范围。17：00（下班时间）以后，如果室内温度超过24℃时，出现早晨0：00～8：00时段，室外温度低于室内温度；17：00～0：00时段，室外温度低于至内温度；17：00～8：00时段，室外温度低于室内温度等情况之一，就按照各自情况的时段将侧窗打开，同时促进自然通风的通风风道开启。通过对窗的开启进行自动控制，从而实现高效的运行，既降低空调能耗、又提高室内热舒适性。

# 第二节 绿色建筑节能检测和诊断

## 一、节能检测和计量

### （一）节能检测

目前，全国范围内建筑节能检测都执行《采暖居住建筑节能检验标准》JGJ132-2001，它是最具权威性的检测方法，它发布实施，为建筑节能政策的执行提供了一个科学的依据，使得建筑节能由传统的间接计算、目测定性评判到现在的直接测量，从此这项工作进入了由定性到定量、由间接到直接、由感性判断到科学检测的新阶段。

根据对建筑节能影响因素和现场检测的可实施性的分析，我们认为，能够在试验室检测的宜在试验室检测（如门窗等作为产品在工程使用前后它的性状不会发生改变）；除此之外，只有围护结构是在建造过程中形成的，对它的检测只能在现场进行。因此建筑节能现场检测最主要的项目是围护结构的传热系数，这也是最重要的项目。如何准确测量墙体传热系数是建筑节能现场检测验收的关键，目前对建筑节能现场检测围护结构（一般测外墙和屋顶、架空地板）的传热系数的方法主要有热流计法、热箱法、红外热像仪法及常功率平面热源法等四种，

1. 热流计法

热流计是建筑能耗测定中常用仪表，该方法采用热流计及温度传感器测量通过构件的热流值和表面温度，通过计算得出其热阻和传热系数。

其检测基本原理为：在被测部位布置热流计，在热流计周围的内外表面布置热电偶，通过导线把所测试的各部分连接起来，将测试信号直接输入微机，通过计算机数据处理，可打印出热流值及温度读数。当传热过程稳定之后，开始计量。为使测试结果准确，测试时应在连续采暖（人为制造室内外温差亦可）稳定至少 7 天的房间中进行。一般来讲，室内外温差愈大（要求必须大于 20℃），其测量误差相对愈小，所得结果亦较为精确，其缺点是受季节限制。这个方法是目前国内外常用的现场测试方法，国际标准和美国 ASTM 标准都对热流计法作了较为详细的规定。

2. 热箱法

热箱法是测定热箱内电加热器所发出的全部通过围护结构的热量及围护结构冷热表面温度。它分为实验室标定热箱法和试验室防护热箱法两种。

其基本检测原理是用人工制造一个一维传热环境，被测部位的内侧用热箱模拟采暖建筑室内条件并使热箱内和室内空气温度保持一致，另一侧为室外自然条件，维持热箱内温度高于室外温度 8℃以上，这样被测部位的热流总是从室内向室外传递，当

热箱内加热量与通过被测部位的传递热量达到平衡时，通过测量热箱的加热量得到被测部位的传热量，经计算得到被测部位的传热系数。

该方法的主要特点：基本不受温度的限制，只要室外平均空气温度在25℃以下，相对湿度在60%以下，热箱内温度大于室外最高温度8℃以上就可以测试。据业内技术专家通过交流认为：该方法在国内尚属研究阶段，其局限性亦是显而易见的，热桥部位无法测试，况且尚未发现有关热箱法的国际标准或国内权威机构标准。

3. 红外热像仪法

红外热像仪法目前还在研究改进阶段，它通过摄像仪可远距离测定建筑物围护结构的热工缺陷，通过测得的各种热像图表征有热工缺陷和无热工缺陷的各种建筑构造，用于在分析检测结果时作对比参考，因此只能定性分析而不能量化指标。

4. 常功率平面热源法

常功率平面热源法是非稳态法中一种比较常用的方法，适用于建筑材料和其他隔热材料热物理性能的测试。其现场检测的方法是在墙体内表面人为地加上一个合适的平面恒定热源，对墙体进行一定时间的加热，通过测定墙体内外表面温度响应辨识出墙体的传热系数。

## （二）节能计量

1. 冷热计量的方式

要实现冷热计量，通常使用的方式有以下几种。

（1）北方公用建筑：可以在热力入口处安装楼栋总表；

（2）北方已有民用建筑（未达到节能标准的）：可以在热力入口处安装楼栋总表，每户安装热分配表；

（3）北方新的民用建筑（达到节能标准的）：可以在热力入口处安装楼栋总表，每户安装户用热能表；

（4）采用中央空调系统的公用建筑：按楼层、区域安装冷 / 热表；采用中央空调系统的民用建筑：按户安装冷 / 热表。

2. 采暖的计费计量

“人走灯关”是最好的收费实例，同样也是用多少电交多少费的有力佐证。分户供暖达到计量收费这一制约条件后，居民首先考虑的就是自己的经济利益，现有供热体制就是大锅饭，热了开窗将热量一放再放。若分户供暖进而计量收费，居民就会合理设计自家的供热温度，比如，卧室休息时可以调到20℃，平时只需15℃即可。厨房和储藏室不用时保持在零上温度即可，客厅只需16℃就可安全越冬，长期坚持，自然就养成了行为节能的好习惯。分户热计量、分室温控采暖系统的好处是水平支路长度限于一个住户之内；能够分户计量和调节热供量；可以分室改变供热量，满足不同的室温要求。

3. 分户热量表

（1）分室温度控制系统装置一锁闭阀。锁闭阀：分两通式锁闭阀及三通式锁闭阀，具有调节、锁闭两种功能，内置外用弹子锁，根据使用要求，可为单开锁或互开锁。锁闭阀既可在供热计量系统中作为强制收费的管理手段，又可在常规采暖系统中利用其调节功能。当系统调试完毕即锁闭阀门，避免用户随意调节，维持系统正常运行，防止失调发生。散热器温控阀：散热器温控阀是一种自动控制散热器散热量的设备，它由两部分组成，一部分为阀体部分，另一部分为感温元件控制部分。由于散热器温控阀具有恒定室温的功能，因此主要用在需要分室温度控制的系统中，自动恒温头中装有自动调节装置和自力式温度传感器，不需任何电源长期自动工作，它的温度设定范围很宽，连续可调。

（2）热量计装置 —— 热量表。热量表（又称热表）是由多部件组成的机电一体化仪表，主要由流量计、温度传感器和积算仪构成。住户用热量表宜安装在供水管上，此时流经热表的水温较高，流量计量准确。如果热量表本身不带过滤器，表前要安装过滤器。热量表用于需要热计量系统中。热量分配表不是直接测量用户的实际用热量，而是测量每个用户的用热比例，由设于楼入口的热量总表测算总热量，采暖季结束后，由专业人员读表，通过计算得出每户的实际用热量，热量分配表有蒸发式和电子式两种。

4. 空调的计费计量

能量“商品化”，按量收费是市场经济的基本要求。中央空调要实现按量收费，必须有相应的计量器具和计量方法，按计量方法的不同，目前中央空调的收费计量器具可分为直接计量和间接计量两种形式。

（1）直接计量形式。直接计量形式的中央空调计量器具主要是能量表。能量表由带信号输出的流量计、两只温度传感器和能量积算仪三部分组成，它通过计量中央空调介质（水）的某系统内瞬时流量、温差，由能量积算仪按时间积分计算出该系统热交换量。在能量表应用方面，根据流量计的选型不同，主要有三种类型，为机械式、超声波式、电磁式。

（2）间接计量形式。间接计费方法有电表计费、热水表计费等。电表计费就是通过电表计量用户的空调末端的用电量作为用户的空调用量依据来进行收费的；热水表计费就是通过热水表计量用户的空调末端用水量作为用户的空调用量依据来进行收费的。这两种间接计费方法虽简单且便宜，但都不能真正反映空调“量”的实质，中央空调要计的“量”是消耗能量（热交换量）的多少。按这几种间接计费方法，中央空调系统能量中心的空调主机即使不运行或干脆没有空调主机，只要用户空调末端打开，都有计费，这显然是不合情理的。

（3）当量能量计量法。CFP 系列中央空调计费系统（有效果计时型）根据中央空调的应用实际情况，首先检测中央空调的供水温度，只有在供水温度大于 40℃（采暖）或小于 12℃（制冷）情况下才计时（确保中央空调“有效果”），然后检测风机盘管的电动阀状态（无阀认为常开）和电机状态（确保用户在“使用”）进行计时（计量的是用户风机盘管的“有效果”使用时间），但这仅仅是一个初步数据，还得利用计算机技术、微电子技术、通信技术和网络技术等，通过计费管理软件以这些数据为基础进行合理的计算得出“当量能量”的付费比例，才可以作为收费依据。

综上所述，值得推荐的两种计量方式为直接能量计量（能量表）和 CFP 当量能量计量。根据它们特点，前者适用于分层、分区等大面积计量，后者适用于办公楼、写字楼、酒店及住宅楼等小面积计量。

## 二、建筑系统的调试

系统的调试是重要但容易被忽视的问题。只有调试良好的系统才能够满足要求，并且实现运行节能。如果系统调试不合理，往往采用加大系统容量才能达到设计要求，不仅浪费能量，而且造成设备磨损和过载，必须加以重视。例如有的办公楼未调试好系统就投入使用，结果由于裙房的水管路流量大大超过应有的流量，致使主楼的高层空调水量不够，不得不在运行一台主机时开启两台水泵供水，以满足高层办公室的正常需求，造成能量浪费。最近几年，新建建筑的供热、通风和空调系统、照明系统、节能设备等系统与设备都依赖智能控制。然而，在很多建筑中，这些系统并没有按期望运行。这样就造成了能源的浪费。这些问题的存在使建筑调试得到发展。

调试包括检查和验收建筑系统、验证建筑设计的各个方面，确保建筑是按照承包文件建造的，并验证建筑及系统是否具有预期功能。建筑调试的好处：在建筑调试过程中，对建筑系统进行测试和验证，以确保它们按设计运行并且达到节能和经济的效果；建筑调试过程有助于确保建筑的室内空气品质的良好；施工阶段和居住后的建筑调试可以提高建筑系统在真实环境中的性能，减少用户的不满程度；施工承包者的调试工作和记录保证系统按照设计安装，减少了在项目完成之后和建筑整个寿命周期问题的发生，也就意味着减少了维护与改造的费用；在建筑的整个寿命周期每年或者每两年定期进行再调试能保证系统连续地正常运行。因此保持了室内空气品质，建筑再调试还能减少工作人员的抱怨并提高他们的效率，也减少了建筑业主潜在的责任。

## 三、设备的故障诊断

建筑设备要具有较高的性能，除了在设计和制造阶段加强技术研究外，在运行过程中时刻保持在正常状态并实现最优化运行也是不可少的。近来也有研究表明，商业建筑中的暖通空调系统经过故障检测和诊断调试后，能达到 20% ～ 30% 的节能效果。因此，加强暖通空调系统的故障预测，快速诊断故障发生的地点和部位，查找故障发生的原因能减少故障发生的概率。一旦故障诊断系统能自动地辨识暖通空调设备及其系统的故障，并及时地通知设备的操作者，系统能得到立即的修复，就能缩减设备“带病”运行的时间，也就能缩减维修成本和不可预知的设备停机时间。因此，加强对故障的预测与监控，能够减少故障的发生，延长设备的使用寿命，同时也能够给业主提供持续的、舒适的室内环境，这对提高用户的舒适性、提高建筑的能源效率、增加暖通空调系统的可靠性及减少经济损失将有重要的意义。

### （一）故障检测与诊新的定义与分类

故障检测和故障诊断是两个不同的步骤，故障检测是确定故障发生的确切地点，而故障诊断是详细描述故障是什么、确定故障的范围和大小，即故障辨识，按习惯统称为故障检测与诊断（FDD）。故障检测与诊断的分类方法很多，如按诊断的性质分，可分为调试诊断和监视诊断；如果按诊断推理的方法分，又能分为从上到下的诊断方法和从下到上的方法；如果按故障的搜索类型来分，又可以分为拓扑学诊断方法和症状诊断方法。

### （二）常用的故障检测与诊断方法

目前开发出来的用于建筑设备系统故障检测和诊断的方法（工具）主要有下面几种（表 5-1）。

表 5-1　常用的故障诊断方法

| 故障诊断方法 | 优点 | 缺点 |
|---|---|---|
| 基于规则的故障诊断专家系统 | 诊断知识库便于维护，可以综合存储和推广各类规则 | 如果系统复杂，则知识库过于复杂，对没有定义的规则不能辨识故障 |
| 基于案例推理的故障诊断方法 | 静态的故障推理比较容易 | 需要大量的案例 |
| 基于模糊推理的故障诊断方法 | 发展快，建模简单 | 准确度依赖于统计资料和样本 |
| 基于模型的故障诊断方法 | 各个层次的诊断比较精确，数据可通用 | 计算复杂，诊断效率低下，每个部件或层次都需要单独建模 |
| 基于故障树的故障诊断方法 | 故障搜索比较完全 | 故障树比较复杂，依赖大型的计算机或软件 |
| 基于模式识别的故障诊断方法 | 不需要解析模型，计算量小 | 对新故障没有诊断能力，需要大量的先验知识 |
| 基于小波分析的故障诊断方法 | 适合作信号处理 | 只能将时域波形转换成频域波形表示 |
| 基于神经网络的故障诊断方法 | 能够自适应样本数据，很容易继承现有领域的知识 | 有振荡，收敛慢甚至不收敛 |
| 基于遗传算法的故障诊断方法 | 有利于全局优化，可以消除专家系统难以克服的困难 | 运行速度有待改进 |

### （三）故障检测与诊断技术在暖通空调领域的应用

目前，关于暖通空调的故障检测和诊断以研究对象来分，主要集中在空调机组和空调末端，其中又以屋顶式空调最多，主要原因是国外这种空调应用最多。另外，这个机型容量较小，比较容易插入人工设定的故障，便于实际测量和模拟故障，表 5-2 列出了暖通空调系统常见的故障及其相应的诊断技术。

**表 5-2　暖通空调系统常见的故障及其相应的诊断技术**

| 设备类型 | 常见故障现象 | 诊断模型或方法 |
| --- | --- | --- |
| 单元式空调机组 | 热交换器脏污、阀门泄漏 | 比较模型和实测参数的差异，用模糊方法进行比较 |
| 变风量空调机组 | 送／回风风机损坏、冷冻水泵损坏、冷冻水泵阀门堵塞、温度传感器损坏、压力传感器损坏 | 留存式建模与参数识别方法，人工神经网络方法 |
| 往复式制冷机组 | 制冷剂泄漏、管路阻力增大、冷冻水量和冷却水量减少 | 建模，模式识别，专家系统 |
| 吸收式制冷机组 | COP 下降 | 基于案例的拓扑学监测 |
| 整体式空调机 | 制冷剂泄漏、压缩机进气阀泄露、制冷剂管路阻力大、冷凝器和蒸发器脏污 | 实际运行参数与统计数据分析 |
| 暖通空调系统灯光照明等 | 建筑运行参数变化、建筑运行费用飙升 | 整个建筑系统进行诊断 |

### （四）暖通空调故障检测与诊断的现状与发展方向

目前开发出来的主要故障诊断工具有：用于整个建筑系统的诊断工具；用于冷水机组的诊断工具；用于屋顶单元故障的诊断工具；用于空调单元故障的诊断工具；变风量箱诊断工具。但是上述诊断工具都是相互独立的，一个诊断工具的数据并应该用于另一个诊断工具中。

可以预见，将来的故障诊断工具将是建筑的一个标准的操作部件。诊断学将嵌入到建筑的控制系统中去，甚至故障诊断工具将成为EMCS 的一个模块。这些诊断工具可能是由控制系统生产商开发提供，也可能是由第三方的服务提供商来完成。换句话说，各个诊断工具的数据和协议将是开放及兼容的，是符合工业标准体系的，且具有极大的方便性和实用性。

# 第三节　既有建筑的节能改造

## 一、建筑节能的背景及其意义

### （一）节能的背景

从人类诞生至今，就开始一点一滴地通过利用自然界的资源满足自己的生产生活需求，通过对能源的利用，人类文明得以不断发展。无论是原始社会利用水流灌溉的水渠，还是现代文明中巨大的核子反应堆，都是人类运用能源的真实写照。几千年来，人类运用能源提高了生产力，提升了自己生活品质，同时也将自己利用能源的手段获得了质的提升。然而自从 1973 年第一次能源危机之后，人类便了解到能够获取的能源并非取之不尽用之不竭。就煤炭和石油燃料而言，以现阶段的开采速度，煤炭仅能维持人类百余年的需求，而石油资源只能维持数十年。资源的总量是有限的，一旦超过了地球的承受能力，人类只会越来越难以获得资源。不仅如此，环保问题也越来越成为威胁人类生存的重要问题：过量的温室气体排放造成温室效应使得全球海平面升高，空调气体排放导致臭氧层遭到破坏，树木的滥砍滥伐导致绿地不断减小，土地荒漠化与水土流失……人类对自然资源的开采及随意利用最终威胁到了自身生存。由于人类对资源毫无节制的利用，肆意地向地球排除污染物，导致各种自然灾害频发，对生产生活造成了很大危害。若人类再不悬崖勒马，按目前的碳排放速度，到 20 世纪末，全球气温将会提高 3 摄氏度左右，从而引起更为可怕的环境问题，甚至引起灾难性事件，例如全球海平面上升甚至极端天气增加。发现自身对自然的破坏以及资源的有限性之后，人类开始评估如何将自然资源的利用与开采取得平衡，与此同时，更加高效的能源利用方式也不断被人发现。一切都只为了一个核心——以最高的效率利用这些能量，使得人类生活与生态环境趋向平衡。

### （二）中国节能改造方案决策现状分析

中国的经济一直以火箭般的速度向前飞奔，然而支撑这一“火箭”所需要的庞大能耗，也在日趋增大。然而既要保证中国顺利实现工业化迈入发达国家，又要降低污染能耗，为发展之路提出了新的难题。党中央在规划纲要中提出，面对日益恶化的环境与枯竭的资源，必须加强走可持续发展之路，将高污染高能耗工业转变为低碳、环保、绿色新型工业，降低国内能耗，走环境友善型发展道路。中国建筑业的能耗大约占初始能耗的 35% 左右。现在国家集中力量搞建设，城镇化的比率越来越高。市民们看到一栋栋宏伟壮丽的建筑拔地而起的同时，看不到的是资源与能源的大量消耗，甚至有一部分宝贵的不可再生资源被浪费在不规范的建筑活动中，生产过程中排放的污染物也是造成现阶段雾霾的因素之一。未来中国建筑耗能及排放将呈急剧上扬趋势。中国仍现存大量的不节能建筑，对它们进行节能改造，是提高中国能源利用效率的有效途径之一。总体来看，中国目前在节能方面主要面临下列几个方面的挑战：

#### 1. 高碳现象明显

目前中国处于能源需求快速增长的时期，为了能够提高人民的生活质量，基础设施的大规模建设是必不可少的，随着人们生活水平的提高，机动车辆的需求也日益增加，工业化的生活方式带来了能耗水平的增加，现如今高能耗低效率的生产方式，不但制约着中国经济的发展，还对居民的生活健康带来严重损害。

#### 2. 自然资源十分匮乏

中国的自然资源储量在世界水平中位于第二，但由于中国大规模的人口基数，导

致人民平均占有资源的水平不高，仅为世界平均水平的40%，为了满足国内增长的能源需求，需要大量进口资源，在国家战略上受制在人。

3. 能源利用效率不高

高效用能技术的普及相对落后，中国现仍处于发展中国家，在新节能技术的应用上和发达国家仍存在差距，大部分用能手段为原材料的直接利用，缺乏资源的深加工，并且社会各界的节能意识还不是很强，为减少成本使用相对落后的技术，加剧了中国能源的消耗情况。

4. 节能改造决策思维模式落后

现阶段中国各级政府已产生一定的节能意识，然而在节能改造方面仍然缺少科学的分析方式，大部分决策照搬国外的模板，现阶段的决策以及施工人员倾向于盲目相信以往的成功经验而不愿根据实地分析，造成的节能效果不高、浪费社会资源等后果．更不利于中国节能事业的长期开展。

### （三）建筑节能决策优化的重要作用

在能源消耗过程中，建筑能耗占有很大的比重，其中包括建造消耗及使用消耗两个方面。大部分开发商为了节约成本，在建造能耗方面能够做到一定程度的把控。然而在后期使用消耗上一般与企业利益挂钩不大，使得新节能技术难以得到推广，建造能耗属于一次性消耗，使用消耗则包含一个长期的过程。

如今，中国各大城市已经清醒地认识到现有建筑物很大程度上无法满足节能环保的需要，如不对高能耗建筑进行有效的节能改造，其造成的能源浪费将严重对中国的可持续发展方针形成阻碍。因此，各级政府也在积极的对高能耗、低效率的建筑进行节能改造，减少城市的能源负担。但相当一部分改造，投入了巨大的成本却未能达到预期的节能效果，有的甚至造成资源浪费，为城市发展带来了额外的负担。究其原因不难看出，中国一部分节能改造工程在决策前并未进行科学的分析，相反，仅仅是照搬硬套成功案例或者凭借经验武断地做出判断。因此容易发生吃力不讨好的情况，不但成本超支，节能效果也大打折扣。

节能改造工程具有很大的地域性特征，对材料的要求与达到效果在不同城市之间具有很大差异。若能将凭经验判定的因子具体量化，在决策比对时更易做出判断。因此，要有科学的方法评价节能改造方案中的各项指标。

## 二、既有建筑节能改造的系统学分析

既有建筑节能改造工作不仅可以缓解我国的能耗困境和环境污染问题，而且该工作的推进还有利于我国的民生建设，并且对我国经济的可持续发展和构建和谐社会也具有重要的作用。但是目前既有建筑节能改造工作的开展遇到了障碍，而且还受到诸多因素的复杂影响。为了更好地推进既有建筑节能改造工作的进行和发展，进而从宏观的角度找到阻碍因素，现将该工作作为一个整体的系统进行考虑。

在运用系统学的有关理论之前，必须先明确系统的定义，即由两个或两个以上互相联系、互相依赖、互相制约、互相作用的若干组成部分以某种分布形式组合成的，具有特定功能、朝着特定目标运动发展的有机整体。根据上述定义，运用系统学的基本原理、分别从物理结构层、表现层、环境层三个方面对既有建筑节能改造工作进行分析，找到影响既有建筑节能改造工作开展的问题因素，对下一步研究开展提供方向。

（一）物理结构

物理结构层是系统得以生存和发展的物质基础，研究物理结构层实际上就是剖析整个系统内部的物理结构，其研究对象具体包括系统的边界、组成元素、元素之间的关系以及构成的运行模式。系统边界的作用是区分系统内部元素和外部环境的。元素是系统的基本组成，也是系统中各关联的基本单元。整个系统中的元素之间具有独立的或者复杂的关系，这些系统元素和其中的关系集又构成了系统的运行模式。

1. 既有建筑节能改造系统的边界

系统边界就是指一个系统所包含的所有系统成分与系统之外各种事物的分界线。一般在系统分析阶段都要明确系统边界，这样才能继续进行下面的研究。由于社会系统一般都是开放的复杂系统，系统内部和环境之间进行的各种交换行为也是时刻进行的。既有建筑节能改造系统就是一个典型的社会系统，因此它不具有明确的物理边界。

首先，针对既有建筑节能改造来说，改造空间并不是固定的，可能为公共建筑，或者为住宅建筑，公共建筑中又分为政府建筑及企事业单位建筑等；其次是参与既有建筑节能改造的主体也可能发生变化，参与改造工程的主体包括：中央政府、地方政府、国外合作组织、节能服务公司、供热企业、金融机构、第三方评估机构和用能单位等，面对不同的建筑形式和改造背景，参与主体可以形成多种组合形式；最后，不同项目的既有建筑节能改造的内容和技术也是不同的，改造内容包括：围护结构改造、供热系统改造、门窗改造、节水节电改造和建筑环境改造等，面对如此多样的改造内容，技术革新是非常必要的。由此可见，定义既有建筑节能改造系统的物理边界是非常困难的。所以，面对不同的改造项目、参与主体和改造背景，既有建筑节能改造系统的边界都是不同的，它是模糊的，也是动态变化的。

2. 既有建筑节能改造系统的结构

每个系统都是由元素按照一定的方式组成，组成系统的元素本身也是一个系统，从这个意义上可以将元素看作是系统的“子系统”，这些子系统结构是由一些特定的元素按照一定的关联方式形成的。为了分析既有建筑节能改造系统的结构，必须先明确该系统中包含的元素以及包含的子系统。尽管既有建筑节能改造系统是个具有模糊边界的大系统，但是其中的结构还是比较清晰的。在该系统中包含的元素包括政府、节能服务公司、供能企业、用能单位、金融机构和第三方评估机构等。其中政府、用能单位又可作为子系统对待，故将政府分为中央政府及地方政府，用能单位分为政府、企事业单位、单一产权企业和住户。各个参与主体在既有建筑节能改造过程中所表现的行为特征或者作出的行为策略都有所不同。

(1) 中央政府

在既有建筑节能改造的过程中，中央政府作为顶层推动力量，不仅要强化政府职能，制定明确的宏观战略目标和节能改造相关政策，而且还要采用多种调控手段干预市场，并与其他参与主体进行协调，积极构建长效机制。中央政府在推进既有建筑节能改造过程中发挥了不可替代的作用，其作用主要表现在以下几个方面：

第一，制定宏观目标和战略。中央政府根据目前我国的社会发展水平和经济实力，并结合国内既有建筑节能改造的现状制定总体目标及发展战略，进而站在宏观角度把握我国既有建筑的节能改造工作的发展方向。

第二，完善相关法律法规和政策。首先，既有建筑节能改造工作的顺利进行必须有完善的法律体系作为保障。政府应抓紧研究建筑节能改造的开发、运行、管理、税收、市场、信息资源管理等方面的法律法规，进而运用法律手段理顺各个改造相关主体的责权关系，完善责任追究制度与相关理赔制度。其次，完善政策保障体系。由于既有建筑节能改造工作具有“正外部性”，即业主在进行既有建筑节能改造工作之后的个人收益小于建筑节能行为带来的社会收益，进而影响了市场机制下的业主节能改造的行为。所以，政府在完善强制性政策的同时，应该从经济和税收方面入手，制定相应的鼓励性政策。

第三，积极创造服务体系环境。中央政府职能的作用还可以通过创造和规范服务市场环境来体现，政府通过完善建筑节能改造市场的建设条件，规范金融、技术、咨询、信息管理等服务体系。首先，中央政府的职能主要是协助地方政府建立符合当地情况的金融体系和融资方式，以及建立科学合理的技术开发和技术服务体系。其次，政府应规范建筑节能改造的信息咨询和管理服务，为各行为主体及时获得有效准确的建筑节能信息提供条件。

(2) 地方政府

我国是一个幅员辽阔的国家，每一个地区的自然环境、经济情况以及人文背景等都略有不同，所以如何将国家既有建筑节能改造的相关政策法规以及长远规划与本地区的实际情况相结合，地方政府起到了关键的作用，其作用主要表现在以下几个方面:

第一，制定积极的财政投入政策。地方政府结合国家的建筑节能改造目标制定本地区的目标实现方案，并积极的安排资金，支持建筑节能改造技术的研发、应用以及改造工作的推广等。

第二，地方政府的行政监督作用。行政监督职能的运行情况直接影响了既有建筑节能改造的发展环境。在节能改造工作还未进入市场化之前，地方政府应该严格发挥自身的行政监督职能，根据国家相关的法律法规，对改造的全过程进行专项检查，看其是否符合相关的节能改造技术和标准的要求，并且将检查结果透明化、公开化。

第三，宣传既有建筑节能改造相关知识。地方政府可以利用各种宣传媒介进行建筑节能知识的教育工作，使全民树立强烈的保护环境、节约能源意识，这样才能更好地推进既有建筑节能改造工作的顺利进行。

（3）节能服务公司

节能服务公司（Energy Services Company，ESCO），又称能源管理公司，是一种基于合同能源管理机制运作的、以赢利为目的的专业化公司。节能服务公司是合同能源机制的载体，是联系改造过程中各个参与者的纽带，在我国既有建筑节能改造市场化之后，节能服务公司将成为改造过程的核心主体。

ESCO向客户提供的服务包括：建筑能源审计和能耗分析、节能改造工程项目全过程的监理工作、设备管理和物业管理、节能改造项目的融资、区域能源供应、材料和设备采购、人员培训、运行和维护、节能量检测及验证等。

ESCO的运行流程如下：根据我国既有建筑节能改造的现状寻找有节能改造意愿的用能单位；对待改造建筑进行全方位的能耗评估检测；与用能单位签订改造合同；对待改造建筑的进行改造施工；对改造后建筑进行能耗检测；在合同期范围内进行运行维护和管理，并享受项目后期的节能收益分享。

ESCO提供的能源服务对用能单位的好处包括：不需要投资就可直接更新设备以降低运行费用；可以获得ESCO一定的节能经验；获得比自行改造更高的节能收益；承担部分商业风险，如合同期内保证新设备的性能等。

这些建筑节能服务公司在推进既有建筑节能改造的过程中取得了些许成绩，但是由于节能服务市场发展的还不太成熟，所以这些公司在推进节能改造的过程中还存在很多问题。首先，在建筑节能改造服务的过程中，银行等金融机构由于对节能服务公司的资信水平不了解，导致对其的支持力度减弱，因此节能改造项目的资金来源基本是由大量的公司自有资金和少部分银行贷款组成，这不仅使节能服务公司背上沉重的资金负担，还严重影响了建筑节能改造市场化的推进。其次，由于目前的能源价格较低，以及用能单位对建筑节能服务公司的服务水平、节能改造内容、改造效果等信息缺乏了解，导致现阶段建筑节能服务市场需求不足，这也严重地影响了建筑节能服务公司的发展。最后，建筑节能服务公司缺乏相关专业人才，其中包括能效评估师、能源管理师、节能设备调试人员等，节能服务公司的人才培养模式尚未建立。

目前，在市场上存在的节能服务公司的服务质量良莠不齐，大部分资信实力也相对薄弱，这对建筑节能领域的广大消费者造成了巨大的选择障碍，也严重地影响到既有建筑节能改造市场化的推进。

（4）供能企业

目前，既有建筑的供能企业主要分为供热企业和电网企业，这种企业一般为地方国有性质，行为受到国家管控，而且对供需情况和能源价格比较敏感。在现阶段，煤炭价格不断上涨，新型能源技术还无法全面普及，供能企业经营状况堪忧。这些企业虽然接受国家补贴，但是还不足以维持收支平衡，只能依靠不断地提高电价和热价来维持运营。目前，北方夏热冬冷地区和寒冷地区的冬季采暖能耗占全国总能耗较大比例，所以本文重点研究供能企业中的供热企业。

从供热企业的角度考虑。首先，在热源热量紧张的情况下，既有建筑节能改造可以带来供热需求量的降低，从而在有限的热源热量下增加供热面积。其次，既有建筑节能改造可以使供热企业的单位面积热指标降低，所以企业的单位面积购热成本降低，进而增加供热企业的利润。第三，如果在既有建筑节能改造过程中实现从面积收费改成分户热计量收费，就可以有效地解决居民供热费缴纳难题。就上述看来，供热企业理应具有强烈的改造意愿，但实际情况并不乐观，在目前完成的既有建筑节能改造项目中，只有极少数的供热企业参加了一部分融资。通过分析实际运行情况可知，供热企业先按面积计算热价收入，得到供热成本降低量，在此基础上考虑按分户计量收费下用户少缴纳的热费以及后期人工运行成本以及计量设施折旧，供热企业的投资回收高达50年左右。从投资经济效益来说，无法刺激供热企业投资既有建筑节能改造项目。

（5）用能单位

用能单位是既有建筑节能改造的直接影响主体，是节能改造的最终受益者。老旧的建筑经过节能改造后，可以明显地改善室内环境、提高建筑的功能性，这不仅增加了房屋的价值，也减少了用户在能源消费方面的支出。

根据民用建筑的分类，既有建筑分为公共建筑和住宅建筑，用能单位可以分为以下三种：政府部门、企事业单位和居民。

首先，由于政府部门和事业单位的运作资金源于国家拨款，所以没有资金压力，除了完成上级下发的本单位建筑节能改造指标外，不具有主动改造的积极性。而且政府部门在完成建筑节能改造后降低了能源费用的支出，从而会影响第二年的财政预拨款额度。由于节能改造收益无法体现，进而影响了其节能改造的意愿。

企业单位如大型商场、星级酒店等属于建筑能耗大户。与政府部门以及事业单位有所不同的是，企业单位属于自负盈亏的财务模式，进行节能改造可以减低高额的能耗费用支出，所以这类单位具有强烈的节能意识和改造意愿。但是在这类建筑上推行节能改造措施还是有很多障碍。首先，由于企业建筑结构复杂、功能多样，对改造技术的要求较普通居住建筑要高很多，导致企业相关负责人对改造后节能效果产生担心。其次，大规模的企业具有较高的营业收入，这就往往使其忽视了建筑节能改造带来的经济收益，反而将重点放在了节能改造对其营业的影响上。最后，因为节能信息获得的不对称性，无法使企业及时得到准确的改造前建筑能耗信息以及预计的改造后节约能耗量，进而增加了单位的决策成本，影响到其进行建筑节能改造工作的积极性。

居住建筑的住户主要以零散居民为主。据调查研究，对于单一住户而言，耗能家电多、房屋面积大、家庭人口多的住户具有较强的建筑节能改造意愿。国外调查表明，高收入的居民更倾向于采取节能措施，能耗强度也越低。而在多住户住宅楼进行既有建筑节能改造工作则会受到更多复杂因素的影响，主要是需要绝大部分住户的许可。影响住户改造积极性的因素包括：改造的资金来源、改造工期、施工对日常生活的影响和收益的分配方案等，这些因素都直接地影响到既有建筑节能改造工作的进行。

（6）金融机构

金融机构是指从事金融服务业有关的金融中介机构，为金融体系的一部分，金融服务业包括银行、证券、保险、信托、基金等行业，金融中介机构包括银行、证券公司、保险公司、信托投资公司和基金管理公司等。目前制约既有建筑节能改造顺利进行的核心问题就是融资困难。在进行节能改造的过程中，一般都是前期垫付能耗检测和设备安装等费用，完成改造后才能逐渐享受投资收益，仅凭借国家投入和自有资金很难完成全过程，所以外部融资成了保证节能改造顺利进行的充分条件，由此可见，银行等金融机构在推动整个既有建筑节能改造过程中占据了重要的位置。

但是，目前节能改造领域的情况是，用能单位的资信水平参差不齐，偿还贷款能力和信誉都无法保证。例如，. 商业建筑履行偿还贷款的能力受到收益水平的影响。这些风险加之现阶段无法解决的各参与者之间的信息不对称问题，都导致了金融机构和担保机构无法将贷款和担保投入这种未知前景和模糊风险的领域中。另外，第三方节能检测评估机构的信誉和技术水平等信息对金融机构不透明，进而增加了决策的难度。

（7）第三方评估机构

目前，既有建筑节能改造工作出现了严重的信息不对称现象，这对于建筑节能改造市场的健康发展非常不利。例如，在节能服务公司负责的改造项目中，节能服务公司先后进行了建筑改造工作和效果评定工作，这就无法保证建筑能耗信息的客观性。而且，在其他改造模式中也无法实现信息的客观共享，这就造成了信息不对称现象的发生，所以，客观准确的评估工作必不可少。

第三方评估机构就是为了解决上述信息不对称现象而出现的。该机构首先受到业主或节能服务公司等改造主体的委托，并与其签订具有法律效力的改造合同，进而遵循独立、公正、客观的原则，利用专业的技术、人员及设备，为受委托改造的业主提供节能改造潜力评估、能效诊断、能耗检测和效益认定等服务。第三方评估机构的出现起到了监督的作用，是既有建筑节能改造工作进行当中重要的中介监督机构。

3. 既有建筑节能改造系统的运行模式

从系统学的角度考虑，系统的运行模式就是为了实现系统稳定运行而形成的各元素之间、各子系统之间的组合方式和关系。系统在运行过程中会形成多种模式，也就是系统中各要素的不同组合方式，在不同的模式中，各个要素或子系统所具有的效力是不同的，每一种模式所具有的合力也不单单是效力和。根据不同的模式结构，系统出现不同的“涌现性”（即系统论中的整体大于部分和理论），为使整个系统实现最大效力的“涌现”，人们总是根据自身外部的环境，采用自认为最理想和最优化的运行模式，来实现整个系统的最大潜能和最大效力。

研究既有建筑节能改造的运行模式就是研究该系统中不同元素的组合方式，即由不同改造主体推动的改造模式。既有建筑节能改造的运行模式构建，就是通过人为手段实现结构层中的各个参与主体在管理、监督、融资、保障等环节上的协调配合，实现在既有建筑节能改造中技术、资金、人员、设施等方面的合理配置，最终目标就是尽可能发挥各个参与主体的最大效力和最大潜力，推动既有建筑节能改造工作顺利进行，实现经济效益、环境效益及社会效益的最大化。

但是由于既有建筑节能改造行为具有正外部性，即一些参与主体的行为活动给别的主体或环境带来了可以无偿得到的收益，这就影响到了各个主体参与既有建筑节能

改造工作的积极性。由于外部成本不能内部化，进而造成了该市场存在部分失灵的区域，从而影响到我国既有建筑节能改造工作市场化的顺利开展。鉴于既有建筑节能改造的正外部性，目前该工作主要是以政府推动为主和市场配合为辅。

（1）既有建筑节能改造运行模式的分析内容

针对一个具体的既有建筑节能改造项目，为了探索适合该项目的运行模式，首先必须对于该项目的具体情况进行分析研究，具体分析内容包括：政府保障形式、改造主体、改造内容、改造效果、改造资金来源、改造后利益回报及分享形式等。

政府保障形式。鉴于目前既有建筑节能改造市场具有部分失灵的区域，影响到该工作市场化的顺利进行，所以必须充分发挥中央政府以及各地方政府的组织协调作用，来保障既有建筑节能改造工作的开展。中央政府需要根据每一阶段具体建筑节能改造情况，制订下一阶段的宏观规划目标，而且制订相应的经济激励政策和监督考核办法，即提供适合改造工作顺利开展的外部环境；各地方政府则应制订符合地方改造情况的配套政策以及相应的实施办法，并且对建筑节能改造的具体项目做好合理有效地组织和管理工作。

改造主体。改造主体的选择主要是由房屋私有化率的高低决定的。目前既有建筑节能改造的房屋分为公共建筑和住宅建筑。公共建筑主要为政府建筑和企事业单位建筑等，这些房屋产权单一，改造主体主要为房屋所有权持有单位。对于住宅建筑的节能改造，我国与其他国家的情况有些不同。在欧洲多数国家，住宅建筑是由住房合作社所有，所以房屋产权公司是开展既有居住建筑节能改造的主体。而我国大部分的住宅建筑都归住户所有，所以既有居住建筑节能改造工作多为房地产公司、供热企业等主体组织实施。

改造内容。我国既有建筑节能改造的主要内容包括建筑围护结构改造、采暖系统改造、通风制冷系统改造以及电气系统改造等。而国外，例如德国的既有建筑节能改造工程除了上述内容外，还增加了对房屋周边环境的改善，极大的增大了居民对改造的认同程度。由于既有建筑节能改造内容的复制性不强，所以必须坚持“因地制宜”的原则，在改造工作前期要做好充分的建筑性能调查工作，选择科学合理先进的改造技术。在改造结束后也要做好严格的建筑能耗检测工作，并对改造后建筑进行后期维护和管理工作。

改造资金来源。在德国和波兰等国家，政府为保证既有建筑节能改造工作的顺利进行，均制订了专项的资金计划，并配合了合理稳定的经济激励政策来刺激改造主体的积极性。所以，我国政府也应采取一些经济保障措施来推动既有建筑节能改造工作。具体项目的改造主体也可以利用先进的融资模式，充分调动资本市场的大量流动资金。改造主体还可以在政府的协助下，通过申请清洁发展机制项目（CDM），获得了发达国家和企业的资金援助。

改造效果。通过对大量国内外既有建筑节能改造工程实例的分析研究，房屋采用科学合理的技术改造方案后，均较大程度地改善了室内的热舒适环境，也获得了较好的节能效果，基本可以达到规定的50%或65%的节能标准，这也充分证明了开展既有建筑节能改造的必要性。

改造后利益回报及分享形式。利益回报是各个改造主体投资既有建筑节能改造的原动力，对于不同的改造主体，利益回报模式也是不同的。国外公共建筑或住宅建筑的私有化率比较高，而且国外的既有建筑节能改造市场机制也比较完善，具有单一产权的住宅公司可以依靠节约能源的费用和提高的租金来回收改造投入。因我国目前既有建筑的节能改造工作市场动力不足，导致改造主体主要是大型房地产公司或者供热企业，回收资金除了通过节约能源费用的方式，房地产公司还可以依靠加层面积的销售来实现投资回收，供热企业则通过间接地增加供热面积来实现供暖费收益的增加。

（2）现有的既有建筑节能改造模式分析

通过对上述改造模式内容的分析，可以得出，一个完整的改造模式需要改造主体根据政府保障方式、改造效果目标，选择合理的改造内容、技术，并配合有效的资金保障形式才能够顺利运行。

虽然我国既有建筑节能改造工作开展的比较晚，但是中央政府以及各地方政府对于这项利国利民的工作给予了高度的重视。通过结合我国基本国情以及既有建筑节能改造市场的发展情况，政府在一些典型城市开展了示范工程，并提出并使用了多种改造模式，具体可分为以下几种：

第一种，供热企业改造模式。由于供热企业一般具有国有性质，所以与政府的行动吻合度较高，而且也能比较快地理解和消化由各级政府制定的相关政策。供热企业改造模式的资金来源主要是靠地方政府补贴、自身企业投资、居民个人投入以及国际合作项目赠款等。该模式主要改造内容为外墙及屋面保温改造、分户热计量改造、供热热源改造等，有些项目还涉及室内环境的改造。总的来说，供热企业主导既有建筑节能改造工作应该是具有很大的积极性的。由于当前热源热量紧张，供热企业可以通过既有建筑节能改造降低单位面积热指标，减少单位面积供热成本，从而间接增加供热面积，实现供热收入的提高。但是在提高收益的同时，供热企业也应该站在居民的角度考虑问题，通过多种形式切实降低居民热费的支出。

第二种节能服务公司改造模式。目前，我国的既有建筑节能改造市场化水平比较低，已经完成的建筑节能改造项目基本上都是靠政府来推动。但是面对接下来巨大的既有建筑节能改造任务，政府也无法轻松完成。

合同能源管理（EMC-Energy Management Contract）是一种新型的市场化节能机制，其实质就是以减少的能源费用来支付节能项目改造和运行成本的节能投资方式。在该运行模式下，用户可以用未来的节能收益来抵偿前期的改造成本。通过合同能源管理机制，不仅可以实现建筑能耗和成本的降低且可以使房产升值，同时规避风险。

合同能源管理机制作为解决能耗问题的有效办法很快地被运用在既有建筑节能改造工作上来。节能服务公司是合同能源管理机制的核心部分和运行载体，是既有建筑节能改造市场化过程中不可缺少的核心主体，所以节能服务公司改造模式很快被建筑节能改造市场挖掘出来。

节能服务公司改造模式就是围绕合同能源管理机制开展的一种高效合理的改造模式。在该模式下，节能服务公司成为建筑节能改造的核心推动力量，并且在建筑的改造全过程中都起到了重要的作用，主要的服务内容包括：建筑前期能耗分析、节能项目的融资、设备和材料的采购、技术人员的培训、改造完成后的节能量检测与验证等。目前，为了更好地适应既有建筑节能改造市场化的开展，围绕节能服务公司开展的节能改造又可分为以下具体模式：普通工程总包模式、节能量保证模式、改造后节能效益分享模式及能源费用托管模式等。

第三种，国际合作项目改造模式。为了更好地在我国推行既有建筑节能改造工作，各级政府积极探索新的改造模式，其中融合国际力量进行建筑节能改造是比较有创新性的方式，也是我国开展既有建筑节能改造试点工程中运用的典型模式。首先，以国际组织或国家合作的方式开展既有建筑节能改造工作为我国提供了大量的管理、技术经验；其次，该模式也为解决节能改造的融资问题带来了有益的尝试；最后，发达国家和企业通过改造项目获得经济收益的同时，也可以参与清洁发展机制项目（CDM）获得既有建筑节能改造的全部或者部分经审核的减排量，进而减小本国节能减排义务的压力。从上述内容可知，以国际合作的改造模式进行既有建筑节能改造属于“双赢”工程，该模式对于我国整个既有建筑的节能改造工作的发展也是必不可少的。

第四种，单一产权主体改造模式。在我国，单一产权主体主要包括政府部门、企事业单位等，产权单位主动投资既有建筑节能改造，通过改造可降低能源费用的支出，并且提高建筑的功能性和舒适性。

政府部门和事业单位的改造资金主要来自于财政预拨款，所以随着建筑能耗的降低，财政预算也减少，节能改造的收益无法保留。所以除了国家强制性规定，此类单位建筑节能改造积极性不高。然而商场、星级酒店等企业单位属于建筑能耗的大户，并且属于自负盈亏的财务模式，因此这类单位具有较强的节能意识，也属于我国单一产权改造模式的重要主体。

第五种，居民自发改造模式。目前，我国待改造的既有居住建筑面积占总建筑面积较大比例，仅靠政府主导推动既有建筑节能改造已经不能满足所有人的意愿，所以有些地区出现了居民自发进行建筑节能改造的情况。该模式为居民个人行为，也有些居民会在同一栋楼的各楼层间进行沟通协商，统一施工，形成具有一定规模的改造，从而缩短施工周期、降低改造成本。进行自发节能改造的居民基本都是由于室内舒适性差，尤其对于冬季供暖温度不满意，所以改造的内容主要都是针对建筑的围护结构，即进行外墙保温改造和窗体改造等。该模式的主要优点是改造规模小、工期短、成本低。由于施工任务主要由无资质的私人队伍承担，改造内容以及方法依赖于施工队伍的经验，材料质量也无严格把关，导致改造质量无法保证，而且目前在该模式下居民基本是费用自付，所以改造风险比较大。

目前，居民自发地进行既有建筑节能改造的案例比较少，主要还是因为居民自身所能投入的改造资金有限，而且居民们也很难形成相对统一的改造意见，同时所能承担的改造风险也比较小，所以无法进行大规模、多方面的节能改造。在该模式下，居民也无法承担建筑供热计量的节能改造费用，节能效果只有室内环境的改善，无法享受节能带来的热费减少。

4. 既有建筑节能改造在物理层上存在的问题

通过对既有建筑节能改造的系统物理层进行分析，总结出阻碍既有建筑节能改造顺利进行的有以下几个问题：

（1）中央政府在既有建筑节能改造过程中处于关键位置，但目前顶层设计存在缺陷，导致该系统中的各个参与个体之间无法建立长效机制，而且国家行政和市场机制之间也缺乏良性互动，使得在多种改造模式下政府都要提供大量的财政拨款才能推动改造工作。这不仅使政府背上沉重的财政负担，而且也无法充分的调动社会资金的流动。在开展既有建筑的节能改造工作的过程中，某些地方政府只看中眼前利益，即使在国家强制性改造目标的压力下，也专挑经济收益高、投资回收期短的工业建筑项目，无法使广大居民切实感受到建筑节能改造带来的改变，从而严重影响了该工作在居住建筑上的大面积推广。

（2）建筑节能服务公司改造模式推广受阻。这主要是因为金融机构对节能服务公司的资信水平不了解，无法提供大量的资金贷款，长期靠公司本身的资金来推动既有建筑的节能改造工作也无法形成良性市场运转。而且用能单位对改造过程中的信息也无法完全获得，导致节能服务公司的市场需求不足。同时，节能服务公司的服务水平良莠不齐，各种服务标准、服务内容无法统一，也严重地影响到用能单位的选择。

（3）金融机构在既有建筑节能改造的过程中扮演了重要的角色。但是由于既有建筑节能改造工作的回收期较长，改造主体的资信能力也无法保障。同时，金融机构为掌握改造中信息也将投入大量的资本，因此无法将资金放心地投入到这种模糊风险的领域中。

（4）用能单位分为政府部门、企事业单位和零散居民等。政府和事业单位在财政上的预拨款制度减弱了其既有建筑节能改造的积极性；企业担心建筑节能改造工作会影响到其经营，而且建筑节能改造的信息不对称性为企业决策带来了障碍；居民的改造积极性受到复杂因素的影响，其中包括：改造内容、改造效果、自身资金投入、节能意识等。

（5）目前，不管是政府部门、节能服务公司还是其他主体开展的建筑节能改造工作都具有信息不透明性，这就造成了建筑节能改造工作的信息不对称，也严重地影响了各参与主体的积极性。所以第三方评估机构在既有建筑的节能改造工作上的作用被凸显出来。目前我国的第三方评估机构的发展滞后，政府相关部门应完善能耗评估过程，并结合国外评估机构成功的行业发展经验，推动了评估机构的发展，满足既有建筑节能改造的市场需求。

（6）目前，大部分的既有建筑节能改造项目的资金来源主要由国家财政支出、供热企业投资和居民个人支出组成。这样的融资模式结构单一，同时给国家、企业以及个人带来了很大的经济压力，严重地影响到各主体进行既有建筑节能改造的积极性。

（7）在我国积极推进既有建筑节能改造的道路上已经出现了多种改造模式，但

是由于各种模式的开展都受到诸多因素的影响，而且无法完全复制，所以在各地改造过程中还是要根据当地的实际情况进行模式选择，在条件具备的条件下还可以采取多种模式配合改造的形式。

## （二）表现结构

在描述既有建筑节能改造系统的表现层时，主要分为目的、行为、功能三个方面进行探讨。目的是系统存在的理由，描述各种系统时离不开目的的概念，而且系统的目的性不仅与系统本身有关，还受到外界环境的影响。系统的行为是指在主客观因素的影响下表现出来的外部活动，不同种类的系统具有不同行为表现，相同的系统在不同的情况下表现的行为也可能不同。任何系统的行为都会对周围环境产生影响，但是功能是系统对某些对象或者整个环境本身产生的有利作用或者贡献。

### 1. 开展既有建筑节能改造的目的

（1）解决能源环境问题，实现节能减排战略目标

随着世界经济的快速发展，全球能源需求量不断攀升。但是伴随着经济的高速增长，严重的能源环境问题也随之而来。我国作为最大的发展中国家，经济发展是第一要务，但是同样出现的能源危机和环境问题成了我国经济继续高速发展的最大障碍。为了抑制能源浪费，缓和环境气候变化，中国政府提出“节能减排”战略，节能减排战略的实施不仅为我国能源节约和环境保护提出了要求，而且也是中国现阶段经济结构调整优化和发展方式转变的重要措施。

我国大部分的既有建筑都处于长期高耗能的状态，这不但直接加剧了中国的能源危机和环境污染，同时也与我国现阶段开展的节能减排工作相悖。根据数据统计，中国目前拥有房屋中 400 亿平方米以上都属于高耗能建筑，每年新建的房屋面积达到 16 亿～ 20 亿平方米，其中仅有少量房屋属于节能建筑，大量的高耗能建筑导致建筑总能耗占到社会总能耗的 1/30 所以，我国政府提出进行既有建筑节能改造工作，这不仅可以解决能源环境问题，而且还可以促进我国实现节能减排战略目标。

（2）改善建筑室内环境

由于住在其中的住户大部分经济条件有限，无法改变质量低下的生活环境，在一些情况下与供热企业或者政府产生了严重的矛盾，大大影响到社会和谐安定。在我国，还有很多类似的老旧住宅小区和公共建筑存在上述问题，这不仅影响到了使用者的生活质量和身体健康，而且也大大地降低了建筑的使用寿命及价值。所以在我国进行既有建筑节能改造是非常有必要的。

### 2. 开展既有建筑节能改造的行为

目的是行为的执行方向，功能是行为的有利结果。开展既有建筑节能改造的行为主要是以下两种：第一种是改造的施工过程；第二种是推动节能改造工作所进行的融资、管理、协调、监督、制度制订等辅助工作。改造的施工过程是直接影响既有建筑节能改造的行为方式，辅助工作是间接的推动行为。若缺乏合理的融资渠道、管理方式、协调方法和监督体制，既有建筑节能改造工作根本无法顺利展开。

3. 开展既有建筑节能改造的功能

功能是通过系统行为产生的，且趋于系统目的的有利于某些对象或者环境的作用或者贡献。凡是系统都具有一定的功能，系统的功能是一种整体的性质，而且往往具有涌现性，即出现一种系统的组成部分不具有的新功能。既有建筑节能改造的系统功能是以多方面效益体现出来的，主要总结为三个效益：经济效益、环境效益及社会效益。

（1）经济效益。通过进行既有建筑节能改造工作，最直接明显的效益就是各个参与方获得应有的经济收益，从而也拉动了社会内需，推动了整个社会的经济增长。这也是推动既有建筑节能改造工作的直接动力。

从供热企业的角度考虑，可以通过既有建筑节能改造降低单位面积热指标，减少单位面积供热成本，从而间接增加供热面积，实现供热收入的提高；从节能服务公司角度考虑，通过参与既有建筑节能改造工作，ESCO 在短期内就可以回收改造成本，并获得合同约定的合理利润；从节能设备或材料供应商的角度考虑，在节能改造的过程中，建材或者节能设备的市场需求量加大，利润增加；从居民的角度考虑，对于既有建筑的供热管网和热计量进行节能改造后，在室内热环境质量提高的同时，降低了热费支出。

（2）环境效益。既有建筑节能改造对于环境的影响不言而喻。通过节能改造工作，高能耗建筑面积减少，从而节约燃煤量，减少污染气体和温室气体排放，保护人类环境。

（3）社会效益。既有建筑通过节能改造得到了较好的保温隔热效果，室内温度变化幅度减小，提高居民居住舒适度，改善了人民的生活质量。而且，良好的改造技术可以提高建筑物的质量水平，增加建筑的使用价值。从宏观的角度看，节能改造工作的开展可以促进人们节能意识的提高，进而使建筑的消费者将节能观念融入消费行为中，带动节能相关产业的发展，这对于构建节约型和谐社会是非常有帮助的。

4. 既有建筑节能改造在表现层上存在的问题

既有建筑节能改造的表现层问题主要有以下几点：

（1）改造目的定位不准。进行既有建筑节能改造的目的是为了缓解能源压力，保护和改善生态环境，实现节能减排的目标，同时要改善建筑室内环境，促进和谐社会的构建。

（2）项目融资受阻。既有建筑节能改造的主要目标是实现环境效益和社会效益，但是现在大部分的改造主体仅是将改造目的定位到经济效益上，这也违背了国家推动既有建筑节能改造的初衷

（3）节能改造监管行为缺失。在进行既有建筑节能改造的过程中，政府部门或临时组建的节能改造小组对于具体项目的前期准备、施工管理、后期检测等过程缺乏监督管理，导致施工过程质量以及改造效果无法保障。而且，针对建筑构建的能耗能效标识制度也不健全，这也严重影响改造信息的客观性：

（三）环境层

系统的环境就是指围绕着系统本身并对其产生某些影响的所有外界事物的总和：也就是与系统组成元素发生相互影响、相互作用而又不属于这个系统的所有事物的总

和。但是，对于开放系统而言，明确清晰的系统边界是无法找到的，这就导致系统中的元素、信息、能量与环境产生跨越边界的交换现象。开放系统的边界并不是真实的物理界面，大部分是名义界面或假象界面。从另一个角度来看，不同的研究人员或研究目的对于相同的系统都可能有不同的环境定义。

环境可以决定系统的整体涌现性，即在一定的环境下，系统只有涌现出一定的特性才能与环境相适应，换句话说，就是在不同的环境下，为了更好地生存或者发展下去，系统所被激发的整体涌现性是不同的。对于既有建筑节能改造工作这个整体系统而言，环境的重要影响也是不言而喻的。经过总结研究，将既有建筑节能改造的环境层分为产业结构环境、政策法规环境两个方面进行研究。

1. 产业结构环境

从新中国成立以来，为了更好地适应国内经济的发展变化以及承受国际上的巨大压力，我国政府一直在进行产业结构优化调整。进入21世纪以来，我国产业结构持续优化，第一产业增长相对缓慢，第二产业增长迅猛，第三产业全面发展。总体上来说，目前我国的产业结构在不断优化。当然，在产业优化调整的同时也出现了一些障碍，有些地区为了巨大的经济收入，仍然走得是高能耗、高资源投入、高污染的外放型经济增长道路，这是一种以生产要素的低成本为依托、以“高耗能、高污染”为特征、以牺牲生态环境为代价的增长方式。这为我国带来了巨大的环境黑洞，为经济的持续发展带来了严重的影响。为了更好地促进产业优化调整，我国政府提出走可持续发展道路，在各行各业全面开展节能减排工作既有建筑节能改造作为节能减排工作的重要组成部分也渐渐被国家重视起来。

2. 政策法规环境

在20世纪80年代中国就开始在建筑上进行节能探索，从开始至今主要经历了初步开展、试点运行、全面探索三个阶段。既有建筑节能改造作为建筑节能工作的主要组成部分，工作开展初期只有少数政策法规提及，随着既有建筑节能改造工作的开展，相关政策法规也逐渐构成体系，进入专项构建的阶段。

在节能工作开展初期，仅有少数的政策法规提和既有建筑节能改造工作。随着我国典型城市节能试点改造工程的推广和实施，政府颁布的法律法规与政策中也逐渐出现了关于既有建筑节能改造的部分，使得建筑节能领域的政策法律法规体系更加完善，该体系的层次分级为：法律、行政法规、部门规章、政策文件。

在中央政府的带动下，各级地方政府也积极响应上级号召，根据本地区既有建筑节能改造的实际情况制订了相关政策法规。

以上多层次立体化的政策法规体系为既有建筑节能改造工作提供了良好的政策法规环境，成为在推进既有建筑节能改造工作道路上强有力保障。

3. 既有建筑节能改造在环境层上存在的问题

首先，进行既有建筑节能改造适应我国目前产业结构优化调整的方向和构建资源节约型、环境友好型社会的要求。作为节能减排工作的重要组成部分，既有建筑节能改造工作受到了国家的高度重视，这对于地方上推进既有建筑的节能改造工作给予了巨大支持。

其次，在构建建筑节能政策法律体系的过程中，还没有出现专门针对建筑节能改造的法律法规，无法为后续的既有建筑节能改造工作提供更加完善的法律保障。而且，目前国家经济激励政策的缺失也极大地削弱了各主体加入了既有建筑的节能改造工作的积极性。

## 三、既有建筑节能改造措施

### （一）不同地区的建筑节能改造技术应用

适宜技术理论中的因地、因时制宜思想十分可贵，具有十分重要的借鉴价值和指导意义。建筑节能不仅是技术问题，还综合了环境、经济、能源、文化等多方面的因素，更是经济问题和环境问题。因此建筑节能的推广，应以节能技术为基础，以合理的经济投入为手段，兼顾降低技术应用对环境造成的影响，选择适宜的建筑节能技术。

在进行决策时，必须首先考虑技术的“适应性”。所谓适应性包含很多因子：人员装备的先进性、气候的适宜性、当地经济能够承担的程度、设施对当期气候耐候性等等。如果经济条件不允许或者气候条件不适合，改造工程的投入就会完全打了水漂而无法产生应有的收益。我国气候水平差异极大，北方地区冬季严寒，中部地区夏热冬冷，而南方地区夏热冬暖；经济水平也是南方经济发展良好，而中西部经济总体发展水平低于南部沿海城市，不能一概而论。

目前我国的夏热冬冷地区涉及包括上海、江苏、浙江、安徽、福建、江西、湖北、湖南、重庆、四川及贵州省（市）等 14 个省（直辖市）的部分地区。对于上海、江苏、浙江等经济发达地区，能够提供更多的资金应用于建筑节能改造。

而在经济相对薄弱的江西、四川、贵州等省份，相应的经济发展水平较低。以维护结构来说，由于其是建筑物内部与室外进行热交换的直接媒介，对维护结构进行节能改造是提高建筑节能功效的核心之一。复合墙体技术自诞生以来到现阶段已经相对成熟，比较容易有效提高建筑的热工性能。当前存在的复合墙体保温法包括外保温、内保温、夹芯保温等三种形式。根据地区的经济发展水平和气候条件可以选择最为合适的墙体保温方式。使用价廉物美的新型节能材料可以有效减少建筑能耗，美国研究者通过外墙保温与饰面系统提高墙体的热阻值，此外加强密封性以减少空气进入，房屋的气密性约提高了 55%；而建筑保温绝热系统利用聚苯乙烯泡沫或聚亚氨酯泡沫夹心层填充板材，不但保温效果非常良好，由于其材料的特殊性也能获得较好的建筑强度，材料非常便宜易造，不会增加大量成本；隔热水泥模板外墙系统技术通过将废物循环利用，把聚苯乙烯泡沫塑料和水泥类材料制成模板并运用于墙体施工。此模板材料坚固易于养护且不具有导燃性，防火性能亦比较出色，故利用此种模板制作的混凝土墙体比传统木板或钢板搭建的墙体高出 50% 强度且具有防火和耐久的特点。

门窗起到空气通风以及人员进出的重要作用，所占的面积比例相较于墙壁来说十分微小。由于其独特作用，门窗的气密性不高，也受到强度、质量等因素的限制。因

此保温节能技术处理不同于墙壁和屋面，难度较大。根据研究统计，一般门窗的热损失占全部热损失的40%，包括传热损失和气流交换热损失。现阶段最常用的双层玻璃节能效果较好，在中空的内芯冲入氖气，不过相对成本较高。玻璃贴膜是一种较为经济方便的做法，通过贴上 low-e 膜，能够反射更多的太阳射线使其不进入屋内。不但如此，气密性的好坏也会影响门窗的整体性能，现阶段提高气密性较为容易的方法就是在门窗周边镶嵌橡胶或者软性密封条，防止空气对流导致的热交换。门的改造方式一般有加强门缝与门框缝隙的气密性，在门芯内填充玻璃棉板、岩棉板增加阻热性能等。注意，这些材料必须通过消防防火的检验。

建筑屋面节能措施。屋面是建筑物与外界进行热交换重要场所之一，特别是贴近顶楼的使用者会受到很大影响，为了达到良好的保温效果，选材时需注意选用导热小、蓄热大、容重小的材料；注意保温材料层、防水层。刚性表面的顺序，特别在极端气候地区更要注意；选用吸水率小的材料，并在屋面设置排气孔，保持保温材料与外界的隔绝性。通过攀岩植物，例如爬山虎在外立面上覆盖绿色植被，也是一种绿色环保的方法。缺点是容易生虫，给室内人们的居住带来一定不便。屋面施工容易损坏防水层，一般不宜进行大改，节能改造应该以局部改观为主。改造过程先修补防水层，然后在防水层上部进行节能材料的铺设。现阶段采用加气混凝土作为保温层，根据前文介绍保温层厚度通过当地气候条件以及房屋使用寿命和结构安全设定，最后在施工末期注意做好防水工艺，此种做法不会破坏原有屋面而且造价低廉，便于施工和维修。

绿色建筑用能研究。在新能源运用方面，各种干净绿色且取之不尽的资源为人们提供了新的能量来源：风能、太阳能、水能、地热能、沼气能等，在经济发展弱势的偏远地区非常实用。以风能与太阳能发电系统为例，太阳能电池白天发电并入当地电网将能量储存，晚上为人们提供用电需要，而且日常不需要投入太多精力用于运营维护；风能发电可以建在偏远山区或者高原地带，因为风能发电会产生一种影响人们生活的低频噪音，反而不适合在大城市使用；利用海风也是一种较为合理的能源运用方式：当大风来袭，人们可以将自然界的暴力转变成可以利用的资源，只要有风就能一天 24 小时不间断发电，发电效率较高；而地热能源也属于一种绿色环保的资源，从古代开始，人们就认识到温泉的可利用性，现代社会不但可利用高温地热能发电或者为人类用于采暖做饭，还可借助地源热泵和地道风系统利用低温地热能。现阶段的农村能源实用技术主要有以沼气为纽带的“一池三改”沼气池配套改圈、改厕、改厨和北方农村能源生态模式四位一体、高效预制组装架空炕连灶吊炕、被动式太阳能采暖房、太阳能热水器、生物质气化集中供气工程秸秆气化工程及大中型畜禽养殖场能源环境工程大中型沼气工程等。

## （二）既有建筑外墙外保温系统构造和技术优化

外墙外保温节能改造技术有一个十分明显的优势，几乎不影响室内人员的日常工作生活。因为大部分施工任务都是在外墙展开，也不会破坏室内原有的布局，除了可能产生一些噪声及安全方面的不便外屋内人员仍可以正常工作生活。同外墙内保温方式相比，外保温的热工性能较为突出，原因在于保温材料彼此搭接完整，降低了热桥现象，此外由于墙壁可以保持温度，不会产生结露的现象。如此一来整个建筑的结构就会处在相同温度中，不会受到室内外温差的影响。而室内外温差早晨的热胀冷缩应力变化会给结构增加更多压力，减少建筑物的使用寿命，因此外墙外保温相当于为建筑穿上一件“外衣”，可以增加建筑的寿命期。

1. EPS 板薄外墙外保温系统

EPS 板薄抹灰外墙外保温系统最内层为保温层施工的基层，通过在 EPS 保温板上涂抹粘胶剂将保温板粘在墙面的基层上，保温层施工完毕后覆盖上玻纤网增加薄抹灰层的强度防止开裂，接着就可以在薄抹灰层上涂刷饰面图层，施工简便，效果明显，对屋内人员生活影响很小。EPS 抹灰系统因其优越性在西方国家得到大量运用。

为保证施工质量，提高使用寿命，在对 EPS 板材施工前需要注意以下几个方面。

（1）粘贴 EPS 保温板的基层需要仔细清洁，除去泥灰、油渍等污物，以防在施工时因为基层不净使粘接的板材脱落，以便提高板材的黏接强度。

（2）粘贴板材时黏结剂的涂膜面积至少大于整个板材面积的 40%，否则会影响其使用寿命及强度。

（3）EPS 板应按逐行错缝的方式拼接，不要遗留松动或空鼓板，粘贴需要尽量牢固。

（4）拐角处 EPS 板通过交错互锁的方式结合。在边角及缝隙处利用钢丝网或者玻璃纤维网增加强度，变形缝处做防水处理以防渗水。门窗洞口四角处采用整块 EPS 板切割成形，不能使用边角料随意凑数。这些工法都能提高 EPS 板的黏接强度，有利于整个墙体的保温。

（5）此外还应当注意的是 EPS 板因为材料特性，刚成型时会有缓慢收缩的过程，聚苯乙烯颗粒在加热膨胀成型后会慢慢收缩，新板材最好放置一段时间后使用。

2. 胶粉 EPS 颗粒保温浆料外墙外保温系统

胶粉 EPS 保温系统的结构由基层、界面砂浆、EPS 保温浆料、抗裂砂浆面层、玻纤网、饰面层等组成。这种 EPS 保温砂浆系统可以用于外墙外保温施工而不是传统砂浆只能用于内保温，在施工现场搅拌机中就可制成，经过训练的泥水工便能进行施工，成本相对低廉且工艺简单，没有复杂的工序。对比保温板，保温砂浆的优势在于粘接度和强度较为优秀，且对气候的适应性也高于保温板。缺点在于该系统节能效果比 EPS 板和 XPS 板要差，且保温砂浆的发挥功效需要一定的厚度，成品质量和工人素质有直接关系，搅拌不均匀、施工涂抹不均匀或者偷工减料的情况都可能发生，影响保温效果。

3. 聚氨酯外墙保温技术

聚氨酯（PUF）是最近出现的一种高新材料，被广泛运用于国民生活的各个角落，称为“第五种塑料”。聚氨酯的优势较 EPS 保温板十分明显，它最大的特点是耐候性较好，不像一般的保温材料没有防水功能，聚氨酯材料具有良好的防潮性，能够阻隔水流渗透。这种材料特别适用于倒置屋面的改造或者是在较为潮湿的气候中使用；其导热系数小于 EPS 保温材料，在相同的保温效果下，需要的厚度仅有 EPS 材料的一半，减轻了外墙的负荷，因此它与外墙的胶粘程度也得以增强，提高材料的强度与抗风压能力；该材料也有防火性能，燃烧时也不会发生一般塑料那样的滴淌现象而是直接碳化，阻止火势蔓延；其还具有保温、防火、隔水等数种功能，使用寿命大于 25 年，维护便宜方便。此材料具有以上如此之多优点，价格也会高于传统保温材料，初始投资较高时需要慎重考虑。但综合整个使用寿命期考虑，产生效能较高且维护方便，性价比相较普通产品很好。

4. 无机玻化微珠保温技术

无机玻化微珠又被称作膨胀玻化微珠，由一种细小的玻璃质熔岩矿物质组成。这种材料的防火性能十分优秀，由于矿物质自身的材料特点具有不燃性。该材料施工方法类似于 EPS 保温砂浆，即将无机玻化微珠保温浆料现场搅拌制作涂抹于基层之上。其保温效果高于传统保温砂浆材料，但是强度不高，由于自身含有颗粒较多，2cm 以上就需要玻化网增加强度，否则就会开裂，而且吸水性非常大，最好制作砂浆时使用渗透型防水剂。

5. 外墙绿化技术

外墙绿化作为建筑节能措施已出现一段时间。古代巴比伦王国著名的空中花园也许是世界最早的外墙绿化植被建筑。中国现代最具特色的外墙绿化建筑当属广东顺德碧桂园新总部的写字楼：整个外墙均设立突出于外墙的花坛，在其中种植当地较为便宜且外形低矮的树木及花草，每个花坛均设立自动喷淋龙头，可以进行自动浇灌，大大减少了人工维护的难度。此外写字楼还设有自动雨水收集措施，广东地区的降雨较为频繁，通过搜集雨水进行浇灌，也减少了建筑物的使用成本。建筑整体形成一个天然氧吧，为内部工作人员提供新鲜空气，克服单一的藤本植物爬墙的绿化模式，堪称中国外墙绿化写字楼工程典范。

外墙绿化技术概念的提出已经有一段时间，但是推广程度仍然不高，究其原因就是它的施工较为麻烦。首先，需要在外墙建设花坛，填充种植的基土并且种植相应的树木，保证期成活率，越高的建筑物越难进行外墙绿化施工。其次，现阶段开发商为了缩短工期都会降低建筑的复杂程度，不愿意使用拥有外墙绿化的建筑。再次，外墙绿化最明显的缺点是植物的保养与清洁需要耗费一定人力财力，增加了建筑的使用成本，而一旦管理不善，破败的植物很容易对建筑的美观产生负面影响浪费投资。

## （三）屋面保温隔热改造技术

屋面节能技术种类较为丰富，现阶段较为推广的就是在屋面防水层与基层之间铺设保温层，比较新颖的技术有日本科学家研究的蓄水屋面（在屋面设立蓄水层，利用水的蒸发带走热量，水的来源可以利用雨水的收集）。蓄水技术在中国推广不高，除了技术不被熟知以外蓄水屋面对屋顶防水要求较高，工艺不过关可能导致屋顶漏水大大影响房屋使用功能。此外还有通风屋面技术，即利用空间形成的自然通风带走屋面热量，效能相对前两种较低，所以现在仍然采用施工简单、技术成熟的保温层铺设法，下面介绍几种常见的屋面结构：

1. 倒置式屋面

通常情况下屋面的防水层在上，而保温层在下，而倒置式屋面指将两者的位置相互颠倒。倒置式屋面的传热效应比较特殊，先通过保温层减弱屋顶温度的热交换过程，使得室外温度对屋面的影响度小于传统保温结构。所以屋面能够积蓄的热量较低，向室内散热也小。

倒置式屋面的大致施工流程为：基层清理→节点增强→蓄水试验→防水层检查→保温层铺设→保护层施工→验收。这种工艺的特殊之处在于将保温层放置在防水层之上，保温层直面各种天气，遇到潮湿多雨季节时容易吸收大量的水分发胀。如果不选取吸水较少的材料，在冬天一旦结冰就会胀坏保温材料，严重减少材料的使用寿命。吸水性弱的材料例如聚苯乙烯泡沫板、沥青膨胀珍珠岩等都是较为合理的选择。外面保护层可以使用混凝土、水泥砂浆或者瓦面、卵石等，使得屋面保温材料拥有一层“装甲”。

2. 通风屋面

通风屋面适用于夏季炎热多雨的地区。通风屋面能够快速促进水分蒸发而不至于使屋顶泡水发霉。现在中国广大地区都有架空屋面的痕迹，最容易的方法就是在屋顶上搭建一个架空层，除了有遮挡阳光的作用，形成的空间还能加速空气流动，甚至没有建造技术的业主都能自行搭建。经过设计添加的通风屋面主要是将预制水泥板架在屋顶之上形成架空层，遮挡阳光并加速通风。现已经实验得知，通风屋面和普通屋面使用相同热阻材料而搭建不同结构，热工性能完全不在同一水平。

3. 平屋面改坡屋面

“平改坡”屋面实际上就是将平行的屋顶改造成为具有一定坡度的屋顶，这种结构有利于屋顶排水且形成的空间在一定程度上有利于房屋的隔热效能。这种屋顶比较美观，选择合适的屋面装饰可以在城市中形成一道靓丽的风景线，缺点是施工相对复杂且会加大屋面结构的受力，如果是旧屋顶“平改坡”就需要特别注意一定在保证结构安全的前提下进行改造。现阶段有钢筋混凝土框架结构、实体砌块搭设结构等，用砌块搭建的结构太重，时间长了会使屋面发生形变破坏屋面防水结构甚至影响结构安全，因此尽量选取自重较轻且强度大的结构方式，例如轻钢龙骨结构。一般的轻型装配式钢结构自重非常轻，对结构造成的压力较小，“平改坡”屋面相同于外墙外保温施工工艺，不会对建筑内人员的起居造成影响，价格区间也有较大选择，预算不高可以选择最便宜的施工方法。

轻钢屋架施工方法指在原有屋面外墙的圈梁上打孔植筋，在此基础上浇筑一圈钢筋混凝土圈梁，两部分圈梁通过植筋连接为一体，新增加圈梁作为屋顶轻型钢架的支座。

4. 屋顶绿化

屋顶绿化作为新型的建筑节能改造技术，适合在降雨充沛的地区广泛推广。为了不增加屋顶的负荷，适宜采用人工基质取代天然土，将轻质模块化容器加以组合承担种植任务。屋顶绿化不需要大量人工维护，相较于外墙绿化措施较为简便且功效明显，可增加城市的绿化面积。

现在已经针对屋面绿化开发出的一次成坪技术和容器式模板技术成为热门，但将种植植被的容器减重有利于屋面结构的稳定。通过PVC无毒塑料制成的容器模块，集排水、渗透、隔离等功能为一体。在苗圃培养园区用复合基层培育植物，等到苗圃长到一定程度就可以直接安装使用，完成屋顶整体绿化。这种技术具有屋顶现场施工方便、快捷便于维护，枯萎植物只需要拿走容器更换新的即可，而且不会伤害屋顶保温、防水层面，不会对保温防水功能产生不利影响，从空中往下看可以看到非常美丽的“草坪”，有利于城市空气的净化。这种技术对于降水丰富的城市比较合适，植被可以在自然条件下良好生长而不需要耗费精力维护。国内研究人员经过试验表明：绿化屋顶的植被显著吸收了一部分太阳射线，并对屋顶实施了“绿色保护”。屋顶的积累温度小于没有附加绿化的普通屋顶，阻止热量向室内的扩散。屋顶绿化的缺点在于维护相对麻烦，植物需要专人的照料，基本只适用于平屋顶，不适用于气候干燥少雨或者层高过高、屋顶面积狭窄的建筑。

## （四）建筑外窗的节能改造技术

建筑外窗也是节能改造的重点之一。建筑围护结构中，窗户的传热和透气性都要高于一般墙壁，直接影响着建筑室内外的热交换，当然也决定建筑的全年能耗。窗户的优化节能改造的入手点即从构建的节能优化，在具体措施上可包括以下几个部分。

### 1. 将普通玻璃窗更换成节能玻璃窗

现阶段居民及公共建筑的外窗采用的大部分是普通玻璃，对太阳射线起不到阻隔作用，而且相应的气密性和热工性能也比较低下，室内热量很容易通过外窗进行热交换。因此比较合适的节能改造方式就是更换节能玻璃。现阶段最为推广的技术在于使用中空玻璃或者贴膜玻璃。中空玻璃的热工性能非常好，在双层玻璃中间间隔一层空气层（有时充入氩气），窗框与玻璃结合处有橡胶条封堵，能够有效阻隔室内外热量的交换。贴膜玻璃指的是在玻璃窗上贴上一层low-e薄膜，此膜能够有效反射太阳射线中的中远红外线，大大降低热辐射对房内温度的提升，而且能够使得可见光顺利通人室内，不会对照明产生影响，夏季房内不会过热，冬季不会结霜。它对紫外线的反射功效能够组织其对室内家具的伤害，防止褪色。Low-e中空玻璃能够将热工性能和热辐射反射功能良好的结合，提高房屋的保温效能，缺点在于造价成本远高于普通玻璃，需要选择性运用。

### 2. 在原有外窗的基础上进行改造

最常见的做法是在窗框周围加装密封条增强气密性，防止热交换。不过带来的效果也非常有限，优点是成本极低，十分方便。增强气密性的方法有安装橡胶密封条或者打胶，另一种方法是直接在原有玻璃上贴膜，增加对热辐射的反射功能，阻止房间温度的上升。此方法对于夏季光照强烈的地区十分有效。

## （五）建筑遮阳设施节能改造技术优化

在窗户周边增加遮阳板是一种相当容易并且有效的节能方案。遮阳板较为美观且安装容易，不但能够起到遮挡阳光的作用，还能够起到遮风挡雨的功效。遮阳板适合家庭安装，成本低，不需要维护。

板式遮阳安装于窗户周边，用于遮挡从不同方向射来的阳光。板式遮阳有普通水平式、折叠水平式，与百叶窗结合式以及百叶板式等，种类花样很多，均可以起到较好功效。遮阳板的设置主要根据阳光的入射角进行安装，例如南边朝向的房间就可以将遮阳板安装于窗户之上，能够遮挡从上方摄入的光线。现阶段比较先进的遮阳板可以利用结合部的铰链随时调整遮挡方向，非常方便。

遮阳板经过构思精巧的设计，甚至能够成为建筑物上别出心裁的亮点，例如，遮阳板通过不同方向的设置，保证了遮阳效果的发挥。为合理控制入光量，甚至可以通过在遮阳板上钻孔的方式让合理的日光射人房间而不会影响整体采光。除了直接运用板式遮阳以外还可以设置百叶窗的效果，百叶窗的窗页纤细轻柔，看上去比遮阳板更加美观。如果需要不会破坏整个建筑的外立面，也适合家庭或办公室采用。蓬式遮阳类似于板式遮阳，不过造型更为多变且美观，蓬式遮阳采取在龙骨外围蒙设骨架的结构，可以收放自如，价格也十分便宜。

但是，大部分蓬式遮阳因为其本身的材料原因导致使用寿命不长，通常在几年之后就会破损毁坏，因此不适合在大型公共场所使用。

# 第六章 建筑工程结构设计技术

## 第一节 建筑工程技术要求

### 一、建筑构造要求

#### （一）民用建筑构造要求

1. 民用建筑分类

建筑物通常按其使用性质分为：民用建筑及工业建筑。

民用建筑分为：居住建筑和公共建筑。

居住建筑包括住宅、公寓、宿舍等；公共建筑如图书馆、车站、办公楼、电影院、宾馆、医院等。

住宅建筑按层数分类：1～3层为低层住宅，4～6层为多层住甘7～9层（高度不大于27m）为中高层住宅，十层及之上或高度大于27m为高层住宅。

单层和多层建筑：除住宅建筑之外高度不大于24m的民用建筑；大于24m者为高层建筑（木包括高度大于24m的单层公共建筑）；超高层建筑：建筑高度大于100m的民用建筑。

按建筑物主要结构所使用的材料分类：木结构建筑、砖木结构建筑砖混结构建筑、钢筋混凝土结构建筑及钢结构建筑。

2. 建筑的组成

建筑物由结构体系、围护体系和设备体系组成。

（1）结构体系承受竖向荷载和侧向荷载，并将这些载简安全地传至地席。分为上部结构和地下结构；上部结构：基础以上部分的建筑结构（包括墙、柱、梁、屋顶等）；地下结构：建筑物的基础结构。

（2）围护体系：由屋面、外墙、门、街等组成，屋面、外墙向护出的内部空间，能够遮蔽外界恶劣气候的侵袭，同时也起到隔声的作用，从而保证使用人群的安全性和私密性。

（3）设备体系：通常包括给排水系统、供电系统和供热通风系统。根据需要还有防盗报警、灾害探测、自动灭火等智能系统。

3．民用建筑构造的影响因素

（1）荷载因素影响，荷载有结构自重、使用活荷载、风荷载、雪荷载、地震作用等。

（2）环境因素影响，包括自然因素和人为因素。

（3）技术因素影响，技术因索的影响主要是指建筑材料、建筑结构、施工方法等技术条件对于建筑建造设计的影响。

（4）建筑标准影响，建筑标准一般包括造价标准、装修标准、设备标准等方面。民用建筑区于一般标准的建筑，构造做法多为常规做法。

4．建筑构造设计的原则

坚固实用、技术先进、经济合理及美观大方。

5．民用建筑主要构造要求

（1）实行建筑高度控制区内建筑高度，应该按建筑物室外地面至建筑物和构筑物最高点的高度计算。

（2）非实行建筑高度控制区内建筑高度：平屋顶应按建筑物室外地而至其屋面面层或女儿墙顶点的高度计算；坡屋顶应按建筑物室外地面至屋檐和屋脊的平均高度计算；下列突出物不计入建筑高度内：局部突出屋而的楼梯间、电梯机房、水箱间等辅助用房占屋顶平面面积不超过1/4者，突出屋面的通风道、烟囱、通信设施和空调冷却塔等。

（3）不允许突出道路和用地红线的建筑突出物：

地下建筑及附属设施包括：结构挡土墙、挡土桩、地下室、地下室底板及其基础、化粪池。

地上建筑及附属设施包括：门廊、连廊、阳台、室外楼梯、台阶、坡道、花池、围墙、散水明沟、地下室进排风口、地下室出入口、集水井、采光井等。

经城市规划行政主管部门批准，允许突出道路红线的建筑突出物，应符合下列规定：

①在人行道路面上空：

A.2.50m以上允许突出的四窗、窗扇、窗节、空调机位，突出深度不应大于0.50m；

B.2.50m以上允许突出活动遮阳，突出宽度不应大于人行道宽成1m，并且不应大于3m；

C.3m以上允许突出雨篷、挑横，突出宽度不应大于2m；

D.5m以上允许突出雨篷，挑檐，突出深度不宜大于3m。

②在无人行道的道路路而上空，4m以上允许突出空调机位、窗罩，突出深度不

应大于0.50m。

（4）室内净高的计算：应按楼地面完成面至吊顶或楼板或梁底面之间的垂直距离计算；当楼盖、屋盖的下悬构件或管道底面影响有效使用空间者，应按楼地面完成而至下悬构件下缘或管道底面之问的垂直距离计算，地下室、局部夹层及走道等有人员正常活动的最低处的净高不应小于2m。

（5）地下室、半地下室应符合下列要求：严禁将幼儿、老年人生活用房设

在地下室或半地下室；居住建筑中的居室不应布置在地下室内；建筑物内的歌舞、娱乐、放映、游艺场所不应设置在地下二层及以下；当设置在地下一层时，地下一层地面与室外出入口地坪的高差不应大于10m。

（6）超高层用建筑，应设置避难层（间）。有人员正常活动的架空层及避难层的净高不应低于2m。

（7）台阶与坡道设置应符合：公共建筑室内外台阶踏步宽度不宜小于0.3m，踏步高度不宜大于0.15m，并不宜小于0.10m，室内台阶踏步数不应少于2级；高差不足2级时，应按坡道设置。室内坡道坡度不宜大于1∶8，室外坡道坡度不宜大于供轮椅使用的坡道不应大于1∶12，困难地段不应大于1∶8；自行车推行坡道每段坡长不宜超过6m，坡度不宜大于1∶5。

（8）阳台、外廊、室内回廊、内天井、上人屋面及室外楼梯等临空姓应设置防护栏杆，并应符合下列规定：临空高度在24m以下时，栏杆高度不应低于1.05m，临空高度在24m及24以上（包括中高层建筑）时，栏杆高度不应低于1.10m；住宅、托儿所、幼儿园、中小学及少年儿童专用活动场所的栏杆必须采用防止攀登的构造，当采用垂直杆件做栏杆时，其杆件净距不应大于0.11m。

（9）主要交通用的楼梯的梯段净宽通常按每股人流宽是0.55+（0～0.15）m的人流股数确定；梯段改变方向时，平台扶手处的最小宽度不应小于梯段净宽，并不得小于1.20m；每个梯段的踏步一般不应超过18级，亦不应少于3级；楼梯平台上部及下部过道处的净高不应小于2 m。梯段净高不宜小于2.20m；楼梯应至少于一侧设扶手，梯段净宽达三股人流时应两侧设扶手，达四股人流时应加设中间扶手。室内楼梯扶手高度自踏步前缘线量起不宜小于1.05m；有儿童经常使用的楼梯，梯井净宽大于0.20m时，必须采取安全措施；栏杆应采用不易攀登的构造，垂直杆件间的净距不应大于0.11m。

（10）墙身防潮应符合下列要求：砌体墙应在室外地面以上，位于室内地

面垫层处设置连续的水平防潮层；室内相邻地面打高差时，应在高差处墙身侧面加设防潮层；湿度大的房间的外墙或内墙内侧应设防潮层；室内墙面有防水、防潮、防污、防碰等要求时，应按使用要求设置墙裙。

（11）门窗与墙体应连接牢固，且满足抗风压、水密性及气密性的要求，对不同材料的门窗选择相应的密封材料。

（12）屋面面层均应采用不燃体材料，但一、二级耐火等级的不燃烧体屋面的基层上可采用可燃卷材防水层；屋面排水应优先采用外排水；高层建筑、多跨和集水面

积较大的屋面应采用内排水。采用架空隔热层的屋面，架空层不得堵塞；当屋面宽度大于10m时，应设通风屋脊。

## （二）建筑物理环境技术要求

### 1. 自然采光

（1）住宅至少应有一个居住空间能获得冬季日照。要获得冬季日照的居住空间的窗洞开口宽度不应小于0.60m。卧室、起居室（厅）、厨房应有天然采光。

（2）自然通风

每套住宅的自然通风开口面积不应小于地面面积的5%。卧室、起居室（厅）、厨房应有自然通风。

公共建筑外窗可开启面积不小于外窗总面积的30%；透明幕墙应具有可开启部分或设有通风换气装置；屋顶透明部分的面积不大于屋顶总面积的20%。

（3）人工照明

①光源的主要类别。热辐射光源有白炽灯和卤钨灯，优点为体积小、构造简单价格便宜；用在居住建筑和开关频繁、不允许有频闪现象的场所；缺点为散热量大、发光效率低、寿命短。

②光源的选择。开关频繁，要求瞬时启动和连续调光等场所，应该采用热辐射光源：有高速运转物体的场所宜采用混合光源。

应急照明包括疏散照明、安全照明和备用照明，必须选用能瞬时启动的光源。工作场所内安全照明的照度不宜低于该场所一般照明照度的5%；备用照明（不包括消防控制室、消防水泵房、配电室和自备发电机房等场所）的照度不宜低于一般照明照度的10%。

图书馆不宜采用具有紫外光、紫光和蓝光等短波辐射的光源。

长时间连续工作的办公室、阅览室及计算机显示屏等工作区域，宜控制光幕反射和反射眩光；在顶棚上的灯具不宜设置在工作位置的正前方，宜设在工作区的两侧，并使灯具的长轴方向与水平视线相平行。

### 2. 室内声环境——噪声

住宅卧室、起居室（厅）内噪声级：昼间卧室内的等效连续A占级不应大于45dB. 夜间卧室内的等效连续A声级不应大于37. dB；起居室（厅）的等效连续A声级不应大于45. dB，有噪声和振动的设备用房应采取隔声、隔振及吸声的措施，并对设备和管道采取减振和消声处理。

### 3. 室内热工环境

（1）建筑物耗热量指标

体形系数：建筑物与室外大气接触的外表面积$F_0$与其所包围的体积$V_0$的比值。严寒、塞冷地区的公共建筑体形系数应不大于0.40。建筑物的高度相同，其平面形式为圆形时体形系数最小，依次为正方形、长方形以及其他组合形式。体形系数越大，耗热量比值也越大。

（2）围护结构保温层的设置

外保温可降低墙或屋顶温度应力的起伏，提高结构的耐久性，可减少防水层的破坏；对结构及房屋的热稳定性和防止或减少保温层内部产生水蒸气凝结有利；使热桥处的热损失减少，防止热桥内表面局部结露。

内保温在内外墙连接以及外墙与楼板连接等处产生热桥，保温材料有可能在冬季受潮；中间保温的外墙也由于内外两层结构需要连接而增加热桥传热，间歇空调的房间宜采用内保温；连续空调的房间宜采用外保温，旧房改造，外保温的效果最好。

4. 室内空气质量

住宅室内装修设计宜进行环境空质量虽预评价。住宅室内空气污染物的活度和浓度限值为：氧不大于 200（Bq/m³），游离甲醛不大于 0.08（mg/m³），苯不大于 0.09（mg/m³），気不大于 0.2（mg/m³），TVOC 不大于 0.5（mg/m³）。

## （三）建筑抗震构造要求

1. 结构抗震相关知识

（1）抗震设防的基本目标——“小震不坏、中震可修、大震不倒”。

（2）建筑物的抗震设计根据其使用功能的重要性分为：甲、乙、丙、丁类四个抗震设防类别。

2. 框架结构的抗震构造措施

（1）震害表明：框架结构震害的严重部位多发生在框架梁柱节点和填充墙处；一般是柱的震害重于梁，柱顶的震害重于柱底，角柱的震害重于内柱，短柱的震害重于一般柱。

（2）梁抗震构造要求。梁的截面尺寸：截面宽度不应该小于 200mm；截面高宽比不宜大于 4；净跨与截面高度之比不宜小于 4。

（3）柱箍筋加密范围

①柱端为截面高度（圆柱直径）、柱净高的 1/6 和 1500mm 三者的最大值；

②底层柱的下端不小于柱净高的 1/3；

③刚性地面上下各 500mm；

④剪跨比不大于 2 的柱取全高。

3. 多层砌体房屋的抗震构造措施

（1）多层砖砌体房屋的构造柱构造要求。

①构造柱最小截面可采用 180mm×240mm，纵向钢筋宜采用 4 $\phi$ 12，箍筋间距不宜大于 250mm，且在柱上下端应适当加密；房屋四角的构造柱应适当加大截面及配筋。

②构造柱与墙连接处应砌成马牙槎，沿堵高每隔 500mm 设 2 $\phi$ 6 水平钢筋和巾 4 分布短筋平面内点焊组成的拉结网片或巾 4 点焊钢筋网片，每边伸入墙内不应小于 1m³。

③构造柱与圈梁连接处、构造柱的纵筋应在圈梁纵筋内侧穿过，保证构造柱纵筋上下粧通。

④构造柱可不单独设置基础，但应伸入室外地成下500mm，或与埋深小于500mm的基础圈梁相连。

⑤横墙内的构造柱间距不宜大于两倍层高；当外部纵墙开间大于3.9m时，应另设加强措施；内纵墙构造柱间距不宜大于4.2m。

（2）多层砖砌体房屋现浇混凝土圈梁的构造要求

①圈梁应闭合，遇有洞口圈梁成I：下搭接，圈梁宜与预制板设在同标高处或紧靠板底。

②圈梁的政面高度不应小于120mm，配筋不应少于4 $\phi$ 10；按规范要求增设的基础圈梁，截面高度不应小于180mm，配筋不应少于4 $\phi$ 12。

（3）多层小砌块房屋的芯柱构造要求

①芯柱截而不宜小于120mm×120mm，混凝土强度等级不应该低于Cb20。

②芯柱应伸入室外地面下500mm或与埋深小于500mm的基础圈梁相连。

③为提高墙体抗震受剪取载力而设置的芯柱，应该在墙体内均匀布置、最大净距不宜大于2.0m。

④多层小砌块房屋墙体交接处或者芯柱与墙体连接处应设置拉结钢筋网片。

# 第二节　建筑结构技术要求

## 一、房屋结构平衡技术要求

### （一）荷载的分类

1. 按随时间的变异分类

| 分类 | 定义 | 示例 |
| --- | --- | --- |
| 永久作用（永久荷载或恒载） | 结构使用期间，其值不随时间变化，或其变化与平均值相比可以忽略不计 | 固定隔墙的自重、水位不变的水压力、预应力、地基变形、混凝土收缩、钢材焊接变形、引起结构外加变形或约束变形的各种施工因素 |
| 可变作用<br>（可变荷载或活荷载） | 结构使用期同，其值随时间变化 | 楼面活荷载、屋面活荷载、积灰荷食、活动隔墙有重、安装荷载、车辆荷载，吊车荷载、风荷载、雪荷载、水位变化的水压力、温度变化等 |

2. 按荷载作用面大小分类

| 分类 | 定义 | 示例 |
|---|---|---|
| 均布面荷载 | 建筑物楼面或墙面上均匀分布的荷载 | 铺设的木地板、地砖、花岗石、大理石面层等 |
| 线荷载 | 建筑物原有的楼面或屋面上的各种面荷载传到梁或条形基础上时，可简化为单位长度上的分布荷载 | 封闭阳台 |
| 集中荷载 | 在建筑物原有的楼面或屋面上放置或悬挂较大物品时，其作用面积很小，可简化为作用于某一点的集中荷载 | 洗衣机、冰箱、空调机，吊灯等 |

3. 按荷载作用方向分类

垂直荷载：结构自重，雪荷载等；

水平荷载：风荷载和水平地震作用等。

### （二）平面力系的平衡条件

二力的平衡条件：两个力大小相等，方向相反，作用线相重合。

平面汇交力系的平衡条件：$\sum X=0$和$\sum Y=0$。

通常平面力系的平衡条件还要加上力矩的平衡，平面力系的平衡条件是$\Sigma X=0$，$\Sigma Y=0$和$\Sigma M=0$。

### （三）杆件的受力与稳定

1. 杆件的受力形式：拉伸、压缩、弯曲、剪切及扭转。

2. 结构杆件所用材料在规定荷载作用下，材料发生破坏时的应力称为强度。在相同条件下，材料强度高，结构承载力也高。

3. 杆件稳定的基本概念。

在工程结构中，受压杆件如果比较细长，受力达到一定的数值（这时一般未达到强度破坏）时，杆件突然发生弯曲，来引起整个结构的破坏，这种现象称为失稳。因此，受压杆件要有稳定的要求。

## 二、房屋结构的安全性、适用性及耐久性要求

### （一）结构的功能要求与极限状态

| 功能 | 概念 | 示例 |
| --- | --- | --- |
| 安全性 | 在正常施工和正常使用的条件下，结构能承受可能出现的各种荷戴作用和变形而不发生破坏；在偶然事件发生后，结构仍能保持必要的整体德定性 | 厂房结构平时受自重、吊车、风和积雪等荷载作用时，均应坚固不坏，而在遇到强烈地霊、爆炸等偶然事件时，容许有局部的损伤．但应保持结构的整体德定而不发生倒塌 |
| 适用性 | 在正常使用时，结构具有良好的工作性能 | 吊车梁变形过大会使吊车无法正常运行，水池出现裂缝便不能蓄水等寄要对变形，裂缝等进行必要的控制 |
| 耐久性 | 在正常锥护的条件下，结构能在预计的使用年限内满足各项功能要求 | 不致因混凝土的老化、腐蚀或钢簿的銹蚀等而影响站构的使用寿命 |

## （二）结构的安全性要求

### 1. 建筑结构安全等级

| 安全等级 | 破坏后果 | 建筑物类型 |
| --- | --- | --- |
| 一级 | 很严重 | 重要的房屋 |
| 二级 | 严重 | 一般的房屋 |
| 三级 | 不严重 | 次要的房屋 |

注：1. 对特殊的建筑物，其安全等级应根据具体情况另行确定；

2. 地基基础设计安全等级及按抗震要求设计时建筑结构的安全等级，尚且应符合国家现行有关规范的规定。

### 2. 建筑装饰装修荷载变动对建筑结构安全性的影响。

装饰装修施工过程中常见的荷载变动主要有：

①在楼面上加铺任何材料属于对楼板增加了面荷载；

②在室内增加隔墙、封闭阳台属于增加线荷载；

③在室内增加装饰性的柱子，特别是石柱，悬挂较大的吊灯，房间局部增加假山盆景，这些装修做法就是对结构增加了集中的荷载。

## （三）结构的适用性要求

### 1. 杆件刚度与梁的位移计算

梁的变形必是弯矩引起的弯曲变形。剪力所引起的变形很小，通常可以忽略不计。

### 2. 混凝土结构的裂缝控制

裂缝控制主要针对混凝土梁（受弯构件）及受拉构件。裂缝控制分为三个等级：

①构件不出现拉应力；

②构件虽有拉应力，但不超过混凝土的抗拉强度；

③允许出现裂缝，但裂缝宽度不超过允许值。

## （四）结构的耐久性要求

在正常维护条件下不需要进行大修就能完成预定功能的能力。

1. 结构设计使用年限。

**设计使用年限分类**

| 类别 | 设计使用年限（年） | 示例 |
|---|---|---|
| 1 | 5 | 临时性结构 |
| 2 | 25 | 易于普换的结构构件 |
| 3 | 50 | 普通房屋和构筑物 |
| 4 | 100 | 纪念性建筑和特别重要的建筑结构 |

2. 混凝上结构环境作用等级

**环境作用类别**

| 竟作用等级 | A | B | C | D | E | F |
|---|---|---|---|---|---|---|
| 环境类别 | 轻微 | 轻度 | 中度 | 严重 | 非常严重 | 极端严重 |
| 一般环境 | Ⅰ-A | Ⅰ-B | Ⅰ-C | | | |
| 冻融环境 | | | Ⅱ-C | Ⅱ-D | Ⅱ-E | |
| 海洋氛化物环境 | | | Ⅲ-C | Ⅲ-D | Ⅲ-E | Ⅲ-F |
| 除冰盐等其他凱化物环境 | | | Ⅳ-C | Ⅳ-D | Ⅳ-E | |
| 化学腐蚀环境 | | | Ⅴ-C | Ⅴ-D | Ⅴ-E | |

注：一般环境系指无冻融、象化物及其他化学腐蚀物质作用。

3. 混凝土结构耐久性的要求。

①混凝土最低的强度等级。

满足耐久性要求的混凝土最低强度等级

| 环境类别与作用等级 | 设计使用年限 | | |
|---|---|---|---|
| | 100年 | 50年 | 30年 |
| Ⅰ—A | C30 | C25 | C25 |
| Ⅰ-B | C35 | C30 | C25 |
| Ⅰ-C | C40 | C35 | C30 |
| Ⅱ-C | Ca35、C45 | Ca30、C45 | Ca30、C40 |
| Ⅱ-D | Ca40 | Ca35 | Ca35 |
| Ⅱ—E | Ca45 | Ca40 | Ca40 |
| Ⅲ-C、Ⅳ-C、Ⅴ-D、Ⅲ-D、Ⅳ-D | C45 | C40 | C40 |
| Ⅴ-D、Ⅲ-E、Ⅳ-E | C50 | C45 | C45 |
| Ⅴ-E、Ⅲ-F | C55 | C50 | C50 |

②保护层厚度。

要求设计使用年限为50年的钢筋混凝上及预应力混凝土结构，其纵向受力钢筋的混凝土保护层旧度不应该小于钢筋的公称直径，且应符合下表的规定。

一般环境中普通钢筋的混凝土保护层最小厚度c（mm）

| 构件类型<br>环境作用等级 | 极、墙 | | 梁、柱 | |
|---|---|---|---|---|
| | 混凝土强度等级 | C | 混凝土强度等级 | C |
| Ⅰ-A | ≥C25 | 20 | C25 | 25 |
| | | | ≥C30 | 20 |
| Ⅰ-B | C30 | 25 | C30 | 30 |
| | ≥C35 | 20 | ≥C35 | 25 |
| Ⅰ-C | C35 | 35 | C35 | 40 |
| | C40 | 30 | C40 | 35 |
| | ≥C45 | 25 | ≥C45 | 30 |

③水胶比、水泥用虽的要求。

对于一类、二类和三类环境中，设计使用年限为50年的结构混凝土，其最大水胶比、最小水泥用量、最低混凝土强度等级、最大氯离子含量以及最大碱含量，按照耐久性要求应符合有关规定。

（五）既有建筑的可靠度评定

1. 安全性评定：包括结构体系和构件布置、连接和构造、承载力三个评定项目。对承载力评定为不符合要求的结构或结构构件，应采取加固措施，必要时也可以提出限制使用的要求。

2. 适用性评定：在结构安全性得到保证的条件下，对影响结构正常使用的变形、裂缝、位移、振动等适用性问题，以现行结构设计标准的要求为依据进行评定。在下列情况下可根据实际情况调整或确定正常使用状态的限值：已出现明显适用性问题，但结构或构件尚未达到正常使用极限状态的限值；相关标准提出的质量控制指标不能准确反映结构适用性状态。

3. 耐久性评定：结构在环境作用下的正常使用极限状态限值或标志应按下列原则确定：结构件出现尚未明显影响承载力的表面损伤；结构构件材料的性能劣化，使得其产生脆性破坏的可能性增大。

# 第三节　建筑材料

## 一、常用建筑金属材料的品种、性能和应用

### （一）建筑钢材的主要钢种

钢材按化学成分分为碳素钢和合金钢两大类。碳素钢根据含碳量又可分为低碳钢（含碳量小于0.25%）、中碳钢（含碳量0.25%～0.6%）和高碳钢（含碳量大于0.6%）。合金钢是在炼钢过程中加入一种或多种合金元素，如硅（si）、锰（Mn）、钛（Ti）、钒(V)等而得的钢种。按合金元素的总含量合金钢又可分为低合金钢(总含量小于5%)、中合金钢（总含量5%～10%）和高合金钢（总含量大于10%）。

优质碳素结构钢钢材按冶金质量等级分为优质钢、高级优质钢（牌号后加“A”）和特级优质钢（牌号后加“E”）。优质碳素结构钢一般用于生产预应力混凝土用钢丝、钢绞线、锚具，以及高强度螺栓、重要结构的钢铸件等。低合金高强度结构钢的牌号与碳素结构钢类似，不过其质量等级分为A、B、C、D、E五级。主要用于轧制各种型钢、钢板、钢管及钢筋，广泛应用于钢结构和钢筋混凝土结构中，特别适用于各种重型结构、高层结构、大跨度结构及桥梁工程等。

## （二）常用的建筑钢材

### 1. 钢结构用钢

钢结构用钢主要有型钢、钢板和钢索等，其中型钢是钢结构中采用的主要钢材。钢板材包括钢板、花纹钢板、建筑用压型钢板和彩色涂层钢板等，钢板规格表示方法为“宽度 × 厚度 × 长度”（单位为 mm）。

### 2. 钢筋混凝土结构用钢

钢筋混凝土结构用钢主要品种有热轧钢筋、预应力混凝土用热处理钢筋、预应力混凝土用钢丝和钢绞线等。热轧钢筋是建筑工程钢筋用量最大的品种之一。

热轧光圆钢筋强度较低，与混凝土的粘结强度也较低，主要用作板的受力钢筋、箍筋以及构造钢筋。热轧带肋钢筋与混凝土之间的握裹力大，共同工作性能较好，是钢筋混凝土用的主要受力钢筋。

国家标准规定，有较高要求的抗震结构适用的钢筋除应满足以下①、②、③的要求外，其他要求与相对应的已有牌号钢筋相同。

①钢筋实测抗拉强度与实测屈服强度之比不小于 1.25；

②钢筋实测屈服强度与上表规定的屈服强度特征值之比不大于 1.30；

③钢筋的最大力总伸长率不小于 9%。

## （三）建筑钢材的力学性能

钢材的主要性能包括力学性能和工艺性能。其中力学性能是钢材最重要的使用性能，包括拉伸性能、冲击性能、疲劳性能等，工艺性能表示钢材在各种加工过程中的行为，包括弯曲性能和焊接性能。

### 1. 拉伸性能

建筑钢材拉伸性能的指标包括屈服强度、抗拉强度和伸长率。结构设计中钢材强度的取值依据是屈服强度。抗拉强度与屈服强度之比（强屈比）是评价钢材使用可靠性的一个参数。强屈比愈大，钢材受力超过屈服点工作时的可靠性越大，安全性越高；但强屈比太大，钢材强度利用率偏低浪费材料。

钢材在受力破坏前可以经受永久变形的性能，称为塑性。在工程应用中，钢材的塑性指标通常用伸长率表示。伸长率是钢材发生断裂时所能承受永久变形的能力。伸长率越大，说明钢材的塑性越大。试件拉断后标距长度的增量与原标距长度之比的百分比即为断后伸长率。对常用的热轧钢筋而言，还有一个最大力总伸长率指标要求。

### 2. 冲击性能

冲击性能是指钢材抵抗冲击荷载的能力。钢的冲击性能受温度的影响较大，冲击性能随温度的下降而减小；当降到一定温度范围时，冲击值急剧下降，从而使钢材出现脆性断裂，这种性质称为钢的冷脆性。

### 3. 疲劳性能

受交变荷载反复作用时，钢材在应力远低于其屈服强度的情况下突然发生脆性断裂破坏的现象，称为疲劳破坏。

## 二、掌握无机胶凝材料的性能及应用

无机胶凝材料按其硬化条件的不同又可分为气硬性及水硬性两类。只能在空气中硬化，也只能在空气中保持和发展其强度的称气硬性胶凝材料，如石灰、石膏和水玻璃等；既能在空气中，还能更好地在水中硬化、保持和继续发展其强度的称水硬性胶凝材料，如各种水泥，气硬性胶凝材料一般只适用于干燥环境中，而不宜用于潮湿环境，更不可用于水中。

### （一）石灰

1. 石灰的熟化与硬化。

生石灰（CaO）与水反应生成氢氧化钙（熟石灰，又称消石灰）的过程，称为石灰的熟化或消解（消化石）。

在大气环境中，石灰浆体中的氢氧化钙在潮湿状态下会与空气中的二氧化碳反应生成碳酸钙，并释放出水分，即发生碳化。

2. 石灰的技术性质。

（1）保水性好。在水泥砂浆中掺入石灰膏，配成混合砂浆，可显著提高砂浆的和易性。

（2）硬化较慢、强度低。

（3）耐水性差。石灰不宜在潮湿的环境中使用，也不宜单独用于建筑物基础。

（4）硬化时体积收缩大。除调成石灰乳作粉刷外，不宜单独使用，工程上通常要掺入砂、纸筋、麻刀等材料以减小收缩并节约石灰。

（5）生石灰吸湿性强。

### （二）石膏

石膏主要成分硫酸钙（$CaSO_4$），为气硬性无机胶凝材料。

1. 建筑石膏的技术性质

（1）凝结硬化快。石膏浆体的初凝和终凝时间都很短，一般初凝时间为几分钟至十几分钟，终凝时间在 0.5h 以内，大约一星期左右完全硬化。

（2）硬化时体积微膨胀。石膏浆体凝结硬化时不像石灰、水泥那样出现收缩。

（3）硬化后孔隙率高。

（4）防火性能好。

（5）耐水性和抗冻性差。不应该用于潮湿部位。

### （三）水泥

我国建筑工程中常用的是通用硅酸盐水泥。按混合材料的品种和掺量，通用硅酸盐水泥可分为硅酸盐水泥、普通硅酸盐水泥、矿渣硅酸盐水泥、火山灰质硅酸盐水泥、粉煤灰硅酸盐水泥和复合硅酸盐水泥。

1. 常用水泥的技术要求

（1）凝结时间：水泥的凝结时间分初凝时间和终凝时间。初凝时间是从水泥加水拌合起至水泥浆开始失去可塑性所需的时间，初凝时间不得短于45min；终凝时间是从水泥加水拌合起至水泥浆完全失去可塑性并开始产生强度所需的时间，硅酸盐水泥的终凝时间不得长于6.5h（其他五类常用水泥的终凝时间不得长于10h）。”

（2）体积安定性：水泥的体积安定性是指水泥在凝结硬化过程中，体积变化的均匀性。如果水泥硬化后产生不均匀的体积变化，即所谓体积安定性不良，就会使混凝土构件产生膨胀性裂缝，降低工程质量，甚至是引起严重事故。

（3）强度及强度等级：国家标准规定，采用了胶砂法来测定水泥的3d和28d的抗压强度和抗折强度。根据测定结果来确定该水泥的强度等级。

（4）其他技术要求：其他技术要求包括标准稠度用水量、水泥的细度及化学指标。通用硅酸盐水泥的化学指标有不溶物、烧失量、三氧化硫、氧化镁、氯离子和碱含量。碱含量属于选择性指标。水泥中的碱含量高时，如果配制混凝土的骨料具有碱活性，可能产生碱骨料反应，导致了混凝土因不均匀膨胀而破坏。

2. 常用水泥的特性及应用

| | 硅酸盐水泥 | 普通水泥 | 矿渣水泥 | 火山灰水泥 | 粉煤灰水泥 | 复合水泥 |
|---|---|---|---|---|---|---|
| 主要特性 | 凝结硬化快、早期强度高<br>水化热大<br>抗冻性好<br>耐热性差<br>耐蚀性差<br>干缩性较小 | 凝结硬化较快、早期强度较高<br>水化热较大<br>抗冻性较好<br>耐热性较差<br>耐蚀性较差<br>干缩性较小 | 凝结硬化慢，早期强度低，后期强度增长较快<br>水化热较小<br>抗冻性差<br>耐热性好<br>耐蚀性较好<br>干缩性较大<br>泌水性大、抗渗性差 | 凝结硬化慢、早期强度低，后期强度增长较快<br>水化热较小<br>抗冻性差<br>耐热性较差<br>耐蚀性校好<br>干缩性较大彻渗性较好 | 凝结硬化慢、早期强度低．后期强度增长较快<br>水化热较小<br>抗冻性差<br>耐热性较差<br>耐蚀性皎好<br>干缩性较小<br>抗裂性较高 | 凝结硬化慢、早期强度低，后期强度增长较快<br>水化热较小<br>抗冻性差<br>耐蚀性较好<br>其他性能与所掺入的两神或两种以上混合材料的加类．袴追有关 |

3. 水泥包装及标志

水泥可以散装或袋装，袋装水泥每袋净含量为50kg。水泥包装袋上应清楚标明：执行标准、水泥品种、代号、强度等级、生产者名称、生产许可证标志（QS）及编号、出厂编号、包装日期、净含量，散装发运时应提交与袋装标志相同内容的卡片。

## 三、混凝土（含外加剂）的技术性能和应用

普通混凝土（以下简称混凝土）一般是由水泥、砂、石和水所组成。为改善混凝土的某些性能，还常加入适量的外加剂和掺合料。

## （一）混凝土的技术性能

### 1. 混凝土拌合物的和易性

和易性是指混凝土拌合物易于施工操作（搅拌、运输、浇筑、捣实）并能获得质量均匀、成型密实的性能，又称工作性，和易性是一项综合的技术性质，包括流动性、黏聚性和保水性。

用坍落度试验来测定混凝土拌合物的坍落度或坍落扩展度，作为流动性指标，坍落度或坍落扩展度愈大表示流动性愈大。

对坍落度值小于10mm的干硬性混凝土拌合物，则用维勃稠度试验测定其稠度作为流动性指标，稠度值愈大表示流动性愈小，混凝土拌合物的黏聚性和保水性主要通过目测结合经验进行评定。

影响混凝土拌合物和易性的主要因素包括单位体积用水量、砂率、组成材料的性质、时间和温度等。单位体积用水量决定水泥浆的数量和稠度，它是影响混凝土和易性的最主要因素。砂率是指混凝土中砂的质量占砂及石总质量的百分率。

### 2. 混凝土的强度

（1）混凝土立方体抗压强度。边长为150mm的立方体，在标准养护条件下（温度20℃ ±2℃，相对湿度95%以上），养护到28d龄期，测得的抗压强度值为混凝土立方体试件抗压强度，以fcu表示，单位为N/mm2（MPa）。

（2）混凝土立方体抗压标准强度与强度等级。混凝土立方体抗压标准强度（或称立方体抗压强度标准值）是指按标准方法制作和养护的边长为150mm的立方体试件，在28d龄期，用标准试验方法测得的抗压强度总体分布中具有不低于95%保证率的抗压强度值，以fcu，k表示。C30即表示混凝土立方体抗压强度标准值30MPa ≤ fcuk＜＜35MPa。

（3）混凝土的轴心抗压强度。轴心抗压强度的测定采用150mm×150mm× 300mm棱柱体作为标准试件。轴心抗压强度fc=（0.70～0.80）fcu。

（4）混凝土的抗拉强度。混凝土抗拉强度ft只有抗压强度的1/10～1/20，且随着混凝土强度等级的提高，该比值有所降低。

（5）影响混凝土强度的因素

影响混凝土强度的因素主要有原材料及生产工艺方面的因素。原材料方面的因素包括：水泥强度与水胶比，骨料的种类、质量和数量，外加剂和掺合料；生产工艺方面的因素包括：搅拌与振捣，养护的温度和湿度龄期。

### 3. 混凝土的耐久性

混凝土的耐久性是指混凝土抵抗环境介质作用并长期保持其良好使用性能和外观完整性的能力。它是一个综合性概念，包括抗渗、抗冻、抗侵蚀、碳化、碱骨料反应及混凝土中的钢筋锈蚀等性能，这些性能均决定着混凝土经久耐用的程度，故称为耐久性。

（1）混凝土的抗渗性，直接影响到混凝土的抗冻性和抗侵蚀性，主要与其密实度及内部孔隙的大小和构造有关。

（2）混凝土的碳化（中性化）。混凝土碳化是环境中的二氧化碳与水泥石中的氢氧化钙作用，生成碳酸钙和水。碳化使混凝土的碱度降低，削弱混凝土对钢筋的保护作用，可导致钢筋锈蚀；碳化显著增加混凝土收缩，使混凝土抗压强度增大，但可能产生细微裂缝，而使混凝土抗拉、抗折强度降低。

（3）碱骨料反应。碱骨料反应是指水泥中的碱性氧化物含量较高时，吸水后会产生较大的体积膨胀，导致混凝土胀裂的现象，影响混凝土的耐久性。

## （二）混凝土外加剂、掺合料的种类与应用

### 1. 外加剂的分类

混凝土外加剂种类繁多，功能多样，按其主要使用功能分为以下四类：

（1）改善混凝土拌合物流变性能的外加剂。包括各种减水剂、引气剂和泵送剂等。

（2）调节混凝土凝结时间、硬化性能的外加剂。包括缓凝剂、早强剂和速凝剂等。

（3）改善混凝土耐久性的外加剂。包括引气剂、防水剂和阻锈剂等。

（4）改善混凝土其他性能的外加剂。包括膨胀剂、防冻剂、着色剂、防水剂和泵送剂等。

### 2. 外加剂的应用

（1）混凝土中掺入减水剂，若不减少拌合用水量，能显著提高拌合物的流动性；当减水而不减少水泥时，可提高混凝土强度；若减水的同时适当减少水泥用量，就可节约水泥。同时，混凝土的耐久性也能得到显著改善。

（2）早强剂可加速混凝土硬化和早期强度发展，缩短养护周期，加快施工进度，提高模板周转率，多用于冬期施工或紧急抢修工程。

（3）缓凝剂主要用于高温季节混凝土、大体积混凝土、泵送与滑模方法施工以及远距离运输的商品混凝土等，不宜用于日最低气温5℃以下施工的混凝土，也不宜用于有早强要求和蒸汽养护的混凝土。

（4）引气剂是在搅拌混凝土过程中能引入大量均匀分布、稳定而封闭的微小气泡的外加剂。引气剂可改善混凝土拌合物的和易性，减少泌水离析，并能提高混凝土的抗渗性和抗冻性。″同时，含气量的增加，混凝土弹性模量降低，对提高混凝土的抗裂性有利。由于大量微气泡的存在，混凝土的抗压强度会有所降低。引气剂适用于抗冻、防渗、抗硫酸盐及泌水严重的混凝土等。

### 3. 混凝土掺合料

在混凝土拌合物制备时，为了节约水泥、改善混凝土性能、调节混凝土强度等级，而加入的天然的或者人工的能改善混凝土性能的粉状矿物质，统称为混凝土掺合料。

通常使用的掺合料多为活性矿物掺合料。在掺有减水剂的情况下，能增加新拌混凝土的流动性、黏聚性、保水性、改善混凝土的可泵性降低混凝土的水化热。综合以上性能，活性矿物掺合料的加入能提高硬化混凝土的强度和耐久性。

## 四、掌握砂浆及砌块的技术性能和应用

### （一）砂浆

1. 砂浆的组成材料

包括胶凝材料、细集料、掺合料、水及外加剂。

（1）胶凝材料。建筑砂浆常用的胶凝材料有水泥、石灰和石膏。

（2）细集料。对于砌筑砂浆用砂，优先选用中砂，既可满足和易性要求，又可节约水泥。毛石砌体宜选用粗砂。

2. 砂浆的主要技术性质

（1）流动性（稠度）。砂浆的流动性指砂浆在自重或外力作用下流动的性能，用稠度表示。稠度是以砂浆稠度测定仪的圆锥体沉入砂浆内的深度（单位为mm）表示。圆锥沉入深度越大，砂浆的流动性越大。

影响砂浆稠度的因素有：所用胶凝材料种类及数量；用水量；掺合料的种类与数量；砂的形状、粗细与级配；外加剂的种类与掺量；搅拌时间。

（2）保水性。指砂浆拌合物保持水分的能力，砂浆的保水性用分层度表示，砂浆的分层度不得大于30mm。

（3）砌筑砂浆的强度等级。砌筑砂浆的强度用强度等级来表示。砂浆强度等级是以边长为70.7mm的立方体试件，在标准养护条件下，用标准试验方法测得28d龄期的抗压强度值（单位为MPa）确定，可以分为M30、M25、M20、M15、M10、M7.5、M5七个等级。

立方体试件以3个为一组进行评定，取3个试件测得的算术平均值；当3个值得最大值或最小值与中间值的差值超过中间值的15%时，取中间值；当最大值和最小值与中间值的差值同时超过中间值的15%时，则该组试件的试验结果无效。

影响砂浆强度的因素：组成材料、配合比、施工工艺、施工及硬化时的条件、砌体材料吸水率等。

### （二）砌块

砌块按主规格尺寸可分为小砌块、中砌块和大砌块。空心率小于25%或无孔洞的砌块为实心砌块；空心率大于或等于25%的砌块为空心砌块。

砌块通常又可以按照其所用主要原材料和生产工艺命名，如水泥混凝土砌块、加气混凝土砌块、粉煤灰砌块、烧结砌块和石膏砌块等。

1. 普通混凝土小型砌块

普通混凝土小型砌块出厂检验项目有尺寸偏差、外观质量、最小壁肋厚度及强度等级；空心砌块按其强度等级分为MU5.0、MU7.5、MU10、MU15、MU20和MU25六个等级；实心砌块按其强度等级分为MU10、MU15、MU20、MU25、MU30、MU35和MU40七个等级。

普通混凝土小型空心砌块作为烧结砖的替代材料，可用于承重结构和非承重结构。如果利用砌块的空心配置钢筋，可用于建造高层砌块建筑。

混凝土砌块的吸水率小（一般为14%以下），吸水速度慢，砌筑前不允许浇水，以免发生“走浆”现象，影响砂浆饱满度和砌体的抗剪强度。但在气候特别干燥炎热时，可在砌筑前稍喷水湿润。与烧结砖砌体相比，混凝土砌块墙体较易产生裂缝，应注意在构造上采取抗裂措施。另外，还应注意防止外墙面渗漏，粉刷时要作好填缝，并压实、抹平。

2. 轻集料混凝土小型空心砌块

与普通混凝土小型空心砌块相比，轻集料混凝土小型空心砌块密度较小、热工性能较好，但干缩值较大，使用时更容易产生裂缝，目前主要用于非承重的隔墙和围护墙。按强度用MU3.5、MU5.0、MU7.5、MU10.0和IMU15五个等级。

3. 蒸压加气混凝土砌块

加气混凝土砌块广泛用于一般建筑物墙体，还用于多层建筑物的非承重墙及隔墙，也可用于低层建筑的承重墙。体积密度级别低的砌块还用于屋面保温。

## 五、掌握建筑饰面石材和建筑陶瓷的特性及应用

### （一）天然花岗石

花岗石构造致密、强度高、密度大、吸水率极低、质地坚硬及耐磨，为酸性石材，因此其耐酸、抗风化、耐久性好，使用年限长。

花岗石板材主要应用于大型公共建筑或装饰等级要求较高的室内外装饰工程。花岗石因不易风化，外观色泽可保持百年以上，因此粗面和细面板材常用于室外地面、墙面，特别适宜做大型公共建筑大厅的地面。

### （二）天然大理石

大理石质地密实、抗压强度较高、吸水率低、质地较软，属中硬石材。天然大理石板材是装饰工程的常用饰面材料。一般用于宾馆、展览馆、剧院、商场、图书馆、机场、车站等工程的室内墙面、柱面等部位。大理石耐酸、耐腐蚀性能较差，一般只适用于室内。

### （三）建筑陶瓷

陶瓷砖按材质特性分类，可分为瓷质砖（吸水率不大于5%）和焰瓷砖（0.5%e小于吸水率不大于3%），称为Ⅰ类砖（基本属于瓷质）；细炻砖（3%小于吸水率不大于6%）和炻质砖（6%小于吸水率不大于10%），称为Ⅱ类砖（基本属于炜质）；将陶质砖（吸水率大于10%）称为Ⅲ类砖。

釉面内墙砖的性能要求除无耐磨性、抗冲击性、抗冻性、摩擦系数要求外，其他要求同墙地砖。釉面内墙砖主要用于民用住宅、宾馆、医院、实验室等要求耐污，耐腐蚀，耐清洗的场所或部位。既有明亮清洁之感，又能保护基体，延长使用年限。用于厨房的墙面装饰，不但清洗方便，还兼有防火功能。

陶瓷卫生产品根据材质分为瓷质卫生陶瓷（吸水率要求不大于0.5%）和陶质卫

生陶瓷（吸水率大于或等于 8.0%、小于 15.0%）。

1. 陶瓷卫生产品的主要技术指标是吸水率，它直接影响到了洁具的清洗性和耐污性。

2. 耐急冷急热要求必须达到标准要求。

3. 节水型和普通型坐便器的用水量（便器用水量是指一个冲水周期所用的水量）分别不大于 6L 和 9L，节水型和普通型蹲便器的用水量分别不大于 8L 和 11L，节水型和普通型小便器的用水量分别不大于 3L 和 5L。

4. 卫生洁具要有光滑的表面，不宜玷污且宜清洁。便器与水箱配件应成套供应。

5. 便器安装要注意排污口安装距（下排式便器排污口中心至完成墙的距离；后排式便器排污口中心至完成地面的距离）。

6. 水龙头合金材料中的铅含量愈低愈好（有的产品铅含量已降到 0.59% 以下）。

## 六、木材及木制品的特性及应用

木材的含水率与湿胀干缩变形

木材的含水量用含水率表示，指木材所含水的质量占木材干燥质量的百分比。影响木材物理力学性质和应用的最主要的含水率指标是纤维饱和点及平衡含水率。

纤维饱和点是木材仅细胞壁中的吸附水达饱和而细胞腔和细胞间隙中无自由水存在时的含水率。

木材仅当细胞壁内吸附水的含量发生变化时才会引起木材的变形，即湿胀干缩变形。

木材的变形在各个方向上不同，顺纹方向最小，径向较大且弦向最大。

湿胀干缩变形会影响木材的使用特性。干缩会使木材翘曲、开裂、接榫松动、拼缝不严，湿胀可造成表面鼓凸，所以木材在加工或使用前应预先进行干燥，使其含水率达到或接近与环境湿度相适应的平衡含水率。

## 七、玻璃的特性及应用

### （一）净片玻璃

未经深加工的平板玻璃，也称为白片玻璃。

净片玻璃有良好的透视、透光性能。对太阳光中热射线的透过率较高，但对室内墙、顶、地面和物品产生的长波热射线却能有效阻挡，可产生明显的“暖房效应”，夏季空调能耗加大；太阳光中紫外线对净片玻璃的透过率较低。

净片玻璃的另外一个重要用途是作深加工玻璃的原片。

### （二）装饰玻璃

装饰玻璃包括以装饰性能为主要特性的彩色平板玻璃、釉面玻璃、压花玻璃、喷花玻璃、乳花玻璃、刻花玻璃且冰花玻璃等。

### （三）安全玻璃

安全玻璃包括钢化玻璃、防火玻璃和夹层玻璃。

钢化玻璃机械强度高，抗冲击性也很高，弹性比普通玻璃大得多，热稳定性好，在受急冷急热作用时，不易发生炸裂，碎后不易伤人。

防火玻璃按耐火性能指标分为隔热型防火玻璃（A类）和非隔热型防火玻璃（C类）两类。防火玻璃按耐火等级可以分为5级，耐火时间分别对应≥3h，≥2h，≥1.5h，≥1h，≥0.5h。

夹层玻璃是在两片或多片玻璃原片之间，用来PVB（聚乙烯醇缩丁醛）为主的中间材料经加热、加压粘合而成的平面或曲面的复合玻璃制品。层数有2、3、4、5层，最多可达9层。夹层玻璃透明度好，抗冲击性能高，玻璃破碎不会散落伤人。适用于高层建筑的门窗、天窗、楼梯栏板和有抗冲击作用要求的商店、银行、橱窗、隔断及水下工程等安全性能高的场所或部位等，夹层玻璃不能切割，需要选用定型产品或按尺寸定制。

### （四）节能装饰玻璃

包括着色玻璃、镀膜玻璃和中空玻璃

1. 阳光控制镀膜玻璃是对太阳光中的热射线具有一定控制作用的镀膜玻璃。其具有良好的隔热性能，可以避免暖房效应，节约室内降温空调的能源消耗。具有单向透视性，故又称为单反玻璃。

2. 中空玻璃的性能特点为光学性能良好，且由于玻璃层间干燥气体导热系数极小，露点很低，具有良好的隔声性能。中空玻璃主要用于保温隔热、隔声等功能要求的建筑物，如宾馆、住宅、医院、商场、写字楼等幕墙工程。

## 八、防水材料的特性和应用

防水材料是土木工程防止水透过建筑物结构层而使用的一种建筑材料。常用的防水材料有四类：防水卷材、建筑防水涂料、刚性防水材料及建筑密封材料。

### （一）防水卷材

防水卷材分为SBS、APP改性沥青防水卷材，聚乙烯丙纶（涤纶）防水卷材，PVC、TPO高分子防水卷材，自粘复合防水卷材等。

防水卷材SBS、APP改性沥青防水卷材具有不透水性能强，抗拉强度高，延伸率大，耐高低温性能好，施工方便等特点。适用于工业与民用建筑的屋面、地下等处的防水防潮以及桥梁、停车场、游泳池及隧道等建筑物的防水。

### （二）建筑防水涂料

防水涂料在常温下是一种液态物质，将它涂抹在基层结构物的表面上，能形成一层坚韧的防水膜，从而起到防水装饰和保护的作用。防水涂料可分为JS聚合物水泥基防水涂料、聚氨酯防水涂料、水泥基渗透结晶型防水涂料，其中水泥基渗透结晶型防水涂料是一种刚性防水材料。

### （三）刚性防水材料

刚性防水材料通常指防水砂浆与防水混凝土，俗称刚性防水。建筑密封材料建筑密封材料是一些能使建筑上的各种接缝或裂缝、变形缝（沉降缝、伸缩缝、抗震缝）保持水密、气密性能，并且具有一定强度，能连接结构件的填充材料。常用的建筑密封材料有硅酮、聚氨酯、聚硫及丙烯酸酯等密封材料。

## 九、其他常用建筑材料的特性和应用

### （一）塑料管道

1. 硬聚氯乙烯（PVC-U）管，主要用于给水管道（非饮用水）、排水管道、雨水管道。

2. 氯化聚氯乙烯（PVC-C）管，主要用于冷热水管、消防水管系统、工业管道系统。

3. 无规共聚聚丙烯管（PP-R 管）。主要应用于饮用水管、冷热水管。

4. 丁烯管（PB 管）。应用于饮用水、冷热水管。

5. 交联聚乙烯管（PEX 管）。PEX 管主要用于地板辐射采暖系统的盘管.

6. 铝塑复合管。应用于饮用水管和冷和热水管。

### （二）建筑涂料

涂料是指应用于物体表面而能结成坚韧保护膜的物料的总称。

1. 内墙涂料

苯－丙乳胶漆有良好的耐候性、耐水性、抗粉化性。色泽鲜艳、质感好，由于聚合物粒度细，可制成有光型乳胶漆，属于中高档建筑内墙涂料，与水泥基层附着力好，耐洗刷性好，可以用于潮气较大的部位。

2. 外墙涂料

丙烯酸酯外墙涂料有良好的抗老化性、保光性、保色性，不粉化，附着力强，施工温度范围（0℃以下仍可干燥成膜）。但该种涂料耐污性较差，因此常利用其与其他树脂能良好相混溶的特点，将聚氨酯、聚酯或有机硅对其改性制得丙烯酸酯复合型耐玷污性外墙涂料，综合性能大大改善，得到广泛应用，施工时基体含水率不应超过 8%，可以直接在水泥砂浆和混凝土基层上进行涂饰。

# 第四节　结构设计

## 一、结构体型

### （一）平面形状、偏心距

1. 平面形状

一般的多层建筑在设计时，建筑体型的影响不大，但高层建筑则不同，建筑体型影响较大。建筑体型直接关系到结构的可行性及经济性。复杂的外形平面，使楼盖在其自身平面内的刚度多处发生变化，建筑物的水平力合力中心与刚度中心偏离，容易使建筑物产生扭转。平面形状转折处，往往产生应力集中，加大结构中某些构件和节点的内力。

当结构单元长度过大时，容易产生较大的温度应力，在地震时，建筑物两端亦可能发生不同的地震运动，对上部结构产生不利影响。

高层建筑的建筑平面，一般可设计成矩形、方形、圆形、Y形、L形、十字形、井字形等。从抗风的角度看，具有圆形、椭圆形等流线型周边的建筑物所受的风荷载较小；从抗震的角度看，平面对称，结构抗侧刚度均匀，平面高宽比较接近，则其抗震性能好。

高层建筑的平面及体型虽然形形色色，但其主导体型，不外乎板式及塔式两大类。板式建筑指建筑物宽度较小，长度较大的体型；塔式建筑则指建筑平面外轮廓的总长度与总宽度相接近的建筑。

板式建筑的优点是房间的采光效果较好，房间面积利用率高，但是板式建筑短边方向的侧向刚度小，对高度较大的高层建筑不利，高度越高，越要避免长宽比（L/B）很大的平板式平面。必要时，可做成曲线或折线形，以增加短边方向刚度。

塔式建筑平面形状多，例如圆形、方形，长宽接近的矩形、三角形、Y形、十字形等。塔式建筑在高层建筑中颇为普遍，尤其当高度较大时的高层建筑几乎都是塔式的。

建筑的平面形状应力求简单、规则，尽量地使结构抗侧刚度中心、建筑平面形心、建筑物质量中心重合，以减少扭转影响。

2. 偏心距

刚度中心指在近似法计算中指各抗侧结构抗侧移刚度的中心。质心指地震力合力的合力作用点。偏心距指近似计算法中，水平力作用线与刚度中心之间的距离（亦即质心与刚心之间的距离）。

复杂的外形平面，使楼盖在其自身平面内的刚度多处发生变化，建筑物的水平力

合力中心与刚度中心偏离，容易使建筑物产生扭转，扭转增加了结构受力的复杂性，尤其在地震时，其影响更为严重。国内外震害表明，结构的扭转振动作用，往往加重其破坏程度，有时甚至成为建筑物倒塌的主要因素。扭转作用的精确计算十分困难，因此，工程设计中尽量从概念设计方面去解决，刚度中心和水平力作用线间距离应限制在 0.05L 内（L——垂直于水平力方向建筑物的长度）。

（二）立面形状

在建筑物的竖向，可做成各种形状，上下相同或向上略微减小的体形比较有利。震区的建筑物，其竖向体型应力求规则、均匀和连续，要尽可能避免刚度突变和结构不连续，避免有过大的外挑和内收。各抗侧力构件所负担的楼层质量沿高度方向无剧烈变化，由上而下，各抗侧力构件的抗推刚度和承载力逐渐加大，并与各构件所负担的水平剪力、弯矩和轴力成比例地增大。避免错层和局部夹层，同一层的楼面应尽量设置在同一标高处，在建筑物的底部、中部或顶部，常由于建筑使用上的要求而布置大空间，这时既要尽量使竖向结构层间总刚度上下均匀，避免突变，又要加强上下层楼盖结构刚度，加强各抗侧力结构之间的联系，以保证水平剪力在各种抗侧力结构之间的传递。对于阶梯形建筑和有塔楼的建筑，由于地震中高振型的影响，在阶梯形建筑上阶部分的根部和塔楼的根部，将产生应力集中并造成开裂破坏，因而，应注意上下两段交接处的连接构造，尽可能使刚度逐渐减小，不应突变。

结构楼层层间抗侧力结构的承载力（指所考虑的水平地震作用方向上，该层全部柱及剪力墙的屈服抗剪强度之和），不宜小于上一层的 80%，不应小于上一层的 65%，顶层取消部分墙、柱形成空旷房间，底部采用部分框支剪力墙或中部楼层部分剪力墙被取消后，由于竖向刚度变化，应进行计算并采取有效构造措施，防止因为刚度和承载力变化而产生不利影响。

高层结构宜设置地下室，设置地下室有如下结构功能：

第一，利用土体的侧压力防止水平力作用下结构的滑移、倾覆。

第二，减小土的重量，降低地基的附加压力，增加建筑物层数。

第三，提高地基土的承载能力。

第四，减少地震作用对上部结构的影响，提高抗震能力。

（三）总高度

一般而言，建筑物越高，它所受到的地震作用及倾覆力矩越大，遭受破坏的可能性也越大。国内外震害调查表明，地震区 RC 建筑物的总高度是确定结构选型的重要因素之一，这类建筑物的高度限值与地震烈度、场地条件和结构体系类型有关。烈度越高、场地类别越大，地震作用效应越大。据震害调查及以往设计经验，考虑经济效果等因素，各类结构体系的适用最大高度。

## 二、结构总体布置

### （一）总原则

高层建筑结构的总体布置，系指其对高度、平面、立面和体型等的选择。高层结构总体布置原则为：必须同时满足建筑、施工及结构 3 个方面的要求。

建筑方面：应考虑建筑使用功能，包括服务设施所提出的要求，对确定开间、进深、层高、层数、平面关系和体型等，都有着直接的关系。满足使用要求，小但要方便，还要合理、经济，包括服务设施的使用效率要高，投资和维持费用要低。此外，尚应考虑美学要求。

施工方面：要尽量采用先进施工技术，提高工业化程度，且应便于施工，以达到经济合理的目的。

结构方面：应满足强度、刚度、稳定性和耗能能力要求。在高层的设计中，首要的是选择适当的结构体系，结构体系确定后，结构总体布置应结合建筑设型和合理的传力路线。结构体系受力性能与技术经济指标能否达到先进、合理，与结构布置密切相关。

理论和实践均证明，一个工程设计，要达到安全适用、技术先进、经济合理、保证质量的要求，往往不能仅靠力学分析来解决，一些复杂的部位常常无法进行精确计算，特别是地震区的建筑物。地震动是一种随机振动，影响因素众多，故其计算分析难以准确，有鉴于此，概念设计至关重要，结构总体布置就是概念设计中的主要部分。

建筑物的动力性能与建筑布局和结构布置相关，凡是建筑布置简单合理，结构布置符合抗震设计原则，从设计一开始就把握好地震能量输入、房屋体型、结构体系、刚度分布、延性等几个主要方面，从根本上消除建筑结构中抗震薄弱环节，并配合必要的抗震计算和构造措施，就可从根本上保证建筑物具有良好的抗震性能。反之，建筑布局奇特、复杂，结构布置存在薄弱环节，即使进行精细的地震反应分析，在构造上采用补强措施，也不一定能达到减轻震害的预期目的，甚至影响安全。

因此，建筑结构的总体布置，是从根本上改善结构整体的地震反应和提高抗震能力的重要措施，是抗震概念设计的重要一环，设计者应予以充分重视。

结构总体布置时需考虑以下方面：

1. 高度

建筑物的高度是设计中的一个敏感指标，高度越高，建筑物所受到地震作用和倾覆力矩则越大，遭受破坏的可能性越大。

2. 高宽比（H/B）

高宽比（H/B）是高层建筑设计中的一个重要控制指标，不论是否在地震区，建筑物均应考虑高宽比，控制高宽比的原因如下：

（1）为使结构有足够刚度，据材料力学中对悬臂梁的分析，悬臂梁的挠度与梁截面高度的三次方成反比，高层建筑可视为固定于基础上的悬臂梁，由此可得，增加建筑物平面宽度时对减小其侧移很有利，高层建筑控制侧移，就是为了保证结构有足

够的刚度。在方案设计阶段，对建筑物的刚度可以从限制高宽比得到宏观控制，防止因过于细柔而产生过大的侧移（水平位移）。如果高宽比过大而又要满足侧移限值，则势必要加大墙、柱等构件的截面面积，靠构件本身的刚度增大来满足建筑物刚度要求，这样处理是不经济的，不仅增加材料消耗，而且加大了自重，相应亦让地震力增加。

（2）高层建筑结构的稳定应符合下列规定：

①剪力墙结构、框架一剪力墙结构、简体结构应符合下式要求：

$$EJ_d \geqslant 1.4H^2 \sum_{i=1}^{n} G_i \tag{6-1}$$

②框架结构应符合下式要求：

$$D_i \geqslant 10 \sum_{j=1}^{n} G_j / h_i (i = 1,2,\cdots,n) \tag{6-2}$$

工程经验和大量的计算表明，高宽比小于5的高层建筑结构，其整体稳定性足够，不必验算，故而，设计中仅要求对高宽比大于5的建筑物，按式(6-2)验算整体稳定性。

至于高层建筑的抗倾覆验算，应该符合下式要求：

$$M_s / M_0 \geqslant 1.0 \tag{6-3}$$

式中 $M_s$ —— 稳定力矩；

$M_0$ —— 覆力矩。

另需注意：计算稳定力矩设计值，恒载取90%，楼面活载取50%。设计经验表明，当高宽比小于5时，一般都能满足式（6-3）要求，如果设防烈度为9度，结构的高宽比接近5时，则可能不满足式（6-3）要求。

3. 平面要简单、对称、规则、均匀

地震区高层建筑的几何平面，以具有对称轴的简单图形有利于抗震，其中以正方形、矩形、圆形最好，正六角形、正八角形、椭圆形、扇形也有利。其原因在于，非对称的几何平面建筑，往往会引起质心和刚心的偏心，产生扭转振动，从而加剧结构分析结果的误差，但需指出的是，即使是对称建筑，也可能产生扭转，只不过扭矩较小而已。

鉴于城市规划、建筑艺术和使用功能等需要，对于平面形状的要求，常常不全是非常简单的，故而，又提出了规则的要求，平面长度不宜过长，突出部分长度2宜减小，凹角处宜采取加强措施。当平面局部突出部分的尺寸 $l / b \leqslant 1.0$，且 $l / B_{max} \leqslant 0.3$，质量与刚度平面分布基本均匀对称时，可按规则建筑进行抗震分析。

几何图形的对称性是必要的，但不是充分条件。其一，应避免带长翼的对称；其二，应避免虚假对称。所谓虚假对称指建筑平面对称，但是抗侧构件布置不对称，刚心偏在一侧，质心和刚心不重合，即使在地面平动作用下，亦会产生扭转振动。

4. 立面变化要均匀、规则

震区高层建筑的立面，宜采用沿主轴对称的矩形、梯形、金字塔形等均匀变化的几何形状，尽量避免立面突然变化，因为立面形状的突然变化，必然会带来质量和抗侧刚度的剧烈变化，地震时，几何形状突变部位会发生强烈振动或塑性变形集中效应，从而加重破坏。

为考虑建筑美学要求和使用功能，建筑立面除要求简单、对称之外，又提出“规则”的概念，规则在高度方向的要求是：

（1）突出屋顶小建筑的尺寸不宜过大，局部缩进的尺寸也不宜大，一般可缩进原宽的 1/6 ～ 1/4。

（2）抗侧力构件上、下层连续，不发生错位，且横截面面积改变不大。

（3）相邻层的质量变化不大，一般相邻层的质量比要大于 3/5 ～ 1/2。

（4）结构的侧向刚度宜下大上小，逐渐均匀变化。当某楼层侧向刚度小于上层时，不宜小于相邻上部楼层的 70%。

（5）结构楼层层间抗侧力结构的承载力（指在所考虑的水平地震作用方向上，该层全部柱有剪力墙的屈服抗剪强度之和），不应该小于上一层的 80%，不应小于上一层的 65%。

5. 缝的设置

以往在总体布置中，要考虑沉降、混凝土收缩、温度改变和结构体型复杂所产生的不利影响，一般用沉降缝、伸缩缝和抗震缝将建筑物划分成若干独立部分，从而消除沉降差、温度和收缩应力以及体型复杂对结构的危害。但设缝之后相应带来的各种问题不好处理，如设缝后影响使用和立面效果，防水处理困难，地震时易在设缝处互相碰撞而造成震害。有鉴于此，当前对缝的处理采用以下新原则：

（1）力争不设；

（2）尽量少设；

（3）非设不可时，数缝结合设置；

（4）如要设缝，则应分得彻底，禁忌“似分不分”；

（5）如不设缝，则要连接牢固。

实践表明，一般高层建筑采取技术措施后，在 7、8 度区，不设防震缝，可避免局部破坏。日本的做法是，当建筑物超过 10 层时，任何情况下均不设缝，基础也做成整体。温度、收缩应力的理论计算比较困难。近年来，国内外大多采取不设伸缩缝，而从施工或构造处理的措施来解决收缩应力的问题，建筑物长度可达 100 m 左右，取得了较好的效果，采用以下构造措施和施工措施，可以减小温度和收缩影响：

第一，在顶层、底层、山墙和内纵墙端开间等温度变化影响较大的部位提高配筋率；

第二，顶层加强保温隔热措施，外墙设置外保温层；

第三，顶部楼层改用刚度较小的结构形式或顶部设局部温度缝，将结构划分为长度较短的区段；

第四，每 30 ～ 40 m 间距，留出施工后浇带，带宽 800 ～ 1 000 mm，钢筋可采

用搭接接头，后浇带混凝土在一个月后浇筑；

第五，在混凝土中加入适当的外加剂，减少混凝土的收缩；

第六，提高每层楼板的构造配筋率。

建筑体型中影响抗震性能的首要因素是平面，建筑平面应符合下列要求：

（1）规则性。

（2）对称性由于地震可能来自任一方向，故建筑平面宜多轴对称，无轴对称不利于抗震。

（3）均匀性抗震所要求的结构均匀性，即指主要抗侧力结构要布置均匀，质心和刚心重合，以减小扭矩影响。具体设计中应避免虚假对称，所谓虚假对称指建筑平面对称但结构刚度有偏心，即平面对称和刚度均匀相比较，后者更为重要。

（4）密实性所谓密实性指结构的平面密度，平面密度越大，则其抗震性能越好。在RC结构体系中，剪力墙结构、框－剪结构、筒体结构的结构密度较大，故震害较轻，而框架结构由于结构平面密度小，故震害重。

当柱子与剪力墙面积相同时，抗剪强度是相同的，但剪力墙的刚度大，地震时侧向变形小，故震害轻；而柱子则不同，即使结构面积与剪力墙相同，但因刚度小、变形大，故震害较重。

（5）刚度在建筑体型中，刚度是影响抗震的主要因素，不论在竖向或水平方向，任一主轴方向均应有足够的刚度，这样才可以保证在地震时结构不致产生过大的变形，从而减轻震害。

### （二）竖向布置要求

基本原则

在建筑体型中，平面布置和竖向布置是两个重要方面，对地震区的高层建筑，竖向体型应符合以下原则：

1. 竖向体型应力求规则、均匀、连续；

2. 结构的侧向刚度宜下大上小，逐渐均匀变化；

3. 避免有过大的外挑和内收。

高层建筑都在向多功能发展，多种功能集中在同一幢大楼中，提高了大楼的经济效益和社会效益。但由于各楼层功能不同，故各楼层结构布置亦不同，从而导致结构在竖向不规则，对此，在抗震计算时，应采用进一步的计算分析，以保证薄弱层的安全。高层建筑沿高度方向符合下列情况之一时，即属竖向不规则结构：

（1）相邻楼层质量比值大于1.5。

（2）下一楼层的侧向刚度小于上一楼层的70%。

（3）楼层连续三层刚度均小于上层的80%。

（4）楼层层间抗侧力结构的承载力（指在所考虑的水平地震作用方向上，该层全部柱及剪力墙的屈服抗剪强度之和），不应该小于上一层的80%，不应小于上一层的65%。

（5）顶层取消部分墙、柱形成空旷房间，底部采用部分框支剪力墙或中部楼层部分剪力墙被取消。

# 第七章 建筑工程结构体系、布置及荷载

## 第一节 高层建筑的结构体系与选型

### 一、高层建筑的结构体系与选型

高层建筑除了承受竖向荷载作用外，还要抵抗由于水平作用产生的侧移，因此应具有较大的抗侧刚度，故抗侧力结构体系的确定和设计成为结构设计的关键问题。在高层建筑中，常用的抗侧力单元有：框架、剪力墙、筒体（包括实腹筒和框筒）和支撑。

#### （一）框架结构体系

框架结构由梁、柱组成抗侧力体系。其优点是建筑平面布置灵活，可以做成有较大空间的会议室、营业场所，也可以通过隔墙等分割成较小的空间，满足各种建筑功能的需要，常用于办公楼、商场、教学楼、住宅等多高层建筑。

框架结构只能在自身平面内抵抗侧向力，所以必须在两个正交主轴方向设置框架，以抵抗各个方向的水平力。抗震框架结构的梁柱必须采用刚接，以便梁端能传递弯矩，同时使结构有良好的整体性和较大的刚度。框架抗侧刚度主要取决于梁、柱的截面尺寸，由于梁、柱都是线性构件，截面惯性矩小，因此框架结构的侧向刚度较小，侧向变形较大，在 7 度抗震设防区，一般应用于高度不超过 50m 的建筑结构。

框架结构在水平力作用下的受力变形特点如图 7-1 所示。其侧移由两部分组成：梁、柱由弯曲变形引起的侧移，侧移曲线呈剪切型，自下而上的层间位移减小，如图 7-1(a)所示；柱由轴向变形产生的侧移，侧移曲线呈弯曲型，自下而上层间位移增大，如图 7-1 (b) 所示，框架结构的侧向变形以由梁柱弯曲变形引起的剪切型曲线为主。

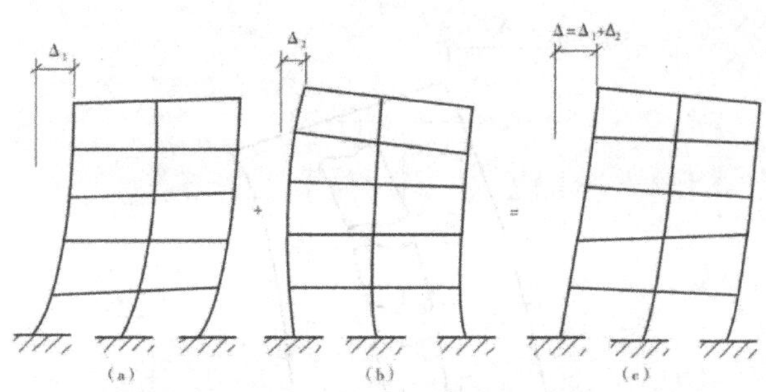

图 7-1　框架在侧向力作用下的侧移曲线

## （二）剪力墙结构体系

用钢筋混凝土剪力墙（也称抗震墙）作为承受竖向荷载及抵抗侧向力的结构称为剪力墙结构，也称抗震墙结构。剪力墙由于是承受竖向荷载、水平地震作用和风荷载的主要受力构件，因此应沿结构的主要轴线布置。此外，考虑抗震设计的剪力墙结构，应避免仅单向布置。当平面为矩形、T 形或 L 形时，剪力墙应沿纵、横两个方向布置；当平面为三角形、Y 形时，剪力墙可沿三个方向布置；当平面为多边形、圆形和弧形平面时，剪力墙可沿环向和径向布置。剪力墙应尽量布置得规则、拉通、对直。在竖向方向，剪力墙宜上下连续，可采取沿高度逐渐改变墙厚和混凝土等级或减少部分墙肢等措施，以避免刚度突变。

剪力墙的抗侧刚度和承载力均较大，为了充分利用剪力墙的性能，减小结构自重，增大剪力墙结构的可利用空间，剪力墙不宜布置得太密，结构的侧向刚度不宜过大。一般小开间剪力墙结构的横墙间距为 2.7 ～ 4m；大开间剪力墙结构的横墙间距可达 6 ～ 8m0 由于受楼板跨度的限制，剪力墙结构平面布置不太灵活，不可以满足公共建筑大空间的要求，一般适用于住宅、旅馆等建筑。

采用现浇钢筋混凝土浇筑的剪力墙是平面构件，在其自身平面内有较大的承载力和刚度，平面外的承载力和刚度小。因此，剪力墙在结构平面上要双向布置，分别抵抗各自平面内的侧向力。抗震设计时，应力求使两个方向的刚度接近。

当剪力墙的高宽比较大时，为受弯为主的悬臂墙，侧向变形呈弯曲型，见图 7-2。经过合理设计，剪力墙结构可以成为抗震性能良好的延性结构。国内外历次大地震的震害情况均显示剪力墙结构的震害一般较轻，因此，它在地震区和非地震区都有广泛的应用。

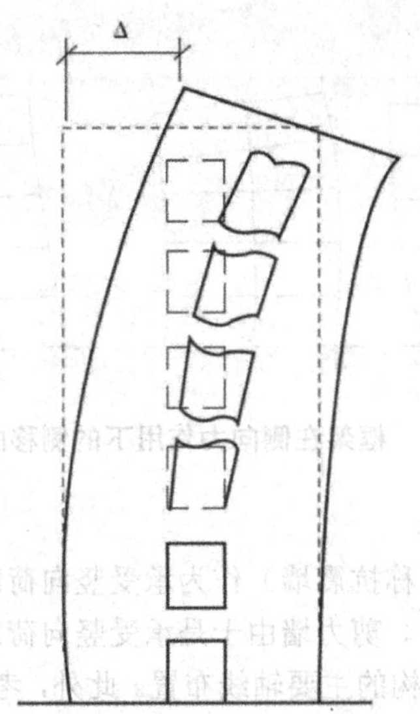


图 7-2 剪力墙结构的变形

为改善剪力墙结构平面开间较小，建筑布局不够灵活缺点，可以采用底部大空间剪力墙结构（如框支剪力墙结构）（见图 7-3）及跳层剪力墙结构（见图 7-4）。

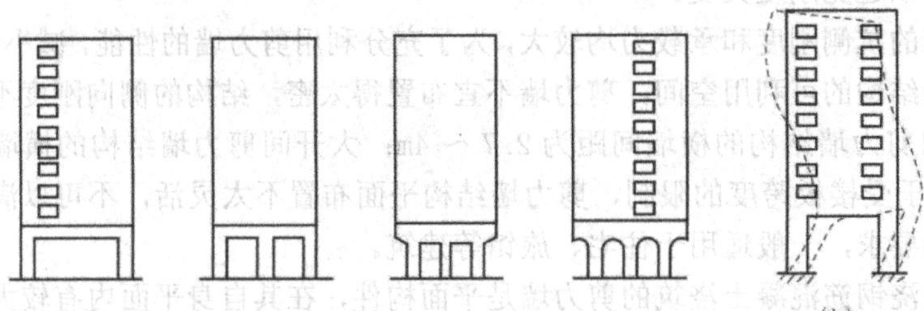


图 7-3 框支剪力墙结构

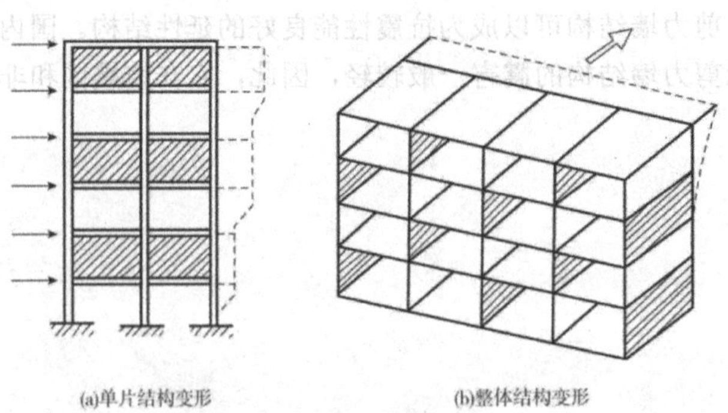


图 7-4 跳层剪力墙结构

## （三）框架－剪力墙结构体系

在框架结构中设置部分剪力墙，使框架和剪力墙两者结合起来共同工作，组成框架－剪力墙结构；如果把剪力墙布置成筒体，又可以组成框架一筒体结构。

框架－剪力墙结构是一种双重抗侧力体系。剪力墙由于刚度大，可承担大部分的水平力（有时可达 80% ～ 90%），为抗侧力的主体，整个结构的侧向刚度较框架结构大大提高；框架则主要承担竖向荷载，提供较大的使用空间，仅承担小部分的水平力。在罕遇地震作用下，剪力墙的连梁（第一道抗侧力体系）往往先屈服，使剪力墙的刚度降低，由剪力墙承担的部分层剪力转移到框架（第二道抗侧力体系）上。经过两道抗震防线耗散地震作用，可以避免结构在罕遇地震作用下的严重破坏甚至倒塌。

在水平荷载作用下，框架呈剪切型变形，剪力墙呈弯曲型变形。当二者通过刚度较大的楼板协同工作时，变形必将协调，出现弯剪型的侧向变形，见图 7-5。其上下各层层间变形趋于均匀，顶点侧移减小且框架各层层剪力趋于均匀，框架结构及剪力墙结构的抗震性能得到改善，也有利于减小小震作用之下非结构构件的破坏。

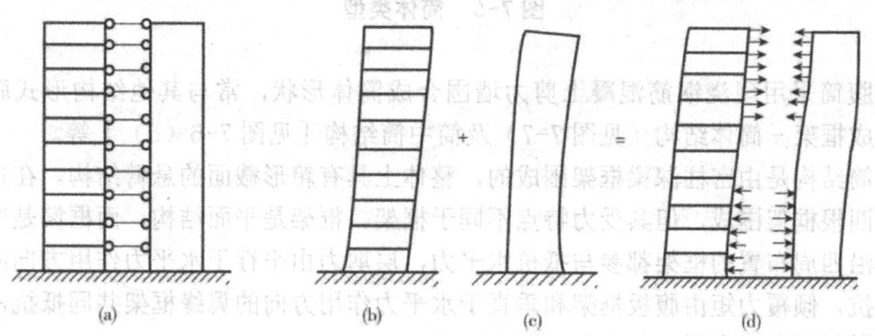


**图 7-5 框架－剪力墙协同工作**

框架－剪力墙结构既有框架结构布置灵活、延性好的特点，又有剪力墙结构刚度大、承载力大的优点，是一种较好的抗侧力体系，被广泛应用于高层建筑中。

## （四）筒体结构

筒体结构采用实腹的钢筋混凝土剪力墙或者钢筋混凝土密柱深梁形成空间受力体系，在水平力作用下可看成固定于基础上的箱形悬臂构件，比单片平面结构具有更大的抗侧刚度和承载力，并具有很好的抗扭刚度，可满足建造更高层建筑结构的需要。

筒体的基本形式有三种：实腹筒、框筒和桁架筒（见图 7-6）。由这三种基本形式又可形成束筒、筒中筒等多种形式。

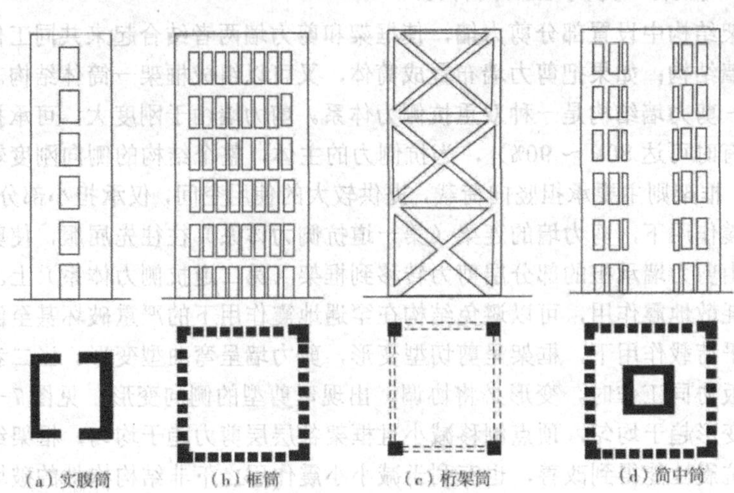


图 7-6　筒体类型

实腹筒采用现浇钢筋混凝土剪力墙围合成筒体形状，常与其他结构形式联合应用，形成框架 - 筒体结构（见图 7-7）及筒中筒结构［见图 7-6（d）］等。

框筒结构是由密柱深梁框架围成的，整体上具有箱形截面的悬臂结构。在形式上框筒由四根框架围成，但其受力特点不同于框架。框架是平面结构，而框筒是空间结构，即沿四周布置的框架都参与抵抗水平力，层剪力由平行于水平力作用方向的腹板框架抵抗，倾覆力矩由腹板框架和垂直于水平力作用方向的翼缘框架共同抵抗，使得建筑材料得到充分利用。

用稀柱、浅梁和支撑斜杆组成桁架，布置在建筑物的周边，就形成了桁架筒。与框筒相比，桁架筒更能节省材料。桁架筒一般都由钢材做成，支撑斜杆跨沿水平方向跨越建筑一个面的边长，沿竖向跨越数个楼层，形成巨型桁架，四片桁架围成桁架筒，两个相邻立面的支撑斜杆相交在角柱上，保证了从一个立面到另一个立面支撑的传力路线连续，形成整体悬臂结构，水平力通过支撑斜杆的轴力传至柱及基础。近年来，由于桁架筒受力的优越性，国内外已经陆续建造了钢筋混凝土桁架筒体及组合桁架筒体。

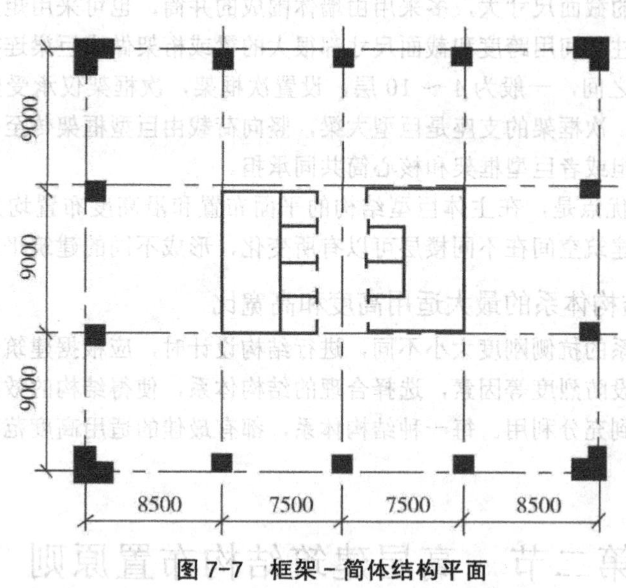

图 7-7　框架－简体结构平面

## （五）巨型结构

巨型结构（见图 7-8）也称为主次框架结构，主框架为是巨型框架，次框架为普通框架。

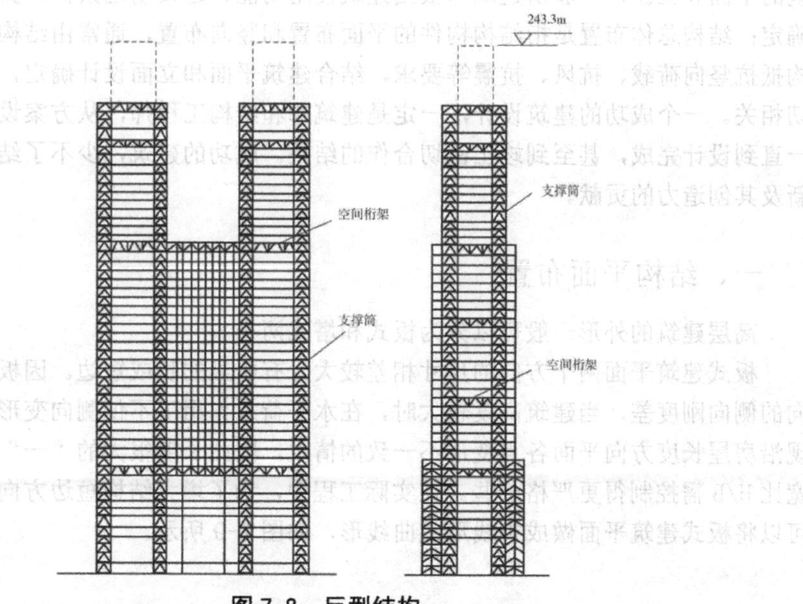

图 7-8　巨型结构

巨型结构常用的结构形式有两种：一种是仅由主次框架组成的巨型框架结构；另一类是由周边主次框架和核心筒组成的巨型框架，核心筒结构。

巨型框架柱的截面尺寸大，多采用由墙体围成的井筒，也可采用矩形或工字形的实腹截面柱，巨柱之间用跨度和截面尺寸都很大的梁或桁架做成巨梁连接，形成巨型框架。巨型大梁之间，一般为 4 ～ 10 层，设置次框架，次框架仅承受竖向荷载，梁柱截面尺寸较小，次框架的支座是巨型大梁，竖向荷载由巨型框架传至基础，水平荷载由巨型框架承担或者巨型框架和核心筒共同承担。

巨型结构的优点是，在主体巨型结构的平面布置和沿高度布置均为规则的前提下，建筑布置和建筑空间在不同楼层可以有所变化，形成不同的建筑平面和空间。

### （六）各结构体系的最大适用高度和高宽比

不同结构体系的抗侧刚度大小不同，进行结构设计时，应根据建筑的高度、是否需要抗震设防、设防烈度等因素，选择合理的结构体系，使得结构的效能得到充分发挥，建筑材料得到充分利用。每一种结构体系，都有最佳的适用高度范围。

# 第二节　高层建筑结构布置原则

进行高层建筑结构设计时，除了要根据建筑高度、抗震设防烈度等合理选择结构材料、抗侧力结构体系外，还应特别重视建筑体形和结构总体布置。建筑体形是指建筑的平面和立面，一般由建筑师根据建筑使用功能、建设场地条件、美学等因素综合确定；结构总体布置是指结构构件的平面布置和竖向布置，通常由结构工程师根据结构抵抗竖向荷载、抗风、抗震等要求，结合建筑平面和立面设计确定，与建筑体形密切相关。一个成功的建筑设计，一定是建筑师和结构工程师，从方案设计阶段开始，一直到设计完成，甚至到竣工密切合作的结果。成功的建筑，少不了结构工程师的创新及其创造力的贡献。

## 一、结构平面布置

高层建筑的外形一般可以分为板式和塔式两类。

板式建筑平面两个方向的尺寸相差较大，有明显的长或短边。因板式结构短边方向的侧向刚度差，当建筑高度较大时，在水平荷载作用下不仅侧向变形较大，还会出现沿房屋长度方向平面各点变形不一致的情况，因此长度很大的“一”字形建筑的高宽比 H/B 需控制得更严格一些。在实际工程中，为了增大结构短边方向的抗侧刚度，可以将板式建筑平面做成折线形或曲线形，如图 7-9 所示。

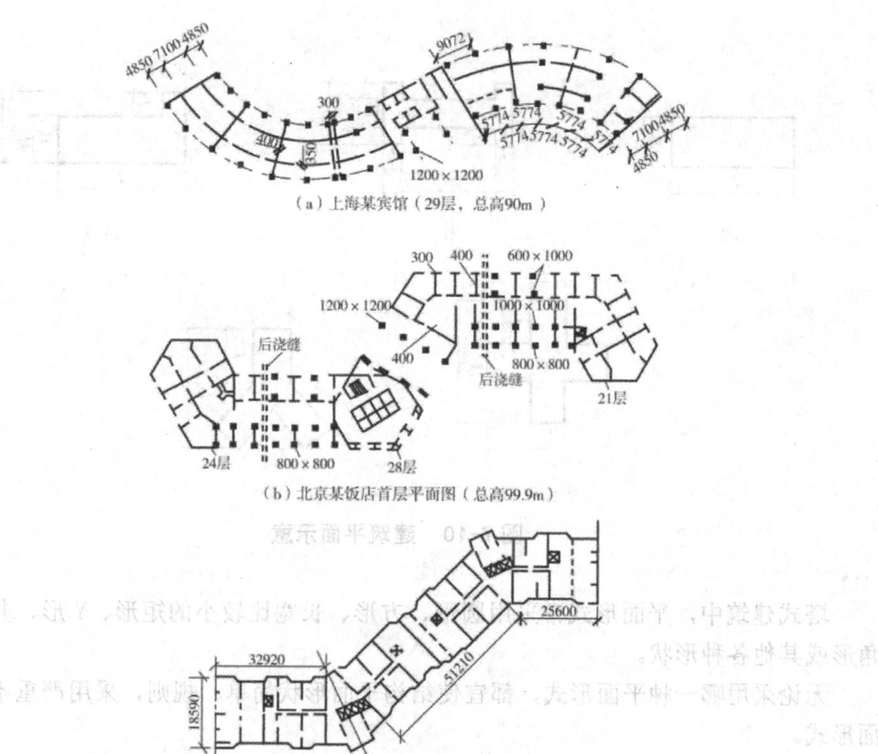

（a）上海某宾馆（29层，总高90m）

（b）北京某饭店首层平面图（总高99.9m）

（c）加拿大多伦多海港广场公寓大楼

**图 7-9　非“一”字形板式结构平面布置**

此外，当建筑物长度较大时，在风荷载作用之下结构会出现因风力不均匀及风向紊乱变化而引起的结构扭转、楼板平面挠曲等现象。当建筑平面有较长的外伸（如平面为L形、H形、Y形等）时，外伸段与主体结构之间会出现相对运动的振型。为避免楼板变形带来的复杂受力情况，对于建筑物总长度及外伸长度都应加以限制，《高层规程》对建筑物总的平面尺寸及突出部位尺寸的比值都进行了相应规定，表中各符号的含义如图 7-10 所示，因此，国内外高度较大的高层建筑一般都采用塔式。

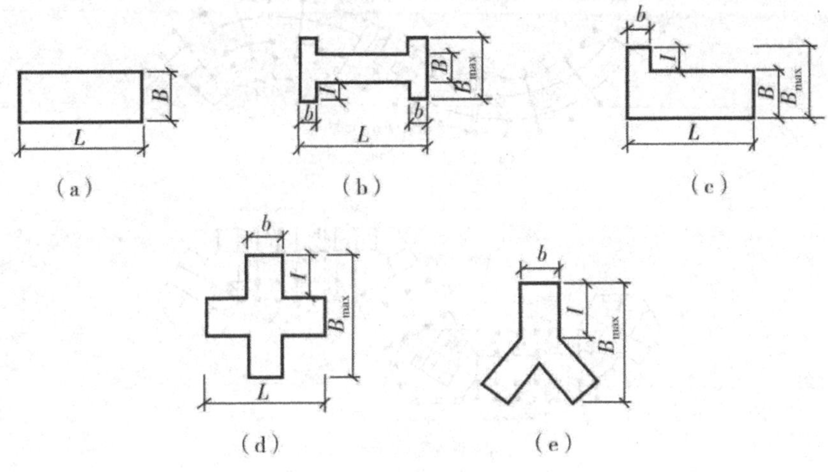


图 7-10　建筑平面示意

塔式建筑中，平面形式常采用圆形、方形、长宽比较小的矩形、Y 形、井形、三角形或其他各种形状。

无论采用哪一种平面形式，都宜使结构平面形状简单、规则，采用严重不规则平面形式。

在布置结构平面时，还应减少扭转的影响。要使结构的刚度中心和质量中心尽量重合，以减小扭转，通常偏心距 e 不应超过垂直于外力作用线方向边长的 5%（见图 7-11）。在考虑偶然偏心影响的规定水平地震力作用下，楼层竖向构件最大的水平位移和层间位移：A 级高度高层建筑不宜大于该楼层位移平均值的 1.2 倍，不应该大于该楼层位移平均值的 1.5 倍；B 级高度高层建筑、超过 A 级高度的混合结构及复杂高层建筑（即带转换层的结构、带加强层的结构、错层高层结构、连体结构及竖向体型收进、悬挑结构）不宜大于该楼层位移平均值的 1.2 倍，不应大于该楼层位移平均值的 1.4 倍。结构扭转为主的第一自振周期与结构平动为主的第一自振周期之比，A 级高度高层建筑不应大于 0.9，B 级高度高层建筑、超过 A 级高度的混合结构及复杂高层建筑不应大于 0.85。在布置结构平面时，还应该注意砖填充墙等非结构受力构件的位置，因为它们也会影响结构刚度的均匀性。

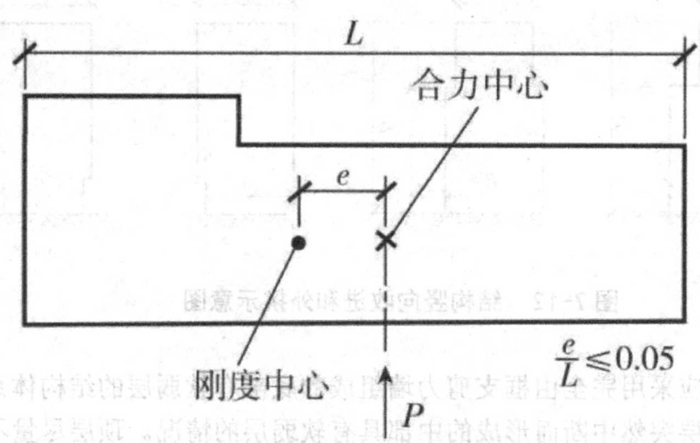


图 7-11 结构偏心距

复杂、不规则、不对称的结构必然带来难于计算和处理的复杂应力集中及扭转等问题，因此应注意避免出现凹凸不规则的平面及楼板开大洞口的情况。平面布置中，有效楼板宽度不宜小于该层楼面宽度的 50%，楼板开洞总面积不宜超过楼面面积的 30%，在扣除凹入或开洞后，楼板在任一方向的最小净宽度不宜小于 5m，且开洞后每一边的楼板净宽度不应小于 2m。楼板开大洞削弱后，应采取相应的加强措施，如加厚洞口附近的楼板，提高楼板配筋率，采用双层双向配筋；洞口边缘设置边梁、暗梁；在楼板洞口角部集中配置斜向钢筋等。

另外，在结构拐角部位应力往往比较集中，因此应该避免在拐角处布置楼电梯间。

（三）结构竖向布置

结构的竖向布置应规则、均匀，从上到下外形不变或变化不大，避免过大的外挑或内收；结构的侧向刚度宜下大上小，逐渐均匀变化，当楼层侧向刚度小于上层时，不宜小于相邻上层的 70%，结构竖向抗侧力构件宜上下连续贯通，形成有利于抗震的竖向结构。

抗震设计中，当结构上部楼层收进部位到室外地面的高度苗与房屋高度 7/ 之比大于 0.2 时，上部楼层收进后的水平尺寸 $B_1$ 不应小于下部楼层水平尺寸 B 的 75%；当上部结构楼层相对于下部楼层外挑时，上部楼层水平尺寸氏不宜大于下部楼层水平尺寸 $B_1$ 的 1.1 倍；且水平外挑尺寸 a 不宜大于 4m，见图 7-12。

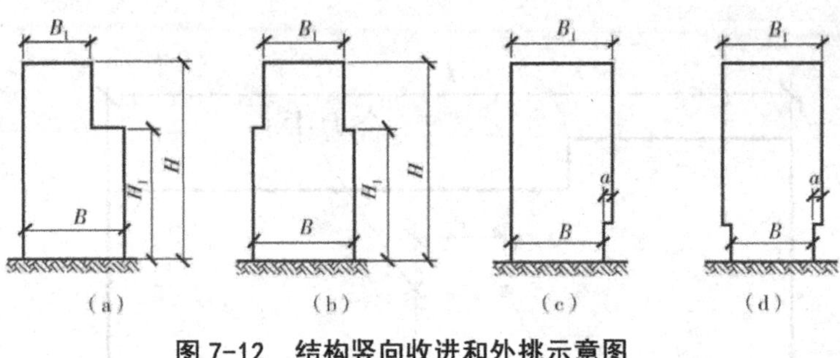

图 7-12　结构竖向收进和外挑示意图

在地震区，不应采用完全由框支剪力墙组成的底部有软弱层的结构体系，也不应出现剪力墙在某一层突然中断而形成的中部具有软弱层的情况。顶层尽量不布置空旷的大跨度房间，如不能避免，应考虑由下到上刚度逐渐变化。当采用顶层有塔楼的结构形式时，要使刚度逐渐减小，不应该造成突变，在顶层突出部分（如电梯机房等）不宜采用砖石结构。

## （三）变形缝设置

考虑到结构不均匀沉降、温度收缩和体型复杂带来的应力集中对房屋结构产生的不利影响，常采用沉降缝、伸缩缝和抗震缝将房屋分成若干独立的结构单元。对这三种缝的要求，相关规范都作了原则性的规定。在实际工程中，设缝常会影响建筑立面效果，增加防水构造处理难度，因此常常希望不设或少设缝；此外，在地震区，设缝结构也有可能在强震下发生相邻结构相互碰撞的局部损坏。目前总的趋势是避免设缝，并从总体布置上或构造上采取一些相应措施来降低沉降、温度收缩和体型复杂带来的不利影响，是否设缝是确定结构方案的主要任务之一，应在初步设计阶段根据具体情况做出选择。

### 1. 沉降缝

高层建筑常由主体结构和层数不多的裙房组成，裙房与主体结构间高度和重量都相差悬殊，可采用沉降缝将主体结构和裙房从基础到结构顶层全部断开，使各部分自由沉降。但若高层建筑设置地下室，沉降缝会使地下室构造复杂，设缝部位的防水构造也不容易做好，因此可采取一定的措施减小沉降，不设沉降缝，把主体结构和裙房的基础做成整体。常用的具体措施有：

（1）当地基土的压缩性小时，可以直接采用天然地基，加大基础埋深，将主体结构和裙房建在一个刚度很大的整体基础上（如箱形基础或厚筏基础）；若低压缩性的土埋深较深，可采用桩基将重量传递到压缩性小的土层上以减小沉降差。

（2）当土质较好，且房屋的沉降能在施工期间完成时，可在施工时设置沉降后浇带，将主体结构与裙房从基础到房屋顶面暂时断开，待主体结构施工完毕，且大部分沉降完成后，再浇筑后浇带的混凝土，将结构连成整体。在设计之时，基础应考虑两个阶段不同的受力状态，对其分别进行强度校核，连成整体后的计算应当考虑后期

沉降差引起的附加内力。

（3）当地基土较软弱，后期沉降较大，且裙房的范围不大时，可以在主体结构的基础上悬挑出基础，承受裙房重量（见图 7-13）。

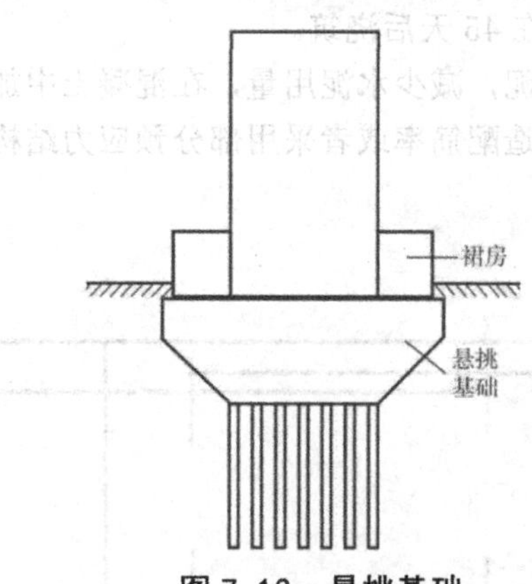


图 7-13　悬挑基础

（4）主楼与裙楼基础采取联合设计，即主楼与裙楼采取不同的基础形式，但中间不设沉降缝。设计时应主要考虑三点：第一，选择合适的基础沉降计算方法并确定合理的沉降差，观察地区性持久的沉降数据。第二，基本设计原则是尽可能减小主楼的重量和沉降量（例如采用轻质材料、采用补偿式基础等），同时在不导致破裂的前提下提高裙房基础的柔性，甚至可以采用独立柱基。第三，考虑施工的先后顺序，主楼应先行施工，让沉降尽可能预先发生，设计良好后浇带。

2. 伸缩缝

伸缩缝也称温度缝，新浇筑的混凝土在结硬过程中会因收缩而产生收缩应力；已建成的混凝土结构在季节温度变化、室内外温差以及向阳面和被阴面之间温差的影响下热胀冷缩而产生温度应力。混凝土结硬收缩大部分在施工后的头 1 ～ 2 个月完成，而温度变化对结构的作用则是经常的。为了避免产生收缩裂缝和温度裂缝，我国《高层规程》规定，现浇钢筋混凝土框架结构、剪力墙结构伸缩缝的最大间距分别为 55m 和 45m，现浇框架 - 剪力墙结构或框架 . 核心筒结构房屋的伸缩缝间距可根据具体情况取框架结构与剪力墙结构之间的数值，有充分依据或可靠措施时，可适当加大伸缩缝间距。伸缩缝在基础以上设置，若和抗震缝合并，伸缩缝的宽度不得小于抗震缝的宽度。

温度、收缩应力的理论计算比较困难，近年来，国内外已比较普遍地采取了一些施工或构造处理的措施来解决收缩应力问题，常用的措施如下：

（1）在温度变化影响较大的部位提高配筋率，减小温度和收缩裂缝的宽度，并使裂缝分布均匀，如顶层、底层、山墙、纵墙端开间。对于剪力墙结构，这些部位的最小构造配筋率为 0.25%，实际工程一般都在 0.3% 以上。

（2）顶层加强保温隔热措施或设架空通风屋面，避免屋面结构温度梯度过大。

外墙可设置保温层。

（3）顶层可局部改变为刚度较小的形式（如剪力墙结构顶层局部改为框架），或顶层设双墙或双柱，做局部伸缩缝，将顶部结构划分为多个较短的温度区段

（4）每隔30～40m间距留出施工后浇带，带宽800-1000mm，钢筋用搭接接头（见图7-14），后浇带混凝土宜在45天后浇筑。

（5）采用收缩性小的水泥，减少水泥用量，在混凝土中加入适量的外加剂。

（6）提高每层楼板的构造配筋率或者采用部分预应力结构。

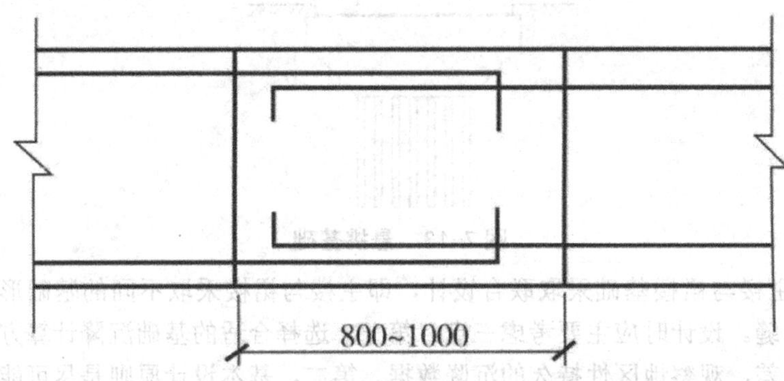


图7-14 后浇带构造（钢筋搭接）

3. 防震缝

当房屋平面复杂、不对称或结构各部分刚度、高度和重量相差悬殊时，在地震力作用下，会造成扭转及复杂的振动状态，在连接薄弱部位会造成震害。可通过防震缝将房屋结构划分为若干独立的抗震单元，使各个结构单元成为规则结构。

在设计高层建筑时，宜调整平面形状和结构布置，避免设置防震缝。体型复杂、平立面不规则的建筑，应根据不规则程度、地基基础条件及技术经济等因素的比较分析，确定是否设置防震缝。

凡是设缝的部位应考虑结构在地震作用下因结构变形、基础转动或平移引起的最大可能侧向位移，故应留够足够的缝宽。《高层规程》规定，当必须设置防震缝时，应满足以下要求：

（1）框架结构房屋，高度不超过15m时，防震缝宽度不应小于100mm；超过15m时，6度、7度、8度和9度分别每增高5m、4m、3m和2m，宜加宽20mm。

（2）框架-剪力墙结构房屋的防震缝宽度可取框架结构房屋防震缝宽度的70%，剪力墙结构房屋的防震缝宽度可取框架结构房屋防震缝宽度的50%，同时均不应小于100mm。

（3）防震缝两侧结构体系不同时，防震缝宽度应按不利的结构类型确定。

（4）防震缝两侧的房屋高度不同时，防震缝宽度可按较低的房屋高度确定。

（5）按8度、9度抗震设计的框架结构房屋，防震缝两侧结构层高相差较大时，

防震缝两侧框架柱的箍筋应沿房屋全高加密，并可根据需要沿房屋全高在缝两侧各设置不少于两道垂直于防震缝的抗撞墙。

（6）当相邻结构的基础存在较大沉降差时，宜加大防震缝的宽度。

（7）防震缝宜沿房屋全高设置，地下室、基础可不设防震缝，但是在与上部设缝位置对应处应加强构造和连接。

（8）结构单元之间或主楼与裙房之间不宜采用牛腿托梁的做法设置防震缝，否则应采取可靠措施。

## （四）楼盖设置

在一般层数不太多、布置规则、开间不大的高层建筑中，楼盖体系与多层建筑的楼盖相似。但在层数更多（如 20 ～ 30 层及以上，高度超过 50m）的高层建筑中，对楼盖的水平刚度及整体性要求更高。当采用筒体结构时，楼盖的跨度通常较大（10 ～ 16m），且平面布置不易标准化。此外，楼盖的结构高度会直接影响建筑的层高，从而影响建筑的总高度，房屋总高度的增加会大大增加墙、柱、基础等构件的材料用量，还会加大水平荷载，从而增加结构造价，同时也会增加建筑、管道设施、机械设备等的造价，因此，高层建筑还应注意减小楼盖的重量，基于以上原因，《高层规程》对楼盖结构提出了以下要求：

（1）房屋高度超过 50m 时，框架 - 剪力墙结构、筒体结构及复杂高层建筑结构应采用现浇楼盖结构，剪力墙结构和框架结构宜采用现浇楼盖结构。

（2）房屋高度不超过 50m 时，8 度、9 度抗震设计时宜采用现浇楼盖结构，6 度、7 度抗震设计时可采用装配整体式楼盖，且应符合相关构造要求。如楼盖每层宜设置厚度不小于 50mm 的钢筋混凝土现浇层，并应双向配置直径不小于 6mm、间距不大于 200mm 的钢筋网，钢筋应锚固在梁或剪力墙内。楼盖的预制板板缝上缘宽度不宜小于 40mm；板缝大于 40mm 时，应在板缝内配置钢筋，并宜贯通整个结构单元。现浇板缝、板缝梁的混凝土强度等级宜高于预制板的混凝土强度等级。预制空心板孔端应有堵头，堵头深度不宜小于 60mm，并应采用强度等级不低于 C20 的混凝土浇灌密实。预制板板端宜留胡子筋，其长度不宜小于 100mm。对无现浇叠合层的预制板，板端搁置在梁上的长度不宜小于 50mm。

（3）房屋的顶层、结构转换层、大底盘多塔楼结构的底盘顶层、平面复杂或开洞过大的楼层、作为上部结构嵌固部位的地下室楼层应采用现浇楼盖结构。一般楼层现浇楼板厚度不应小于 80mm，板内预埋暗管时不宜小于 100mm，顶层楼板厚度不宜小于 120mm，且宜双层双向配筋。普通地下室顶板厚度不宜小于 160mm；作为上部结构嵌固部位的地下室楼层的顶楼盖应采用梁板结构，楼板厚度不宜小于 180mm，且应采用双层双向配筋，每层每个方向的配筋率不应小于 0.25%。

（4）现浇预应力混凝土楼板厚度可按跨度的 1/50 ～ 1/45 采用，且不宜小于 150mm。

总的来说，在高度较大的高层建筑中应选择结构高度小、整体性好、刚度好、重量较轻，满足使用要求并便于施工的楼盖结构。当前国内外总的趋势是采用现浇楼盖或预制与现浇结合的叠合板，应用预应力或部分预应力技术，并应用工业化的施工方法。

在现浇肋梁楼盖中，为了适应上述要求，常用宽梁或密肋梁以降低结构高度，其布置和设计与一般梁板体系并无不同。

叠合楼板有两种形式：一种是用预制的预应力薄板作模板，上部现浇普通混凝土，硬化后与预应力薄板共同受力，形成叠合楼板；另一种是以压型钢板为模板，上面浇普通混凝土，硬化后共同受力。叠合板可加大跨度，减小板厚，并可节约模板，整体性好，在我国的应用已十分广泛。

无黏结后张预应力混凝土平板是适应高层公共建筑中大跨度要求的一种楼盖形式，可做成单向板，也可做成双向板，可用于筒中筒结构，也可用于无梁楼盖中。它比一般梁板结构约减小 300mm 的高度，设备管道及电气管线可在楼板下通行无阻，模板简单，施工方便，已在实际工程中得到了大量应用。

## （五）基础形式及埋深

高层建筑的基础是整个结构的重要组成部分。高层建筑由于高度大、重量大，在水平力作用下有较大的倾覆力矩及剪力，因此对基础及地基的要求也较高：地基应比较稳定，具有较大的承载力、较小的沉降；基础应刚度较大且变形较小，且较为稳定，同时还应防止倾覆、滑移以及不均匀沉降。

### 1. 基础形式

（1）箱形基础。

箱形基础［见图 7-15（a）］是由数量较多的纵向与横向墙体和有足够厚度的底板、顶板组成的刚度很大的箱形空间结构。箱形基础整体刚度好，能将上部结构的荷载较均匀地传递给地基或桩基，能利用自身刚度调整沉降差异；同时，又使得部分土体重量得到置换，可降低土压力。箱形基础对上部结构的嵌固接近于固定端条件，使计算结果与实际受力情况较一致，箱形基础有利于抗震，在地震区采用箱形基础的高层建筑震害较轻。

但由于箱形基础必须有间距较密的纵横墙，且墙上开洞面积受到限制，故当地下室需要较大空间和建筑功能要求较灵活地布置时（如地下室作地下商场、地下停车场、地铁车站等），就难采用箱形基础。

一般来说，当高层建筑的基础可以采用箱形基础时，则尽可能选用箱基，因为它的刚度及稳定性都较好。

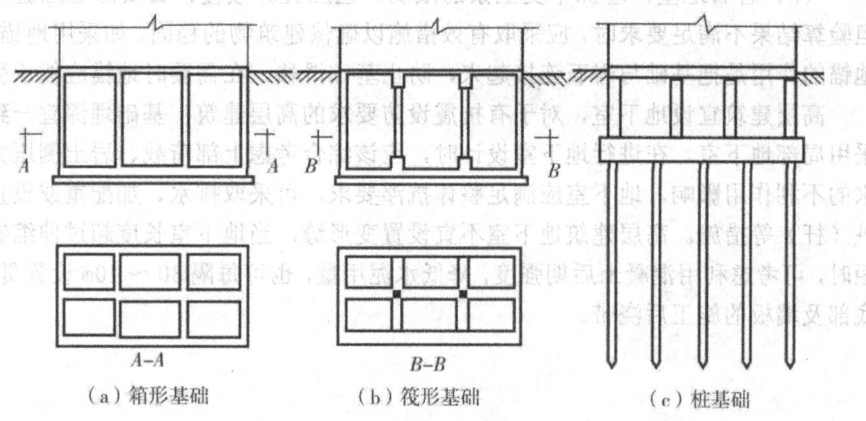

（a）箱形基础　（b）筏形基础　（c）桩基础

图 7-15　高层建筑结构基础

（2）钢筋混凝土筏形基础

筏形基础［见图 7-15（b）］具有良好的整体刚度，适用于地基承载力较低、上部结构竖向荷载较大的工程。它既能抵抗及协调地基的不均匀变形，又能扩大基底面积，将上部荷载均匀传递到地基土上。

筏形基础本身是地下室的底板，厚度较大，具有良好的抗渗性能。它不必设置很多内部墙体，可以形成较大的自由空间，便于地下室的多种用途，因此能较好地满足建筑功能上的要求筏形基础如同倒置的楼盖，可采用平板式和梁板式两种形式。采用梁板式筏形基础的梁可设在板上或板下（土体中）。当采用板上梁时，梁应留出排水孔，并设置架空底板。

（3）桩基础。

桩基础［见图 7-15（c）］也是高层建筑中广泛采用的一种基础类型。桩基础具有承载力可靠、沉降小，并能减少土方开挖量的优点。当地基浅层土质软弱或存在可液化地基时，可选择桩基础。若采用端承桩，桩身穿过软弱土层或可液化土层支承在坚实可靠的土层上；若采用摩擦桩，桩身可以穿过可液化土层，深入非液化土层。

2. 基础埋置深度

高层建筑的基础埋置深度一般比低层建筑和多层建筑的要大一些，因为一般情况下，较深的土壤的承载力大且压缩性小，较为稳定；同时，高层建筑的水平剪力较大，要求基础周围的土壤有一定的嵌固作用，能提供部分水平反力；此外，在地震作用下，地震波通过地基传到建筑物上，通常在较深处的地震波幅值较小，接近地面幅值增大，高层建筑埋深大一些，可减小地震反应。

但基础埋深加大，工程造价和施工难度会相应增加，且工期增加。因此《高层规程》中规定：

（1）一般天然地基或复合地基，可取建筑物高度（室外地面至主体结构檐口或屋顶板面的高度）的 1/15，并且不小于 3m。

（2）桩基础，不计桩长，可取建筑高度的 1/18。

（3）岩石地基，埋深不受上条的限制，但应验算倾覆，必要时还应验算滑移。但验算结果不满足要求时，应采取有效措施以确保建筑物的稳固。如采用地锚等措施，地锚的作用是把基础与岩石连接起来，防止基础滑移，在需要时地锚应能承受拉力。

高层建筑宜设地下室，对于有抗震设防要求的高层建筑，基础埋深宜一致，不宜采用局部地下室。在进行地下室设计时，应该综合考虑上部荷载、岩土侧压力及地下水的不利作用影响。地下室应满足整体抗浮要求，可采取排水、加配重或设置抗拔锚桩（杆）等措施。高层建筑地下室不宜设置变形缝，当地下室长度超过伸缩缝最大间距时，可考虑利用混凝土后期强度，降低水泥用量，也可每隔 30 ～ 40m 设置贯通顶板、底部及墙板的施工后浇带。

# 第三节　高层建筑结构荷载

高层建筑与一般建筑结构一样，都受到竖向荷载和水平荷载作用，竖向荷载（包括结构自重及竖向使用活荷载等）的计算与一般结构相同，这在其他课程中已经详细介绍过，因此本节主要介绍水平荷载一风荷载及水平地震作用的计算方法。

## 一、风荷载

当空气流动形成的风遇到建筑物时，就在建筑物表面产生压力和吸力，即称为建筑物的风荷载。风荷载的大小主要受到近地风的性质、风速、风向的影响，且和建筑物所处的地形地貌有关，此外，还受建筑物本身高度、形状以及表面状况的影响。

我国《建筑结构荷载规范》（GB 50009—2012）（以下简称《荷载规范》）给出了计算主要受力结构时，垂直在建筑物表面上的风荷载标准值的计算方法：

$$w_k = \beta_j \mu_s \mu_z w_0 \tag{7-1}$$

式中 $w_k$ —— 风荷载标准值，kN/m$^2$；

$\beta_z$ —— 高度 $z$ 处的风振系数；

$\mu_s$ —— 风荷载体型系数；

$\mu_z$ —— 风压高度变化系数；

$w_0$ —— 基本风压，kN/m$^2$ p

对公式（7-1）中各参数的说明如下：

1. 基本风压 $w_0$

《荷载规范》中给出的基本风压 $w_0$ 是用各地区空旷地面上离地 10m 高、统计 50 年重现期的 10min 平均最大风速 $v_0$（m/s）计算得到的，但不得小于 0.3 kN/m$^2$。

2. 风压高度变化系数 $\mu_z$

风速大小与高度有关，一般近地面处风速较小，随高度增加风速逐渐增大。对于平坦或稍有起伏的地形，风压高度变化系数应该根据地面粗糙度类别按表 7-9 确定。地面粗糙度可分为 A、B、C、D 四类：

A 类指近海海面和海岛、海岸、湖岸和沙漠地区；

B 类指田野、乡村、丛林、丘陵以及房屋比较稀疏的乡镇及城市郊区；

C 类指有密集建筑群的城市市区；

D 类指有密集建筑群且房屋较高城市市区。

表 7-1　风压高度变化系数 $\mu_2$

| 离地面或海平面高度 /m | 地面粗糙度类别 | | | |
|---|---|---|---|---|
| | A | B | C | D |
| 5 | 1.09 | 1.00 | 0.65 | 0.51 |
| 10 | 1.28 | 1.00 | 0.65 | 0.51 |
| 15 | 1.42 | 1.13 | 0.65 | 0.51 |
| 20 | 1.52 | 1.23 | 0.74 | 0.51 |
| 30 | 1.67 | 1.39 | 0.88 | 0.51 |
| 40 | 1.79 | 1.52 | 1.00 | 0.60 |
| 50 | 1.89 | 1.62 | 1.10 | 0.69 |
| 60 | 1.97 | 1.71 | 1.20 | 0.77 |
| 70 | 2.05 | 1.79 | 1.28 | 0.84 |
| 80 | 2.12 | 1.87 | 1.36 | 0.91 |
| 90 | 2.18 | 1.93 | 1.43 | 0.98 |
| 100 | 2.23 | 2.00 | 1.50 | 1.04 |
| 150 | 2.46 | 2.25 | 1.79 | 1.33 |
| 200 | 2.64 | 2.46 | 2.03 | 1.58 |
| 250 | 2.78 | 2.63 | 2.24 | 1.81 |
| 300 | 2.91 | 2.77 | 2.43 | 2.02 |
| 350 | 2.91 | 2.91 | 2.60 | 2.22 |
| 400 | 2.91 | 2.91 | 2.76 | 2.40 |
| 450 | 2.91 | 2.91 | 2.91 | 2.58 |
| 500 | 2.91 | 2.91 | 2.91 | 2.74 |
| N550 | 2.91 | 2.91 | 2.91 | 2.91 |

3. 风荷载体型系数 $\mu_s$

当风流动经过建筑物时，对建筑物不同部位会产生不同的效果，有压力，也有吸力。因此风对建筑物表面的作用力并不等于基本风压值，风的作用力随建筑物的体型、尺度、表面位置、表面状况而改变。图 7-16 是一个矩形建筑物实测出的风作用力的大小和方向，图中风压分布系数是指表面风压值与基本风压的比值，正值为压力，负值为吸力。在设计中，采用各个表面风作用力的平均值，风荷载体型系数就是指平均实际风压与基本风压的比值。注意，由风载体型系数计算的各表面的风荷载都垂直于该表面。

风荷载体型系数可按照以下规定采用：

（1）圆形平面建筑取 0.8。

（2）正多边形及截角三角形平面建筑，由下式计算：

$$\mu_s = 0.8 + 1/2/\sqrt{n} \quad (7\text{-}2)$$

式中 $n$ —— 多边形的边数。

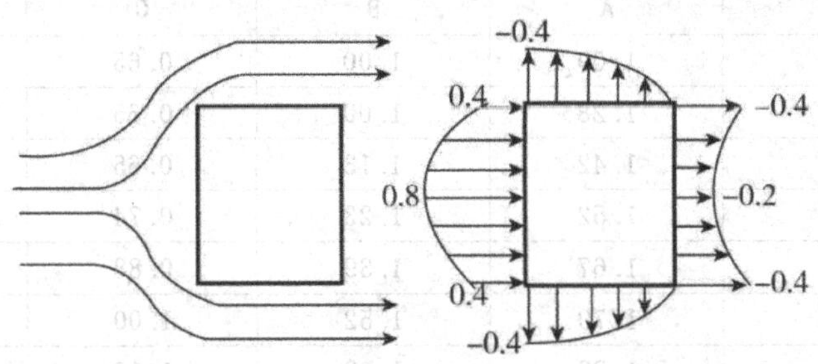


（a）空气流经建筑物时风压对建筑物的作用（平面）

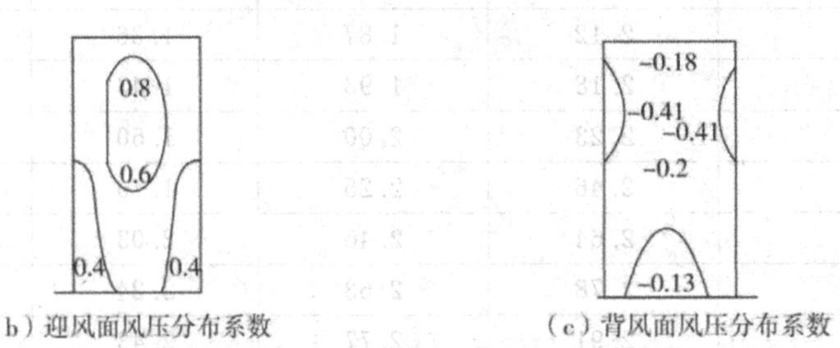


（b）迎风面风压分布系数　　（c）背风面风压分布系数

**图 7-16　风压分布系数**

（3）高宽比 H/B 不大于 4 的矩形、方形及十字形平面建筑取 1.3。

（4）下列建筑取 1.4：

①V 形、Y 形、弧形、双十字形、井字形平面建筑；

②L 形、槽形和高宽比大于 4 的十字形平面建筑；

③高宽比 H/8 大于 4，长宽比 L/B 不大于 1.5 的矩形、鼓形平面建筑。

（5）在需要更细致进行风荷载计算的场合，风荷载体型系数可按本书附录 1 采用或由风洞试验确定。

当多栋或群集的高层建筑相互间距较小时，应考虑风力相互干扰的群体效应。一

般可将单栋建筑的体型系数也乘以相互干扰增大系数，该系数可参考类似条件的试验资料确定，必要时应通过风洞试验确定。

4. 风振系数 $\beta_z$

风作用是不规则的，风压随着风速、风向的紊乱变化而不停地改变。通常把风作用的平均值看成稳定风压，即平均风压。实际风压是在平均风压上下波动着的。如图 7-17 所示。平均风压使建筑物产生一定的侧移，而波动风压使建筑物在该侧移附近左右摇晃，如果周围的高层建筑物密集，还会产生涡流现象。

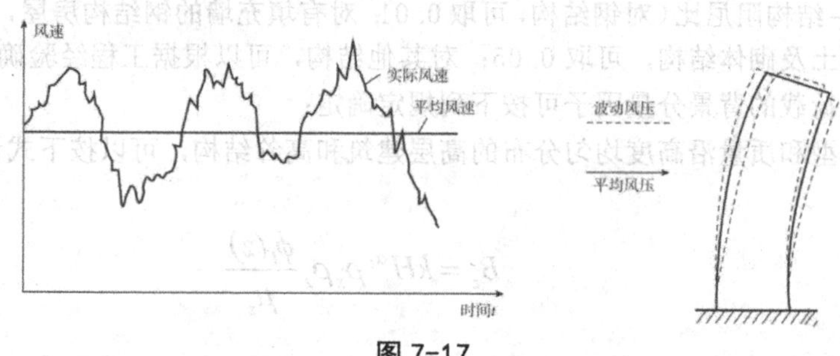


图 7-17

这种波动风压会在建筑物上产生一定的动力效应。尤其是风荷载波动中的短周期成分对高度较大或刚度较小的高层建筑可能产生一些不可忽视的动力效应，在设计中必须考虑。目前考虑的方法是采用风振系数 β，风振系数分为顺风向风振系数、横风向风振系数和扭转风振系数。

（1）顺风向风振系数

《荷载规范》规定，对于高度大于 30m 且高宽比大于 1.5 的房屋，及基本自振周期 4 ＞ 0.25s 的各种高耸结构，应考虑风压脉动对结构产生顺风向风振的影响。顺风向风振响应计算应按结构随机振动理论进行，对于一般竖向悬臂形结构，如高层建筑和构架、塔架、烟囱等高耸结构，均可仅考虑结构第一振型的影响，结构顺风向 $z$ 高度处的风振系数 $\beta$ 可按如下公式计算：

$$\beta_z = 1 + 2gI_{10}B_z\sqrt{1+R^2} \tag{7-3}$$

式中 $g$ —— 峰值因子，可取 2.5；

$I_{10}$ ——10m 高度名义湍流强度，对应 A、B、C 和 D 类地面粗糙度，可以分别取 0.12、0.14、0.23 和 0.39；

$R$ —— 脉动风荷载的共振分量因子；$B_z$ —— 脉动风荷载的背景分量因子。

脉动风荷载的共振分量因子可按下列公式计算：

$$R = \sqrt{\frac{\pi}{6\zeta_1} \cdot \frac{x_1^2}{\left(1+x_1^2\right)^{4/3}}} \tag{7-4}$$

$$x_1 = \frac{30 f_1}{\sqrt{k_w w_0}}, x_1 > 5 \tag{7-5}$$

式中 $f_1$ —— 结构第 1 阶自振频率，Hz；

$k_w$ —— 地面粗糙度修正系数，对 A、B、C 和 D 类地面粗糙度，可以分别取 1.28、1.0、0.54 和 0.26；

$\zeta_1$ —— 结构阻尼比（对钢结构，可取 0.01；对有填充墙的钢结构房屋，可取 0.02；对钢筋混凝土及砌体结构，可取 0.05；对其他结构，可以根据工程经验确定）。

脉动风荷载的背景分量因子可按下列规定确定：

①对体型和质量沿高度均匀分布的高层建筑和高耸结构，可以按下式计算：

$$B_z = kH^{\alpha_1} \rho_x \rho_z \frac{\phi_1(z)}{\mu_z} \tag{7-6}$$

$\phi_1(z)$ —— 结构第 1 阶振型系数；

$H$ —— 结构总高度（m），对 A、B、C 和 D 类地面粗糙度，H 的取值分别不应大于 300m、350m、450m 和 550m；

$\rho_x$ —— 脉动风荷载水平方向相关系数；

$\rho_z$ —— 脉动风荷载垂直方向相关系数；

$k, \alpha_1$ —— 系数，按表 7-2 取值。

表 7-2 系数 $k$ 和 $\alpha_1$

| 粗糙度类别 | | A | B | C | D |
|---|---|---|---|---|---|
| 局层建筑 | $k$ | 0.944 | 0.670 | 0.295 | 0.112 |
| | $\alpha_1$ | 0.155 | 0.187 | 0.261 | 0.346 |
| 高耸结构 | $k$ | 1.276 | 0.910 | 0.404 | 0.155 |
| | $\alpha_1$ | 0.186 | 0.218 | 0.292 | 0.376 |

②对迎风面和侧风面的宽度沿高度按直线或接近直线变化，但质量沿高度按连续规律变化的高耸结构，式（7-6）计算的背景分量因子 $B_z$ 应乘以修正系数 $\theta_B$ 和 $\theta_v$。$\theta_B$ 为构筑物在 $z$ 高度处的迎风面宽度 $B(z)$ 与底部宽度 $B(0)$ 的比值；$\theta_v$ 可按表 7-3 确定。

表 7-3　修正系数 $\theta_v$

| $B(H)/B(0)$ | 1 | 0.9 | 0.8 | 0.7 | 0.6 | 0.5 | 0.4 | 0.3 | 0.2 | W0.1 |
|---|---|---|---|---|---|---|---|---|---|---|
| $\theta_v$ | 1.00 | 1.10 | 1.20 | 1.32 | 1.50 | 1.75 | 2.08 | 2.53 | 3.30 | 5.60 |

脉动风荷载水平方向相关系数可按下式计算：

$$\rho_x = \frac{10\sqrt{B+50e^{-B/50}-50}}{R} \tag{7-7a}$$

式中 B —— 结构迎风面宽度（m），对 A、B、C 及 D 类地面粗糙度，H 的取值分别不应大于 300m、350m、450m 和 550m。

对迎风面宽度较小的高耸结构，水平方向相关系数可取 $\rho_x = 1$。

脉动风荷载垂直方向相关系数可按下式计算：

$$\rho_z = \frac{10\sqrt{H+60e^{-H/60}-60}}{H} \tag{7-7b}$$

式中 H—— 结构总高度（m），$B \leqslant 2H$。

结构的振型系数应根据动力计算确定。对外形、质量及刚度沿高度按连续规律变化的竖向悬臂形高耸结构及沿高度比较均匀的高层建筑。

（2）横风向和扭转风振系数

一般来说，建筑高度超过 150m 或高宽比大于 5 的高层建筑出现较为明显的横风向风振效应，并且效应随着建筑高度或建筑高宽比增加而增强；此外，细长圆形截面构筑物（指高度超过 30m 且高宽比大于 4 的构筑物）一般也需要考虑横风向风振效应。

扭转风荷载是由于建筑各个立面风压的非对称作用产生的，受截面形状和湍流度等因素的影响较大。通常来说，当建筑高度超过 150m，同时满足 $H/\sqrt{BD} \geqslant 3, D/B \geqslant 1.5, \frac{I_{T1}v_H}{\sqrt{BD}} \geqslant 0.4$ 的高层建筑 $[T_{T1}$ 为第 1 阶扭转周期 $(s)]$，扭转风振效应明显，宜考虑扭转风振的影响。

对于上述结构的横风向和扭转风振系数的计算，可参考《荷载规范》的相关规定。

（3）顺风向风荷载、横风向风振等效风荷载及扭转风振等效风荷载的组合

高层建筑结构在脉动风荷载作用下，其顺风向风荷载、横风向风振等效风荷载及扭转风振等效风荷载宜按表 7-4 考虑风荷载组合工况。

表 7-4　风荷载组合工况

| 工况 | 顺风向风荷载 | 横风向风振等效风荷载 | 扭转风振等效风荷载 |
|---|---|---|---|
| 1 | $F_{Dk}$ | — | — |
| 2 | $0.6F_{Dk}$ | $F_{LK}$ | |
| 3 | — | — | $T_{Tk}$ |

表 7-4 中的单位高度风力 $F_{Dk}$、$F_{Lk}$ 及扭矩 $T_{TK}$ 标准值应按以下公式计算：

$$F_{DK}=\left(w_{k1}-w_{k2}\right)\quad B \tag{7-8}$$

$$F_{LK}=w_{Lk}B \tag{7-9}$$

$$T_{Tk}=w_{Tk}B^2 \tag{7-10}$$

式中 $F_{Dk}$ —— 顺风向单位高度风力标准值，kN/m；

$F_{Lk}$ —— 横风向单位高度风力标准值，kN/m；

$T_{Tk}$ —— 单位高度风致扭矩标准值，kN・m/m；

$w_{kl}, w_{k2}$ 迎风面、背风面风荷载标准值，kN/m²；

$w_{Lk}, w_{Tk}$ 横风向风振和扭转风振等效风荷载标准值，kN/m²；

$B$ —— 迎风面宽度，

（二）总风荷载和局部风荷载

在进行结构设计时，应使用总风荷载计算风荷载作用之下结构的内力及位移，当需要对结构某部位构件进行单独设计或验算时，还应该计算风荷载对该构件的局部效应。

1. 总风荷载

总风荷载为建筑物各个表面承受风力的合力，是沿建筑物高度变化的线荷载，通常按 $x, y$ 两个相互垂直的方向分别计算总风荷载。

$z$ 高度处的总风荷载标准值（kN/m）可以按下式计算：

$$W_z=\beta\mu_z w_0\left(\mu_{s1}B_1\cos\alpha_1+\mu_{s2}B_2\cos\alpha_2+\cdots+\mu_{sn}B_n\cos\alpha_n\right) \tag{7-11}$$

式中 $n$ —— 建筑物外围表面积数（每一个平面作为一个表面积）；

$B_1, B_2, B_n$ —— $n$ 个表面的宽度；

$\mu_{s1}, \mu_{s1}, \mu_{sn}$ —— $n$ 个表面的平均风载体型系数，按附录取用；

$\alpha_1, \alpha_2, \alpha_n - n$ 个表面法线与风作用方向的夹角。

当建筑物某个表面与风力作用方向垂直时，$\alpha_j = 0°$，这个表面的风压全部计入总风荷载；当某个表面与风力作用方向平行时，$\alpha_i = 90°$，这个表面的风压不计入总风荷载；其他与风作用方向成某一夹角的表面，都应计入该表面上压力在风作用方向的分力。要注意的是：根据体型系数正确区分是风压力还是风吸力，以便作矢量相加。

各表面风荷载的合力作用点，即总风荷载的作用点，其作用点位置按静力矩平衡条件确定。

2. 局部风荷载

实际上风压在建筑物表面上是不均匀的，在某些风压较大的部位，要考虑局部风荷载对某些构件的不利作用。此时，采用局部体型系数。

（三）地震作用

1. 一般计算原则

处于抗震设防区的高层建筑一般应进行抗震设计。根据《抗震规范》的要求，6度设防时一般不必计算地震作用［但在软弱（Ⅳ类）场地上的高层建筑除外］，只需采取必要的抗震措施；7～9度设防时，还应该计算地震作用；10度及以上地区要进行专门的研究。

根据《建筑工程抗震设防分类标准》（GB 50233—2008），高层建筑的抗震设防一般分为三类：

（1）特殊设防类，指使用上有特殊设施，涉及国家公共安全的重大建筑工程和地震时可能发生严重次生灾害等特别重大灾害后果，需要进行特殊设防的建筑，简称甲类。

（2）重点设防类，指地震时使用功能不能中断或需尽快恢复的生命线相关建筑，以及地震时可能导致大量人员伤亡等重大灾害后果，需要提高设防标准的建筑，简称乙类。

（3）标准设防类，指大量的除上述建筑以外，按照标准要求进行设防的建筑，简称丙类。

各类建筑的抗震设防标准应满足：

（1）特殊设防类，应按高于本地区抗震设防烈度一度的要求加强其抗震措施；但抗震设防烈度为9度时，应按比9度更高的要求采取抗震措施。同时，应按批准的地震安全性评价的结果且高于本地区抗震设防烈度的要求确定其地震作用。

（2）重点设防类，应按高于本地区抗震设防烈度一度的要求加强其抗震措施；但抗震设防烈度为9度时应按比9度更高的要求采取抗震措施；地基基础的抗震措施，应符合有关规定。同时，应按本地区抗震设防烈度确定其地震作用。

（3）标准设防类，应按本地区抗震设防烈度确定其抗震措施和地震作用，达到在遭遇高于当地抗震设防烈度的预估罕遇地震影响时不致倒塌或发生危及生命安全的严重破坏的抗震设防目标。

高层建筑应按下列原则来考虑地震作用：

（1）一般情况下，应至少在结构两个主轴方向分别计算水平地震作用；有斜交抗侧力构件的结构，当相交角度大于15°时，应该分别计算各抗侧力构件方向的水平地震作用。

（2）质量与刚度分布明显不对称的结构，应计算双向水平地震作用下的扭转影响；其他情况，应计算单向水平地震作用下的扭转影响。

（3）高层建筑中的大跨度、长悬臂结构，7度（0.15g）、8度抗震设计时应计入竖向地震作用。

（4）9度抗震设计时应计算竖向地震作用。

注意，计算单向地震作用时应考虑偶然偏心的影响。每层质心沿垂直于地震作用方向的偏移值可按下式采用：

$$e_j = \pm 0.05L_j \qquad (7\text{-}12)$$

式中 $e_i$ —— 第 $i$ 层质心偏移值（m），各楼层质心偏移方向相同；

$L_i$ —— 第 $i$ 层垂直于地震作用方向的建筑物总长度，m。

高层建筑结构应按不同情况分别采用相应的地震作用计算方法：

（1）高层建筑结构宜采用振型分解反应谱法；质量和刚度不对称、不均匀的结构以及高度超过100m的高层建筑结构，应该采用考虑扭转耦联振动影响的振型分解反应谱法。

（2）高度不超过40m、以剪切变形为主且质量和刚度沿高度分布比较均匀的高层建筑结构，可采用底部剪力法。

（3）对7～9度抗震设防的高层建筑，在下列情况下应采用弹性时程分析法进行多遇地震下的补充计算：

①甲类高层建筑结构；

②表7-5所列的乙、丙类高层建筑结构；

③竖向不规则的高层建筑结构（包括侧向刚度不规则、层受剪承载力不足、竖向构件不连续、上部结构收进不规则及楼层质量分布不规则等）；

复杂高层建筑结构，如带转换层的结构、带加强层的结构、错层结构、连体结构、竖向收进和悬挑结构（主要是竖向收进及悬挑程度超过《高层规程》限值的竖向不规则结构）。

**表7-5 采用时程分析法的规程建筑结构**

| 设防烈度、场地类别 | 建筑高度范围 |
|---|---|
| 8度Ⅰ、Ⅱ类场地和7度 | ＞100m |
| 8度Ⅲ、Ⅳ类场地 | ＞80m |
| 9度 | ＞60m |

在进行结构时程分析时，应满足下列要求：

（1）应按建筑场地类别和设计地震分组选取实际地震记录和人工模拟的加速度时程曲线，其中实际地震记录的数量不应少于总数量的 2/3，多组时程曲线的平均地震影响系数曲线应与振型分解反应谱法所采用的地震影响系数曲线在统计意义上相符；进行弹性时程分析时，每条时程曲线计算所得结构底部剪力不应小于振型分解反应谱法计算结果的 65%，多条时程曲线计算所得结构底部剪力的平均值不应该小于振型分解反应谱法计算结果的 80%。

（2）地震波的持续时间不宜小于建筑结构基本自振周期的 5 倍和 15s，地震波的时间间距可取 0.01s 或 0.02s。

（3）输入地震加速度的最大值可按表 7-6 采用。

**表 7-6　时程分析时输入地震加速度的最大值（$cm/s^2$）**

| 设防烈度 | 6 度 | 7 度 | 8 度 | 9 度 |
|---|---|---|---|---|
| 多遇地震 | 18 | 35（55） | 70（110） | 140 |
| 设防地震 | 50 | 100（150） | 200（300） | 400 |
| 罕遇地震 | 125 | 220（310） | 400（510） | 620 |

注：7 度、8 度时括号内数值分别用于设计基本地震加速度为 0.15g 和 0.30g 的地区，此处 g 为重力加速度。

（4）当取三组时程曲线进行计算时，结构地震作用效应宜取时程法计算结果的包络值与振型分解反应谱法计算结果的较大值；当取七组及七组以上时程曲线进行计算时，结构地震作用效应可取时程法计算结果的平均值和振型分解反应谱法计算结果的较大值。

计算地震作用时，建筑结构的重力荷载代表值应取永久荷载标准值和可变荷载组合值之和。可变荷载的组合值系数应按下面规定采用：

（1）雪荷载取 0.5。

（2）楼面活荷载按实际情况计算时取 1.0；按等效均布活荷载计算时，藏书库、档案库、库房取 0.8，一般民用建筑取 0.5。

建筑结构的地震影响系数应根据烈度、场地类别、设计地震分组和结构自振周期及阻尼比确定。其水平地震影响系数最大值 $\alpha_{max}$ 应按表 7-7 采用；特征周期应根据场地类别和设计地震分组按表 7-8 采用，计算罕遇地震作用时，特征周期应增加了 0.05s。

**表 7-7　水平地震影响系数最大值 $C_{max}$**

| 地震影响 | 6 度 | 7 度 | 8 度 | 9 度 |
|---|---|---|---|---|
| 多遇地震 | 0.04 | 0.08（0.12） | 0.16（0.24） | 0.32 |
| 设防地震 | 0.12 | 0.23（0.34） | 0.45（0.68） | 0.90 |
| 罕遇地震 | 0.28 | 0.5 0（0.72） | 0.90（1.20） | 1.40 |

注：7 度、8 度时括号内数值分别用于设计基本地震加速度为 0.15g 和 0.30g 的地区；周期大于 6.0s 的高层建筑结构所采用的地震影响系数应作专门的研究确定。

表 7-8　特征周期值 $T_g(s)$

| 设计地震分组 | 场地类别 | | | | |
|---|---|---|---|---|---|
| | $I_0$ | $I_1$ | Ⅱ | Ⅲ | Ⅳ |
| 第一组 | 0.20 | 0.25 | 0.35 | 0.45 | 0.65 |
| 第二组 | 0.25 | 0.30 | 0.40 | 0.55 | 0.75 |
| 第三组 | 0.30 | 0.35 | 0.45 | 0.65 | 0.90 |

高层建筑结构地震影响系数曲线（见图 7-18）的形状参数及阻尼调整应符合下列规定：

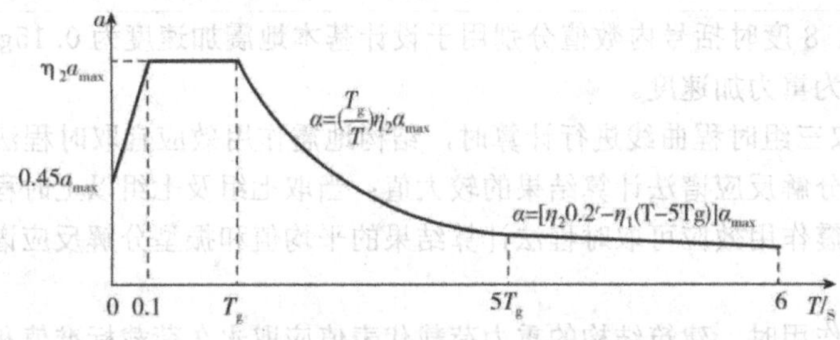


图 7-18　地震影响系数曲线

$\alpha$ —地震影响系数；$\alpha_{max}$ —地震影响系数最大值；$T$ —结构自振周期；$T_g$ —结构自振周期；$\gamma$ —衰减指数；$\eta_1$ —直线下降段下降斜率调整系数；$\eta_2$ —阻尼调整系数

（1）除有专门规定外，钢筋混凝土高层建筑结构的阻尼比应取 0.05，此时阻尼调整系数化应取 1.0，形状参数应符合下列规定：

①直线上升段，周期小于 0.1S 的区段；

②水平段，自 0.1s 至特征周期 $T_g$ 的区段，地震影响系数应取最大值 amax；

③曲线下降段，自特征周期至 5 倍特征周期的区段，衰减指数 $\gamma$ 应该取 0.9；

④直线下降段，自 5 倍特征周期至 6.0s 的区段，下降段斜率调整系数 $\eta_1$ 应取 0.02。

（2）当建筑结构的阻尼比不等于 0.05 时，地震影响系数曲线的分段情况与上述相同，但是其形状参数和阻尼调整系数 $\eta_2$ 应符合下面规定：

①曲线下降段的衰减指数 $\gamma$ 应按下式确定：

$$\gamma = 0.9 + \frac{0.05-\zeta}{0.3+6\zeta} \tag{7-13}$$

式中 $\gamma$ —— 曲线下降段的衰减指数；

$\zeta$ —— 阻尼比。

②直线下降段的斜率调整系数 $\eta_1$ 应按照下式确定：

$$\eta_1 = 0.02 + \frac{0.05-\zeta}{4+32\zeta} \tag{7-14}$$

式中 $\eta_1$ —— 直线下降段的斜率调整系数，小于。时应取 0。

③阻尼调整系数 $\eta_2$ 应按下式确定：

$$\eta_2 = 1 + \frac{0.05-\zeta}{0.08+1.6\zeta} \tag{7-15}$$

式中 $\eta_2$ —— 阻尼调整系数，小于 0.55 时应经取 0.55。

2. 水平地震作用计算

（1）底部剪力法。

当采用底部剪力法时，计算的简图如图 7-19 所示。

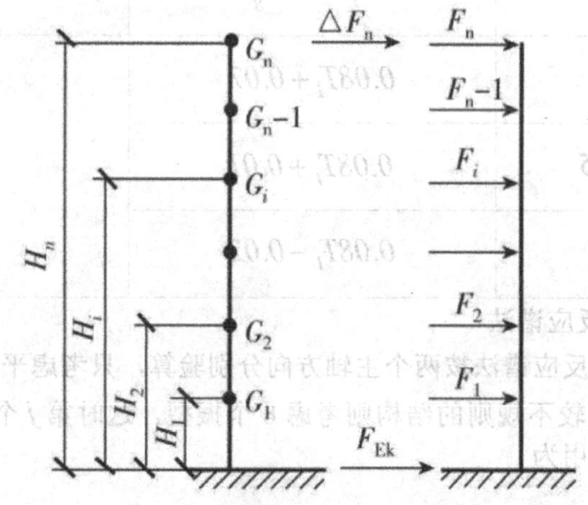


图 7-19　底部剪力法等效地震力分布

结构底部总剪力标准值可按下式计算：

$$F_{Ek} = \alpha_1 G_{eq} \tag{7-16}$$

式中 $\alpha_1$ 相应于结构基本的自振周期 $T_1$ 的 $\alpha$ 值；

$G_{eq}$ —— 结构等效总重力荷载代表值，$G_{eq} = 0.85G_E$，其中 $G_E$ 为计算地震作用时结构总重力荷载代表值，$G_E = \sum_{i=1}^{n} G_j$；

$G_j$ —— 第 $j$ 层重力荷载入表值。

当结构有高阶振型影响时，顶部位移及惯性力加大，在底部剪力法中，顶部附加作用 $\ddot{A}F_n$ 应近似考虑高阶振型的影响。顶层等效地震力为 $F_n+\ddot{A}F_n$ 剩下部分再分配到各楼层：

$$F_i=\frac{G_iH_i}{\sum_{j=1}^{n}G_jH_j}F_{Ek}\left(1-\delta_n\right) \tag{2-17}$$

式中 $\delta_n$ —— 顶部附加地震作用系数，对于多层钢筋混凝土和钢结构房屋，$\delta_n$ 可以按表 7-9 确定，其他房屋可采用 0。

$H_i,H_j$ —— 第 $i,j$ 楼层的计算高度。顶部附加水平地震作用标准值是

$$\ddot{A}F_n=\delta_nF_{Ek} \tag{7-18}$$

**表 7-9　顶部附加地震作用系数**

| $T_g/s$ | $T_1>1.4T_g$ | $T_1\leqslant 1.4T_g$ |
| --- | --- | --- |
| $T_g\leqslant 0.35$ | $0.08T_1+0.07$ | 不考虑 |
| $0.35<T_g\leqslant 0.55$ | $0.08T_1+0.01$ | |
| $T_g>0.55$ | $0.08T_1-0.02$ | |

（2）振型分解反应谱法

当采用振型分解反应谱法按两个主轴方向分别验算，只考虑平移方向的振型时，一般考虑 3 个振型，较不规则的结构则考虑 6 个振型，这时第 $j$ 个振型在第 $i$ 个质点上产生的水平地震作用为

$$F_{ji}=\alpha_j\gamma_jX_{ji}G_i\quad(i=1,2,\cdots,m;j=1,2\cdots,n) \tag{7-19}$$

式中 $\alpha_j$ —— 相应于第 / 振型自振周期 $T_j$ 的地震影响系数，按照图 7-20 确定；

$\gamma_j$ —— 第 $j$ 振型的振型参与系数，可按式（7-20）计算。

$$\gamma_j=\frac{\sum_{i=1}^{n}X_{ji}G_i}{\sum_{i=1}^{n}X_{ji}^2G_i} \tag{7-20}$$

式中 $X_{ji}$ —— 第 $j$ 振型第 $i$ 质点的水平相对位移；

$G_i$－——集中于第$i$质点的重力荷载代表值。

各平动振型产生的地震作用效应（内力、位移）可近似地按下列确定：

$$S_{Ek}=\sqrt{\sum S_j^2} \tag{7-21}$$

式中$S_{Ek}$——水平地震作用标准值的效应（内力或变形）；

$S_j$——第$j$振型水平地震作用标准值产生的作用效应。

考虑扭转影响的结构，按扭转耦联振型分解法计算时，各楼层可取两个正交的水平位移及一个转角位移共三个自由度。

（3）最小楼层地震剪力。水平地震作用计算时，结构各楼层对应于地震作用标准值的剪力应符合下式要求：

$$V_{Eki}\geqslant\lambda\sum_{j=i}^{n}G_j \tag{7-22}$$

式中$V_{Eki}$——第$i$层对应于水平地震作用标准值离剪力；

$\lambda$——水平地震剪力系数，不应小于表7-10的规定，对竖向不规则结构的薄弱层，尚应乘以1.15的增大系数；

$G_j$——第$j$层的重力荷载代表值；$n$结构计算总层数。

**表7-10　楼层最小地震剪力系数值**

| 类别 | 6度 | 7度 | 8度 | 9度 |
|---|---|---|---|---|
| 扭转效应明显或基本周期小于3.5s的结构 | 0.008 | 0.016（0.024） | 0.032（0.048） | 0.064 |
| 基本周期大于5.0s的结构 | 0.006 | 0.012（0.018） | 0.024（0.036） | 0.048 |

注：

1. 基本周期介于3.5s和5s之间的结构，按插入法取值；
2. 括号内的数值分别用于设计基本地震加速度为0.15g和0.30g的地区。

（4）周期近似计算及周期折减

在应用底部剪力法时，需要结构基本自振周期，计算等效地震作用常采用适合手算的近似计算方法。

①根据建筑总层数$n$确定高层建筑基本自振周期的近似计算方法：

钢结构$T_1=(0.10\sim0.15)n$

钢筋混凝土结构$T_1=(0.05\sim0.10)n$

②根据房屋总高度H及宽度B确定基本自振周期的近似计算方法：

钢筋混凝土框架和框剪结构$T_1=0.25+0.53\times10^{-3}\frac{H^2}{\sqrt[3]{B}}$

钢筋混凝土剪力墙结构 $T_1 = 0.03 + 0.03\frac{H}{\sqrt[3]{B}}$

另外需要注意的是，结构的自振周期 T 在施工图设计时一般通过计算程序确定，由于在结构计算时只考虑了主要承重结构的刚度而刚度很大的填充墙在计算模型中没有得到反映，计算所得的周期较实际周期偏长，如果按计算周期直接计算地震作用将偏于不安全。因此，计算周期必须乘以周期折减系数 $\psi_T$，之后才能用于计算地震作用。

周期折减系数 $\psi_T$ 取决于结构形式和砌体填充墙的多少，可近似按下列规定采用：

框架结构 $\psi_T = 0.6 \sim 0.7$

框架 - 剪力墙结构 $\psi_T = 0.7 \sim 0.8$

框架 - 核心筒结构 $\psi_T = 0.8 \sim 0.9$

剪力墙结构 $\psi_T = 0.8 \sim 1.0$

对于其他结构体系或采用其他非承重墙体时，可以根据工程实际情况确定周期折减系数。

（5）时程分析法

对于刚度与质量沿竖向分布特别不均匀的高层建筑，7 度和 8 度Ⅰ、Ⅱ类场地且高度超过 100m，8 度Ⅲ、Ⅳ类场地且高度超过 80m，以及 9 度时高度超过 60m 的高层建筑，应采用时程分析法进行多遇地震下的补充计算。

弹性时程分析的计算并不困难，在各种商用计算程序中都可以实现，难度在于选用合适的地面运动，因为地震是随机的，很难预估结构未来可能遭受到什么样的地面运动。因此《抗震规范》要求，当取三组加速度时程曲线输入时，计算结果宜取时程法的包络值和振型分解反应谱法的较大值；当取七组及七组以上的时程曲线时，计算结果可取时程法的平均值和振型分解反应谱法的较大值。采用时程分析法时，应按建筑场地类别和设计地震分组选用实际强震记录和人工模拟的加速度时程曲线，其中实际强震记录的数量不应少于总数的 2/3，多组时程曲线的平均地震影响系数曲线应与振型分解反应谱法所采用的地震影响系数曲线在统计意义上相符，其加速度时程的最大值可按表 7-11 采用。进行弹性时程分析时，每条时程曲线计算所得结构底部剪力不应小于振型分解反应谱法计算结果的 65%，多条时程曲线计算所得结构底部剪力的平均值不应该小于振型分解反应谱法计算结果的 80%。

**表 7-11　时程分析所用地震加速度时程的最大值（$cm/s^2$）**

| 地震影响 | 6 度 | 7 度 | 8 度 | 9 度 |
|---|---|---|---|---|
| 多遇地震 | 18 | 35（55） | 70（110） | 140 |
| 罕遇地震 | 125 | 220（310） | 400（510） | 620 |

注：括号内的数值分别用于设计基本地震加速度为 0.15g 和 0.30g 的地区。

另外，对于不规则且具有明显薄弱部位可能导致重大地震破坏的建筑结构，《抗震规范》还规定，应进行罕遇地震作用下的弹塑性变形分析。此时，可根据结构特点采用静力弹塑性分析方法或弹塑性时程分析方法。

3. 突出屋面塔楼的地震力

突出屋面的小塔楼一般指突出屋面的楼电梯间、水箱间等，通常1～2层，高度小，体积也不大。塔楼的底部由于放在屋面上，承受的是经过主体建筑放大后的地震加速度，因而受到强化的激励作用，突出屋面的塔楼，其刚度和质量都比主体结构小得多，因而产生非常显著的鞭梢效应。

当采用时程分析方法时，塔楼与主体建筑一起分析，反应结果可直接采用，不必修正。

当采用底部剪力法时，由于假定以第一振型的振型曲线为标准，求得的地震力可能偏小，因而必须修正。《抗震规范》规定，采用底部剪力法时，突出屋面的屋顶间、女儿墙、烟囱等的地震作用效应，宜乘以增大系数3，此增大部分不应往下传递，但与该突出部分相连的构件应予计入。

此时应注意，顶部附加水平地震作用$\ddot{A}F_n$加在主体结构的顶层，不加在小塔楼上。

用振型分解反应谱法计算地震作用时，也可将小塔楼作为一个质点，当采用6个以上振型时，已充分考虑了高阶振型的影响，可不再修正。如果只采用3个振型，则所得的地震力可能偏小，塔楼的水平地震作用宜适当放大，放大系数可取1.5，放大后的水平地震作用只用来设计小塔楼本身及与小塔楼直接相连的主体结构构件，不传递到下部楼层。

4. 竖向地震作用

通过震害分析可知，竖向地震作用对高层建筑及大跨度结构有很大影响，尤其在高烈度地区。因此，《抗震规范》和《高层规程》规定，9度时的高层建筑，他的竖向地震作用标准值应按下面公式确定：

$$F_{Evk}=\alpha_{vmax}G_{eq} \tag{7-23}$$

$$G_{eq}=0.75G_E \tag{7-24}$$

$$\alpha_{vmax}=0.65\alpha_{max} \tag{7-25}$$

式中 $F_{Evk}$ —— 结构总竖向地震作用标准值；

$\alpha_{vmax}$ —— 结构竖向地震影响系数最大值；

$G_{eq}$ —— 结构等效总重力荷载代表值；

$G_E$ —— 计算竖向地震作用时，结构总重力荷载代表值，应取各质点重力荷载代表值之和。结构质点$i$的竖向地震作用标准值可按下式计算：

$$F_{vi}=\frac{G_iH_i}{\sum_{j=1}^{n}G_jH_j}F_{Evk} \tag{7-26}$$

式中 $F_{vi}$ —— 质点$i$的竖向地震作用标准值；

$G_i$，$G_j$ —— 集中于质点 $i, j$ 的重力荷载代表值。

$H_i, H_j$ —— 质点 $i, j$ 的计算高度。

楼层各构件的竖向地震作用效应可按各构件承受的重力荷载代表值比例分配，并且宜乘以增大系数 1.5。

此外，对于跨度大于 24m 的楼盖结构、跨度大于 12m 的转换结构和连体结构、悬挑长度大于 5m 的悬挑结构，结构竖向地震作用效应标准值宜采用时程分析法或者振型分解反应谱法进行计算。

高层建筑中，大跨度结构、悬挑结构、转换结构及连体结构的连接体的竖向地震作用标准值，不应小于结构或构件承受的重力荷载代表值与表 7-12 所规定的竖向地震作用系数的乘积。

表 7-12 竖向地震作用系数

| 设防烈度 | 7 度 | 8 度 | | 9 度 |
|---|---|---|---|---|
| 设计基本地震加速度 | 0.15g | 0.20g | 0.30g | 0.40g |
| 竖向地震作用系数 | 0.08 | 0.10 | 0.15 | 0.20 |

# 第八章 建筑工程剪力墙结构设计及要求

## 第一节 剪力墙结构设计

剪力墙是一种抵抗侧向力的结构单元，和框架柱相比，其截面薄而长（受力方向截面高宽比大于4），在水平荷载作用下，截面抗剪问题比较突出。剪力墙必须依赖各层楼板作为支撑，以保持平面外的稳定。剪力墙不仅可以形成单独的剪力墙结构体系，还可与框架等一起形成框架－剪力墙结构体系、框架－筒体结构体系等。

### 一、剪力墙结构的受力特点和分类

#### （一）剪力墙结构的受力特点和计算假定

在水平荷载作用下，悬臂剪力墙的控制截面为底层截面，所产生内力为水平剪力和弯矩。墙肢截面在弯矩作用下产生下层层间相对侧移较小、上层层间相对侧移较大的"弯曲型变形"，在剪力作用下产生"剪切型变形"，此两种变形的叠加构成平面剪力墙的变形特征，如图8-1（a）所示。一般根据剪力墙高宽比可将剪力墙分为高墙（$H/b_w>2$）、中高墙$1\leqslant H/b_w\leqslant 2$）和矮墙（$H/b_w<1$）。在水平荷载作用下，随着结构高宽比的增大，由弯矩产生的弯曲型变形在整体侧移中所占的比例相应增大，故一般高墙在水平荷载作用下的变形曲线表现为"弯曲型变形曲线"，但矮墙在水平荷载作用下的变形曲线表现为"剪切型变形曲线"。

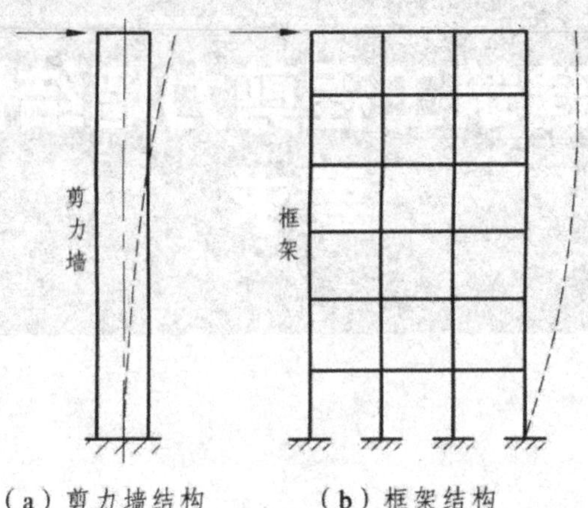


**图 8-1　剪力墙与框架结构的变形特征**

悬臂剪力墙可能出现的破坏形态有弯曲破坏、剪切破坏及滑移破坏。剪力墙结构应具有较好的延性，细高的剪力墙应设计成弯曲破坏的延性剪力墙，以避免脆性的剪切破坏。实际工程中，为了改善平面剪力墙的受力变形特征，常在剪力墙上开设洞口以形成连梁，使单肢剪力墙的高宽比显著提高，进而发生弯曲破坏。

因此，剪力墙每个墙段的长度不宜大于 8m，高宽比不应小于 2。当墙肢很长时，可通过开洞将其分为长度较小的若干均匀墙段，每个墙段可以是整体墙，也可以是用弱连梁连接的联肢墙。

剪力墙结构由竖向承重墙体和水平楼板及连梁构成，整体性好，在竖向荷载作用下，按 45° 刚性角向下传力；在水平荷载作用下，每片墙体按其所提供的等效抗弯刚度大小来分配水平荷载。因此剪力墙的内力和侧移计算可简化为竖向荷载作用下的计算以及水平荷载作用下平面剪力墙的计算，并且用以下假定：

（1）竖向荷载在纵横向剪力墙上均按 45° 刚性角传力。

（2）按每片剪力墙的承荷面积计算它的竖向荷载，直接计算墙截面上的轴力。

（3）每片墙体结构仅在其自身平面内提供抗侧刚度，在平面外的刚度可忽略不计。

（4）平面楼盖在其自身平面内刚度无限大。当结构的水平荷载合力与结构刚度中心重合时，结构不产生扭转，各片墙在同一层楼板标高处，侧移相等，总水平荷载按各片剪力墙的刚度分配到每片墙。

（5）剪力墙结构在使用荷载作用下的构件材料均处于线弹性阶段。

其中，水平荷载作用下平面剪力墙的计算可按纵和横两个方向的平面抗侧力结构进行分析。如图 8-2 所示剪力墙结构，在横向水平荷载作用下，只考虑横墙起作用，而“略去”纵墙作用，如图 8-2（b）所示；在纵向水平荷载作用下，则只考虑纵墙起作用，而“略去”横墙作用，如图 8-2（c）所示。此处“略去”是指将其影响体现在与它相交的另一方向剪力墙结构端部存在的翼缘上，将翼缘部分作为剪力墙的一部分来计算。

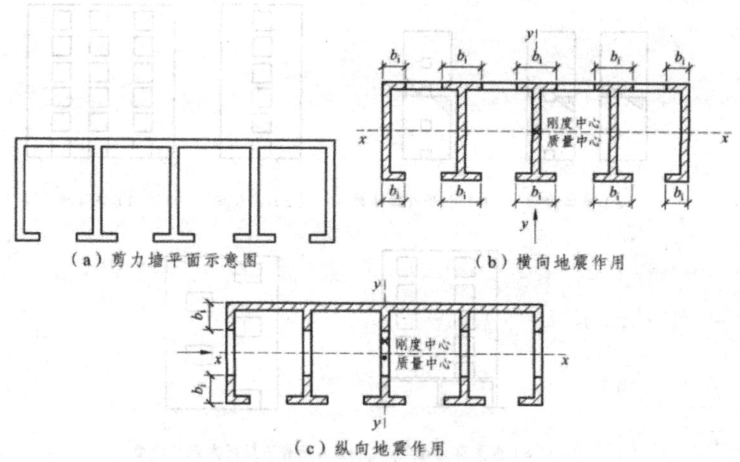


**图 8-2　剪力墙的计算示意图**

《高层规程》规定，计算剪力墙结构的内力与位移时，应考虑纵、横墙的共同工作，即纵墙的一部分可作为横墙的有效翼缘，横墙的一部分也可以作为纵墙的有效翼缘。现浇剪力墙有效翼缘的宽度 bi 可按相关规范规定取用：当计算内力和变形（计算效应 S）时，按《抗震规范》的相关规定取用，当计算承载力（计算抗力 R）时，按《混凝土规范》的相关规定取用。

## （二）剪力墙结构的分类

在水平荷载作用下，剪力墙处于二维应力状态，严格讲，应该采用平面有限元方法进行计算；但在实用上，大都将剪力墙简化为杆系，采用结构力学的方法作近似计算。按照洞口大小和分布不同，剪力墙可分为下列几类，每一类的简化计算方法都有其适用条件。

### 1. 整体墙和小开口整体墙

没有门窗洞口或只有很小的洞口，可以忽略洞口的影响。这种类型的剪力墙实际上是一个整体的悬臂墙，符合平面假定，正应力按直线规律分布。这种墙称为整体墙，如图 8-3（a）所示。

当门窗洞口稍大一些，墙肢应力中已出现局部弯矩，如图 8-3（b）所示，但局部弯矩的大小不超过整体弯矩的 15% 时，可以认为截面变形大体上仍符合平面假定，按材料力学公式计算应力，然后加以适当的修正，这种墙称为小开口整体墙。

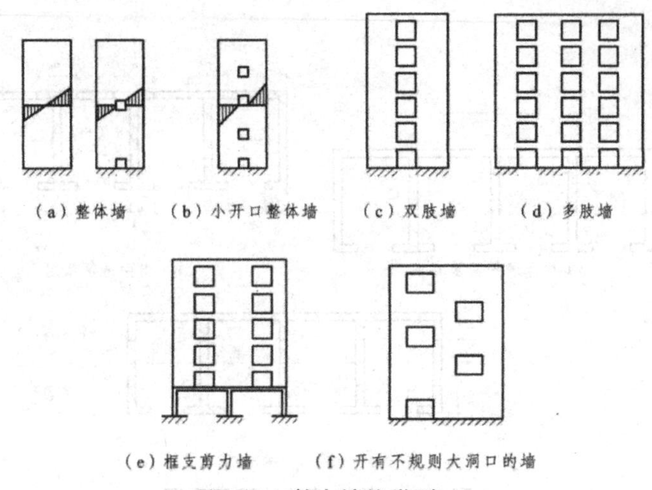


图 8-3 剪力墙的类型

2. 双肢剪力墙和多肢剪力墙

开有一排较大洞口的剪力墙为双肢剪力墙，如图 8-3（c）所示，开有多排较大洞口的剪力墙为多肢剪力墙，如图 8-3（d）所示。由于洞口开得较大，截面的整体性已经破坏，正应力分布较直线规律差别较大。其中若洞口更大些，且连梁刚度很大，而墙肢刚度较弱的情况，已经接近框架的受力特点，此时也称作壁式框架（见图 8-4）。

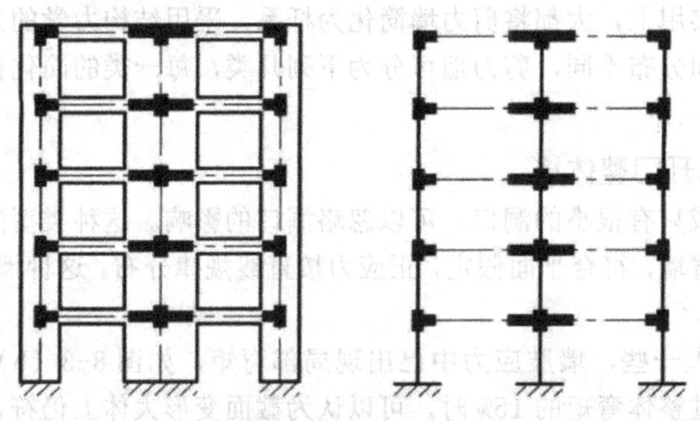

图 8-4 壁式框架

3. 开有不规则大洞口的剪力墙

当洞口较大，而排列不规则，如图 8-3(f)所示，这种墙不能简化为杆系模型计算，如果要较精确地知道其应力分布，只能采用平面有限元方法。

以上剪力墙中，除整体墙和小开口整体墙基本上采用材料力学的计算公式外，其

他大体还有以下一些算法。

（1）连梁连续化的分析方法。

此法将每一层楼层的连系梁假想为分布在整个楼层高度上的一系列连续连杆（见图 8-5），借助于连杆的位移协调条件建立墙的内力微分方程，通过解微分方程求得到内力。

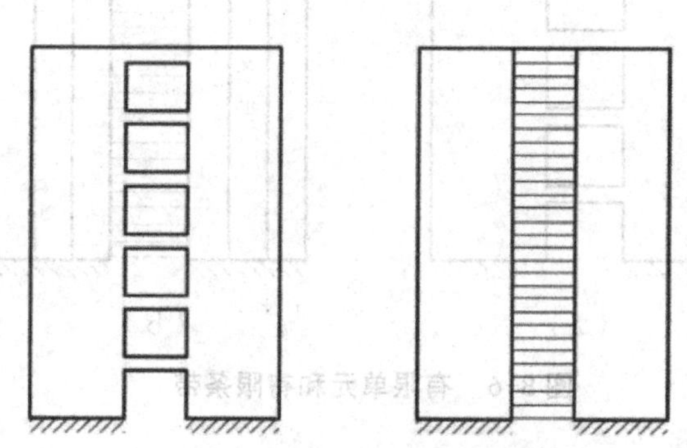

图 8-5　连梁连续化计算图

（2）壁式框架计算法。

此法将剪力墙简化为一个等效多层框架。由于墙肢及连梁都较宽，在墙梁相交处形成一个刚性区域，在该区域内墙梁刚度无限大，因此该等效框架的杆件便成为带刚域的杆件。求解时，可用简化的 D 值法求解，也可以采用杆件有限元及矩阵位移法借助计算机求解。

（3）有限元法和有限条法。

将剪力墙结构作为平面或空间结构，采用网格划：分为若干矩形或三角形单元，如图 8-6（a）所示，取结点位移作为未知量，建立各结点的平衡方程，用计算机求解。该方法对于任意形状尺寸的开孔及任意荷载或墙厚变化都能求解，且精度较高。

由于剪力墙结构外形及边界较规整，也可将剪力墙结构划分为条带，如图 8-6（b）所示，即取条带为单元。条带间以结线相连，每条带沿 y 方向的内力与位移变化用函数形式表示，在 x 方向则为离散值。用结线上的位移为已知量，通过平衡方程借助计算机求解。

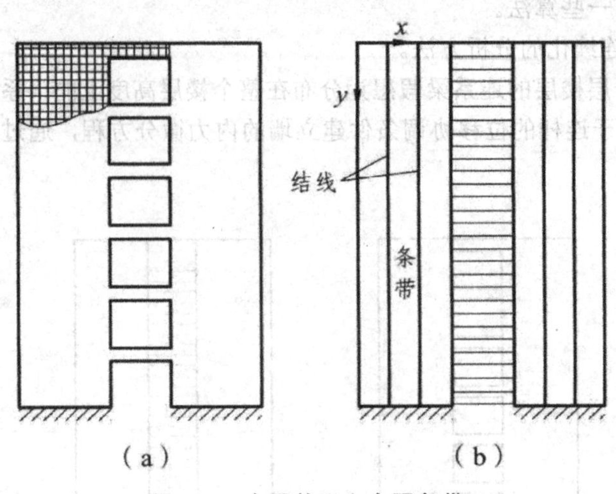

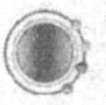


图 8-6　有限单元和有限条带

## 二、剪力墙结构的延性设计

### （一）剪力墙延性设计的原则

钢筋混凝土房屋建筑结构中，除框架结构外，其他结构体系都有剪力墙，剪力墙的优点有：刚度大，容易满足风或小震作用下层间位移角的限值及风作用下的舒适度的要求；承载能力大；合理设计的剪力墙具有良好的延性和耗能能力。

和框架结构一样，在剪力墙结构的抗震设计中，应尽量做到延性设计，保证剪力墙符合：

第一，强墙弱梁。连梁屈服先于墙肢屈服，使塑性铰变形和耗能分散于连梁中，避免因墙肢过早屈服使塑性变形集中在某一层而形成软弱层或薄弱层。

第二，强剪弱弯。侧向力作用下变形曲线为弯曲形和弯剪形的剪力墙，一般会在墙肢底部一定高度内屈服形成塑性铰，通过适当提高塑性铰范围及其以上相邻范围的抗剪承载力，实现墙肢强剪弱弯，避免墙肢剪切破坏。对连梁与框架梁相同，通过剪力增大系数调整剪力设计值，实现强剪弱弯。

第三，强锚固。墙肢和连梁的连接等部位仍然应满足强锚固的要求，以防止在地震作用下，节点部位的破坏。

第四，同时还应在结构布置、抗震构造中满足相关要求，以达到延性设计的目的。

#### 1. 悬臂剪力墙的破坏形态和设计要求

悬臂剪力墙是剪力墙中的基本形式，是只有一个墙肢的构件，其设计方法也是其他各类剪力墙设计的基础。因此可通过对悬臂剪力墙延性设计的研究，得出了剪力墙结构延性设计的原则。

悬臂剪力墙可能出现弯曲、剪切及滑移（剪切滑移：或施工缝滑移）等多种破坏形态，如图 8-7 所示。

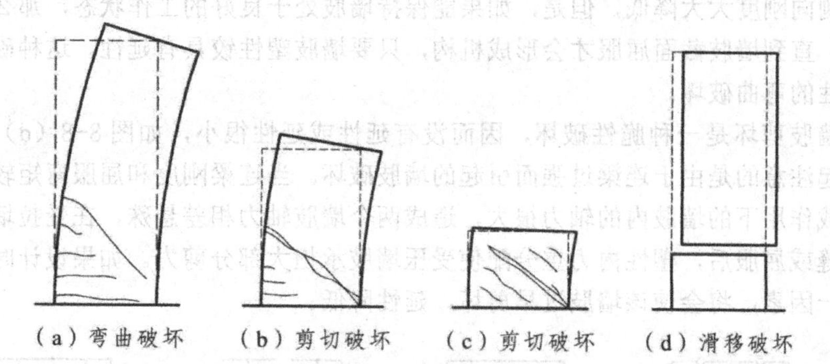


**图 8-7　悬臂剪力墙的破坏形态**

在正常使用及风荷载作用下，剪力墙应当处于弹性工作阶段，不出现裂缝或仅有微小裂缝。因此，抗风设计的基本方法是：按弹性方法计算内力及位移，限制结构位移并按极限状态方法计算截面配筋，满足了各种构造要求。

在地震作用下，先以小震作用按弹性方法计算内力及位移，进行截面设计。在中等地震作用下，剪力墙将进入塑性阶段，剪力墙应当具有延性和耗散地震能量的能力。因此，应当按照抗震等级进行剪力墙构造和截面验算，满足延性剪力墙的要求，以实现中震可修、大震不倒的设防目标。

悬臂剪力墙是静定结构，只要有一个截面达到极限承载力，构件就丧失承载能力。在水平荷载作用下，剪力墙的弯矩和剪力都在基底部位最大。因而基底截面是设计的控制截面。沿高度方向，在剪力墙断面尺寸改变或配筋变化的地方，也是控制截面，均应进行正截面抗弯及斜截面抗剪承载力计算。

2. 开洞剪力墙的破坏形态和设计要求

开洞剪力墙，或称联肢剪力墙，简称联肢墙，是指由连梁和墙肢构件组成的开有较大规则洞口的剪力墙。

开洞剪力墙在水平荷载作用下的破坏形态与开洞大小、连梁与墙肢的刚度及承载力等有很大的关系。

当连梁的刚度及抗弯承载力远小于墙肢的刚度和抗弯承载力，且连梁具有足够的延性时，则塑性铰在连梁端部出现，待墙肢底部出现塑性铰以后，才能形成图 8-8 (a) 所示的机构。数量众多的连梁端部塑性铰在形成过程中既能吸收地震能量，又能继续传递弯矩与剪力，对墙肢形成的约束弯矩使剪力墙保持足够的刚度与承载力，墙肢底部的塑性铰亦具有延性。这样的开洞剪力墙延性最好。

当连梁的刚度及承载力很大时，连梁不会屈服，这时开洞墙与整体悬臂墙类似，要靠底层出现塑性铰，如图 8-8 (b) 所示，然后才破坏。只要墙肢不过早剪坏，则这种破坏仍然属于有延性的弯曲破坏，但与图 8-8 (a) 相比，耗能集中在底层少数几个铰上。这样的破坏远不如前面的多铰机构的抗震性能。

当连梁的抗剪承载力很小，首先受到剪切破坏时，会使墙肢失去约束而形成单独墙肢，如图 8-8 (c) 所示。与连梁不破坏的墙相比，墙肢中轴力减小，弯矩增大，墙的侧向刚度大大降低，但是，如果能保持墙肢处于良好的工作状态，那么结构仍可承载，直到墙肢截面屈服才会形成机构，只要墙肢塑性铰具有延性，这种破坏也是属于延性的弯曲破坏。

墙肢剪坏是一种脆性破坏，因而没有延性或延性很小，如图 8-8（d）所示。值得引起注意的是由于连梁过强而引起的墙肢破坏。当连梁刚度和屈服弯矩较大时，水平荷载作用下的墙肢内的轴力很大，造成两个墙肢轴力相差悬殊，在受拉墙肢出现水平裂缝或屈服后，塑性内力重分配使受压墙肢承担大部分剪力。如果设计时未充分考虑这一因素，将会使该墙肢过早剪坏，延性降低。

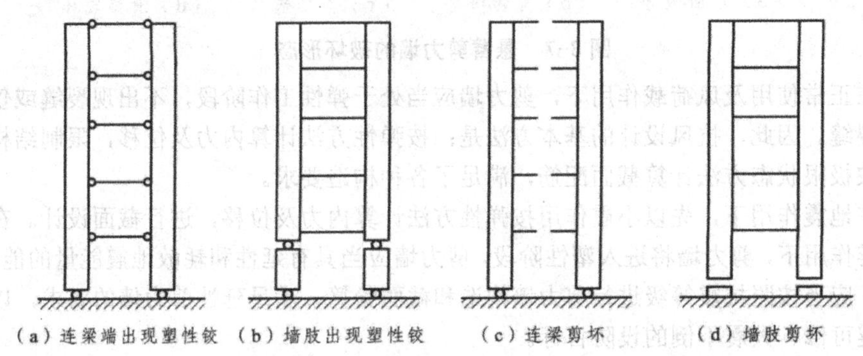

（a）连梁端出现塑性铰　（b）墙肢出现塑性铰　（c）连梁剪坏　（d）墙肢剪坏

**图 8-8　开洞剪力墙的破坏机构**

从上面的破坏形态分析可知，按照“强墙弱梁”原则设计开洞剪力墙，并按照“强剪弱弯”要求设计墙肢及连梁构件，可以得到较为理想的延性剪力墙结构，它比悬臂剪力墙更为合理。若连梁较强而形成整体墙，则要注意与悬臂墙相类似的塑性铰区的加强设计，如果连梁跨高比较大而可能出现剪切破坏，就要按照抗震结构“多道设防”的原则，即考虑连梁破坏后，退出工作，按照几个独立墙肢单独抵抗地震作用的情况设计墙肢。

开洞剪力墙在风荷载及小震作用下，按照弹性计算内力进行荷载组合后，再进行连梁及墙肢的截面配筋计算。

应当注意，沿房屋高度方向，内力最大的连梁不在底层。应选择内力最大的连梁进行截面和配筋计算；或沿高度方向分成几段，选择每段中内力最大的梁进行截面和配筋计算。沿高度方向，墙肢截面、配筋也可以改变，由底层向上逐渐减小，分成几段分别进行截面、配筋计算。开洞剪力墙的截面尺寸、混凝土等级、正截面抗弯计算，以及斜截面抗剪计算和配筋构造要求等都与悬臂墙相同。

### 3. 剪力墙结构平面布置

剪力墙结构中，剪力墙宜沿主轴方向或其他方向双向布置；一般情况下，采用矩形、L 形、T 形平面时，剪力墙沿纵、横两个方向布置；当平面为三角形、Y 形时，剪力墙可沿三个方向布置；当平面为多边形、圆形和弧形平面时，则可沿环向和径向布置。剪力墙应尽量布置得规则、拉通、对直。

抗震设计的剪力墙结构，应避免仅单向有墙的结构布置形式。剪力墙墙肢截面宜简单、规则。剪力墙结构的侧向刚度不宜过大，否则将使结构周期过短，地震作用大，很不经济。另外，长度过大的剪力墙，易形成中高墙或矮墙，由受剪承载力控制破坏形态，延性变形能力减弱，不利于抗震。

剪力墙的门窗洞口宜上下对齐、成列布置，形成明确的墙肢和连梁，应避免使墙肢刚度相差悬殊的洞口设置。抗震设计时，一、二、三级抗震等级剪力墙的底部和加强部位不宜采用错洞墙；一、二、三级抗震等级的剪力墙均不宜采用叠合错洞墙。

同一轴线上的连续剪力墙过长时，可用细弱的连梁将长墙分成若干个墙段，每一个墙段相当于一片独立剪力墙，墙段的高宽比不应小于 2。每一墙肢的宽度不宜大于 8m，以保证墙肢也是受弯承载力控制，且靠近中和轴的竖向分布钢筋在破坏时能充分发挥强度。

剪力墙结构中，如果剪力墙的数量太多，会使结构的刚度和重量都很大，不仅材料用量增加而且地震力也增大，使上部结构和基础设计都变得困难。一般来说，采用大开间剪力墙（间距 6.0 ～ 7.2m）比小开间剪力墙（间距 3 ～ 3.9m）的效果更好。以高层住宅为例，小开间剪力墙的墙截面面积一般占楼面面积的 8%-10%，而大开间剪力墙可降至 6% ～ 7%，可有效降低材料用量且建筑使用面积增大。

可通过结构基本自振周期来判断剪力墙结构合理刚度，宜使剪力墙结构的基本自振周期控制在（0.05 ～ 0.06）N（N 为层数）。

当周期过短、地震力过大时，宜加以调整。调整剪力墙结构刚度的方法有：

（1）适当减小剪力墙的厚度。

（2）降低连梁的高度。

（3）增大门窗、同口宽度。

（4）对较长的墙肢设置施工洞，分为两个墙肢。墙肢长度超过 8m 时，一般应由施工洞口划分为小墙肢。墙肢由施工洞分开后，如果建筑上不需要，可用砖墙填充。

4. 剪力墙结构竖向布置

普通剪力墙结构的剪力墙应在整个建筑竖向连续，上应到顶，下要到底，中间楼层不要中断。剪力墙不连续会使结构刚度突变，对抗震非常不利。当顶层取消部分剪力墙而设置大房间时，其余的剪力墙应在构造上予以加强；当底层取消部分剪力墙时，应设置转换楼层，并按专门规定进行结构设计。

为避免刚度突变，剪力墙的厚度应逐渐改变，每次厚度减小 50-100mm 为宜，以使剪力墙刚度均匀连续改变。同时，厚度改变和混凝土强度等级改变宜按楼层错开。

为减小上、下剪力墙结构的偏心，通常情况下，剪力墙厚度宜两侧同时内收。为保持外墙面平整，可只在内侧单面内收；电梯井因安装要求，可只在外侧单面内收。

剪力墙相邻洞口之间以及洞口与墙边缘之间要避免小墙肢（见图 8-9）。试验结果表明，墙肢宽度与厚度之比小于 3 的小墙肢在反复荷载作用下，比大墙肢开裂早、破坏早，即使加强配筋，也难以防止小墙肢的早期破坏。在设计剪力墙时，墙肢宽度不宜小于 3 久（如为墙厚），且不应小于 500mm。

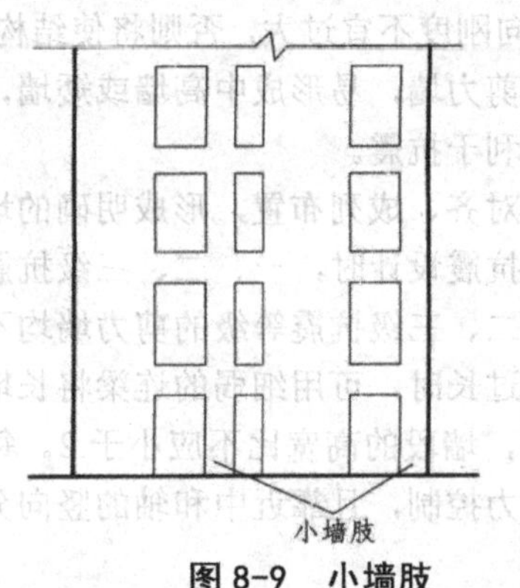


图 8-9 小墙肢

5. 剪力墙延性设计的其他构造措施

此外，要实现剪力墙的延性设计还应满足其他一些构造措施，例如设置翼缘或端柱、控制轴压比、设置边缘构件等。

## （二）墙肢设计

### 1. 内力设计值

非抗震和抗震设计的剪力墙应分别按无地震作用和有地震作用进行荷载效应组合，取控制截面的最不利组合内力或对其调整后的内力（统称为内力设计值）进行配筋设计。墙肢的控制截面一般取墙底截面以及改变墙厚、改变混凝土强度等级、改变配筋量的截面。

（1）弯矩设计值。

一级抗震墙的底部加强部位以上部位，墙肢的组合弯矩设计值应乘以增大系数，其值可采用 1.2；剪力做相应的调整。

双肢抗震墙中，墙肢不宜出现小偏心受拉，由于此时混凝土开裂贯通整个截面高度，可通过调整剪力墙的长度或连梁的尺寸避免出现小偏心受拉的墙肢。剪力墙很长时，边墙肢拉（压）力很大，可人为加大洞口或人为开洞口，减小连梁高度而形成对墙肢约束弯矩很小的连梁，地震时，该连梁两端比较容易屈服形成塑性铰，从而将长墙分成长度较小的墙。在工程中，通常宜使墙的长度不超过 8m。此外减小连梁高度也可以减小墙肢轴力。

当任一墙肢为大偏心受拉时，另一墙肢的剪力设计值、弯矩设计值应乘以增大系数 1.25。因为当一个墙肢出现水平裂缝时，刚度降低，由于内力重分布而剪力向无裂缝的另一个墙肢转移，使另一个墙肢内力增大。

部分框支剪力墙结构的落地抗震墙墙肢不应出现小偏心受拉。

（2）剪力设计值。

为实现“强剪弱剪”的延性设计，一、二、三级的抗震墙底部加强部位，其截面组合的剪力设计值应按下面式子调整：

$$V=\eta_{vw}V_w \qquad (8\text{-}1a)$$

9 度的一级抗震墙可不按上式调整，但应符合下式要求：

$$V=1.1\frac{Mwua}{M_w}V_w \qquad (8\text{-}1b)$$

式中 $V$ —— 抗震墙底部加强部位截面组合的剪力设计值；

$V_w$ —— 抗震墙底部加强部位截面组合的剪力计算值；

$M_{waa}$ —— 抗震墙底部截面按实配纵向钢筋面积、材料强度标准值和轴力等计算的抗震受弯承载力所对应的弯矩值（有翼墙时，应该计入墙两侧各一倍翼墙厚度范围内的纵向钢筋）；

$M_w$ —— 墙肢底部截面最不利组合的弯矩计算值；

$\eta_{vw}$ —— 抗震墙剪力增大系数，一级可取 1.6，二级可取 1.4，三级可取 1.2。

2. 正截面抗弯承载力计算

剪力墙属于偏心受压或偏心受拉构件。它的特点是：截面呈片状（截面高度 $h_w$ 远大于截面墙板厚度 $b_w$）；墙板内配有均匀的竖向分布钢筋，如图 8-10（a）所示。通过试验可见，这些分布钢筋都能参加受力，对抵抗弯矩有一定作用，计算中应加以考虑。但是，由于竖向分布钢筋都比较细（多数在 $\varphi$ 2 以下），容易产生压屈现象，所以计算时忽略受压区分布钢筋作用，可使设计偏于安全。例如有可靠措施防止分布筋压屈，也可在计算中计入其受压作用。

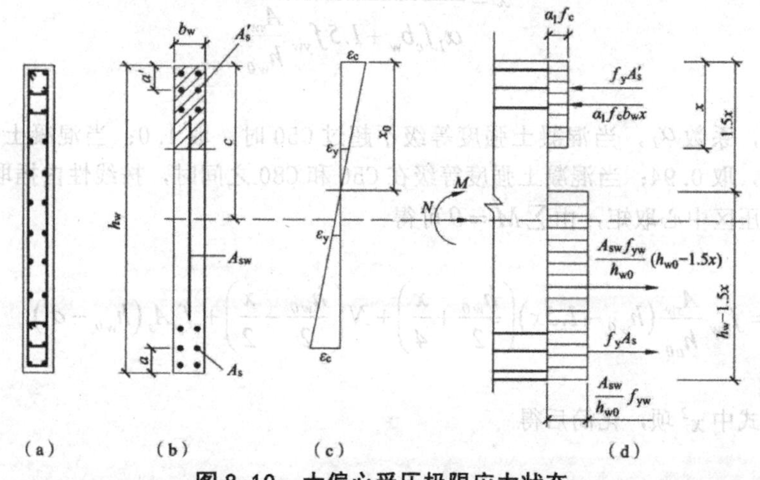


**图 8-10　大偏心受压极限应力状态**

和柱一样，墙肢也可根据破坏形态不同分为大偏压、小偏压、大偏拉和小偏拉等四种情况。根据平截面假定及极限状态下截面应力分布假定，并且进行简化后得到截面计算公式。

（1）大偏心受压承载力计算$(\xi \leqslant \xi_b)$

此时，在极限状态下，当墙肢截面相对受压区高度不大于其相对界限受压区高度时，为大偏心受压破坏。

采用以下假定建立墙肢截面大偏心受压承载力计算公式：

①截面变形符合平截面假定。

②不考虑受拉混凝土的作用。

受压区混凝土的应力图用等效矩形应力图替换，应力达到$\alpha_1 f_c$（$f_c$为混凝土轴心抗压强度，$\alpha_1$为与混凝土等级有关的等效矩形应力图系数）。

④墙肢端部的纵向受拉且受压钢筋屈服。

⑤从受压区边缘算起，1.5 $x$（为等效矩形应力图受压区高度）范围以外的受拉竖向分布钢筋全部屈服并参与受力计算；1.5 $x$ 范围以内的竖向分布钢筋未受拉屈服或为受压，不参与受力计算。

基于上述假定，极限状态下矩形墙肢截面的应力图形如图 8-10（c）所示，根据$\sum N = 0$和$\sum M = 0$两个平衡条件建立方程。

对称配筋时，$A_s = A_s'$，由$\sum N = 0$计算等效矩形应力图受压区高度$X$：

$$N = \alpha_1 f_c b_w x - f_{yw}\frac{A_{sw}}{h}\left(h_{w0} - 1.5x\right) \tag{8-2a}$$

得

$$x = \frac{N + f_{yw}A_{sw}}{\alpha_1 f_c b_w + 1.5 f_{yw}\dfrac{A_{sw}}{h_{w0}}} \tag{8-2b}$$

式中，系数$\alpha_1$，当混凝土强度等级不超过 C50 时，取 1.0；当混凝土强度等级是 C80 时，取 0.94；当混凝土强度等级在 C50 和 C80 之间时，按线性内插取值。

对受压区中心取矩，由$\sum M = 0$可得

$$M = f_{yw}\frac{A_{sw}}{h_{u0}}\left(h_{w0} - 1.5x\right)\left(\frac{h_{w0}}{2} + \frac{x}{4}\right) + N\left(\frac{h_{w0}}{2} - \frac{x}{2}\right) + f_y A_s\left(h_{w0} - a'\right) \tag{8-3a}$$

忽略式中 $x^2$ 项，化简后得

$$M=\frac{f_{yw}A_{sw}}{2}h_{w0}\left(1-\frac{x}{h_{w0}}\right)\left(1+\frac{N}{f_{yw}h_{u0}}\right)+f_yA_s\left(h_{w0}-a'\right) \tag{8-3b}$$

上式第一项是竖向分布钢筋抵抗的弯矩，第二项是端部钢筋抵抗的弯矩，分别是

$$Msw=\frac{f_{yw}A_{sw}}{2}h_{w0}\left(1-\frac{x}{h_{w0}}\right)\left(1+\frac{N}{f_{vw}h_{w0}}\right) \tag{8-4a}$$

$$M_0=f_yA_s\left(h_{w0}-a'\right) \tag{8-4b}$$

截面承载力验算要求：

$$M\leqslant M_0+M_{sw} \tag{8-5}$$

式中，$M$ 为墙肢的弯矩设计值。

工程设计中，先给定竖向分布钢筋的截面面积 $A_{SW}$，由式（8-2b）计算 x 值，代人（8-4a）求出 $M_{sm}$，之后按下式计算端部钢筋面积：

$$A_s=\frac{M-M_{sw}}{f_y\left(h_{w0-a'}\right)} \tag{8-6}$$

不对称配筋时，$A_s\neq A'$，此时要先给定竖向分布钢筋 $A_{sw}$，并且给定一端的端部钢筋面积 $A_s$ 或 $A'$，求另一端钢筋面积，由 $\sum N=0$，得

$$N=\alpha_1f_cb_wx+f_yA_s'-f_yA_s-f_{yw}\frac{A_{sw}}{h_{s0}}\left(h_{w0}-1.5x\right) \tag{8-7a}$$

当已知受拉钢筋面积时，对于受压钢筋重心取矩：

$$M\leqslant f_{yw}\frac{A_{sw}}{h_{w0}}\left(h_{u0}-1.5x\right)\left(\frac{h_{w0}}{2}+\frac{3x}{4}-a'\right)-\alpha_1f_cb_wx\left(\frac{x}{2}-a'\right)+N\left(c-a'\right)+f_yA_s\left(h_{w0}-a'\right) \tag{8-7b}$$

当已知受压钢筋面积时，对受拉钢筋重心取矩：

$$M\leqslant f_{yw}\frac{A_{sw}}{h}\left(h_{w0}-1.5x\right)\left(\frac{h_{w0}}{2}-\frac{3x}{4}-a\right)-\alpha_1f_eb_wx\left(h_{w0}-\frac{x}{2}\right)+N\left(h_{u0}-c-a\right)-f_yA_s'\left(h_{w0}-a'\right) \tag{8-7c}$$

（8-7c）由式（8-7b）或式（8-7c）可求得%，再由式（5-43a）求得另一端的

端部钢筋面积。

当墙肢截面为T形或I形时，可参照T形或I形截面柱的偏心受压承载力计算方法计算配筋。计算时，首先判断中和轴的位置，之后计算钢筋面积，计算中仍然按上述原则考虑竖向分布钢筋的作用。

注意：必须验算是否$\xi=\dfrac{x}{h_{w0}}\leqslant\xi_l$，否则应按小偏心受压计算配筋；混凝土受压高度应符合$x\geqslant 2a'$的条件，否则按$x=2a'j$计算。

（2）小偏心受压承载力计算（$\xi>\xi_b$）。

在小偏心受压时，截面全部受压或大部分受压，受到拉部分的钢筋未达到屈服应力，因此所有分布钢筋都不计入抗弯，这时剪力墙截面的抗弯承载力计算和柱子相同，如图8-11所示。

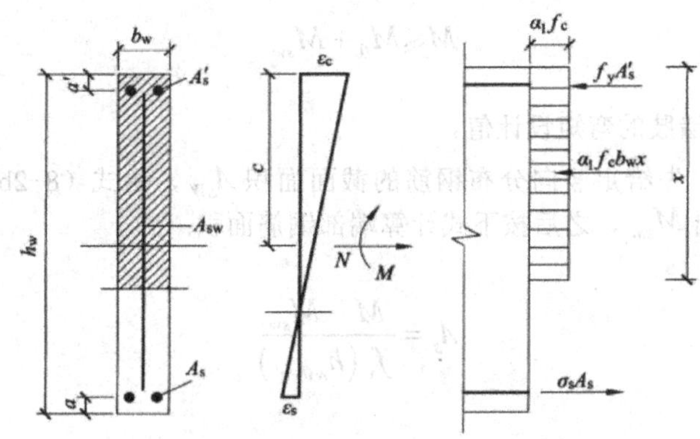


（a）部分截面受压

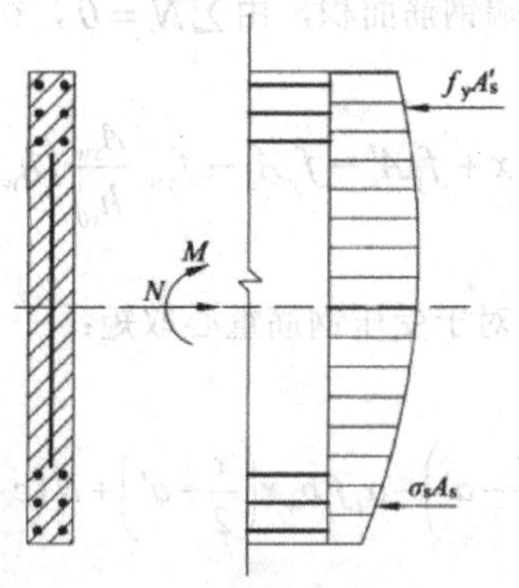


（b）全截面受压

图8-11　小偏心受压极限应力状态

当采用对称配筋时，可用迭代法近似求解混凝土相对受压区高度$\xi$，进而求出所需端部受力钢筋面积；非对称配筋时，可以先按端部构造配筋要求给定$A_s$，然后由$\sum N=0$和$\sum M=0$两个平衡方程，分别求解$\xi$及$A's$，如果$\xi\geqslant h_w/h_{w0}$为全截面

受压［见图 8-11（b）］，取 $x=h_w, A_s'$ 可由下式求得

$$A_s' = \frac{Ne-\alpha_L f_c b_w h_w\left(h_{w0}-\frac{h_w}{2}\right)}{f_y\left(h_{w0}-a'\right)} \tag{8-8}$$

式中，$e=e_0+e_a+\frac{h_w}{2}-a, e_0=\frac{M}{N}$（其中，$e_a$ 为附加偏心距）。

墙腹板中的竖向分布钢筋按构造要求配置。

注意：在小偏心受压时，应该验算剪力墙平面外的稳定，此时按轴心受压构件计算。

（3）偏心受拉承载力计算。

当墙肢截面承受拉力时，由偏心距大小判别其属于大偏心受拉还是小偏心受拉。当 $e_0 \geqslant \frac{h_w}{2}-a$ 时，为大偏心受拉；$e_0<\frac{h_w}{2}-a$ 时，为小偏心受拉。

在大偏心受拉的情况下（见图 8-12），截面小部分受压，极限状态下的截面应力分布与大偏心受压相同，忽略压区及中及轴附近分布钢筋作用的假定也相同，因而其基本计算公式与大偏心受压相似，仅轴力的符号不同。

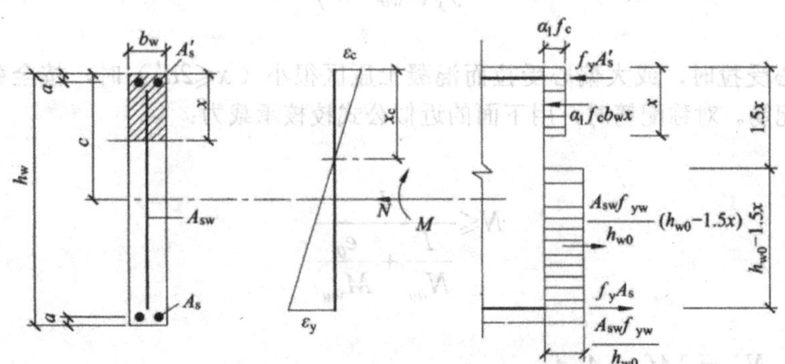

图 8-12　大偏心受拉极限应力状态

矩形截面对称配筋时，压区高度 $x$ 可由下面确定：

$$x=\frac{f_{yw}A_{sw}-N}{\alpha_1 f_c b_w+1.5f_{yw}\frac{A_{sw}}{h_{w0}}} \tag{8-9}$$

与大偏压承载力公式类似，可得到竖向分布钢筋抵抗的弯矩为

$$M_{sw}=\frac{f_{yw}A_{sw}}{2}h_{v0}\left(1-\frac{x}{h_{u0}}\right)\left(1-\frac{N}{f_{yw}h_{u0}}\right) \tag{8-10a}$$

端部钢筋抵抗的弯矩为

$$M_0=f_yA_s\left(h_{w0}-a'\right) \tag{8-10b}$$

与大偏心受压相同，应先给定竖向分布钢筋面积$A_{sw}$，为了保证截面有受压区，即要求$x>0$，由式（8-9）得竖向分布钢筋面积应符合：

$$A_{sw}\geqslant\frac{N}{f_{yv}} \tag{8-11}$$

同时，分布钢筋应满足最小配筋率的要求，在两者当中选择较大的$A_{sw}$，然后按下式计算端部钢筋面积：

$$A_s\geqslant\frac{M-M_{sw}}{f_y\left(h_{w0}-a'\right)} \tag{8-12}$$

小偏心受拉时，或大偏心受拉而混凝土压区很小（$x\leqslant 2a'$）时，按全截面受拉假定计算配筋。对称配筋时，用下面的近似公式校核承载力：

$$N\leqslant\frac{1}{\dfrac{1}{N_{0u}}+\dfrac{e_0}{M_{wu}}} \tag{8-13}$$

式中，$N_{0u}=2Af_y+A_{kn}f_{yw}$

$$M_{uu}=A_kf_y\left(h_{n0}-a'\right)+0.5h_{n0}A_{zw}f_{vu} \tag{8-14}$$

考虑地震作用或不考虑地震作用时，正截面抗弯承载力的计算公式都是相同的。但必须注意，在考虑地震作用时，承载力公式要用承载力抗震调整系数，就是各类情况之下的承载力计算公式右边都要乘

3. 斜截面抗剪承载力计算

剪力墙受剪产生的斜裂缝有两种情况：一是由弯曲受拉边缘先出现水平裂缝，然后向倾斜方向发展成为斜裂缝；另一种是因腹板中部主拉应力过大，产生斜向裂缝，

然后向两边缘发展。墙肢的斜截面剪切破坏一般有三种形态：

（1）剪拉破坏。剪跨比较大、无横向钢筋或横向钢筋很少的墙肢，可能发生剪拉破坏。斜裂缝出现后即形成一条主要的斜裂缝，并且延伸至受压区边缘，使墙肢劈裂为两部分而破坏。竖向钢筋锚同不好时，也会发生类似的破坏。剪拉破坏属于脆性破坏，应当避免。避免这类破坏的主要措施是配置必需的横向钢筋。

（2）斜压破坏。斜裂缝将墙肢分割为许多斜的受压柱体，混凝土被压碎而破坏。斜压破坏发生在截面尺寸小、剪压比过大的墙肢。为防止斜压破坏，应加大墙肢截面尺寸或提高混凝土等级，以限制截面的剪压比。

（3）剪压破坏。这是最常见的墙肢剪切破坏形态。实体墙在竖向力和水平力共同作用下，首先出现水平裂缝或细的倾斜裂缝。水平力增大，出现一条主要斜裂缝，并延伸扩展，混凝土受压区减小，最终斜裂缝尽端的受压区混凝土在剪应力和压应力共同作用下破坏，横向钢筋屈服。

墙肢斜截面受剪承载力计算公式主要是建立在剪压破坏的基础上。受剪承载力由两部分组成：横向钢筋的受剪承载力和混凝土的受剪承载力。作用在墙肢上的轴向压力使截面的受压区增大，结构受剪承载力提高；轴向拉力则对抗剪不利，使结构受剪承载力降低。计算墙肢斜截面受剪承载力时，应该计入轴力的有利或不利影响。

（1）偏心受压斜截面受剪承载力。

在轴压力和水平力共同作用下，剪跨比不大于 1.5 的墙肢以剪切变形为主，首先在腹部出现斜裂缝，形成腹剪斜裂缝，裂缝部分的混凝土即退出工作。取混凝土出现腹剪斜裂缝时的剪力作为、混凝土部分的受剪承载力，是偏于安全的。剪跨比大于 1.5 的墙肢在轴压力和水平力共同作用下，在截面边缘出现的水平裂缝向弯矩增大方向倾斜，形成弯剪裂缝，可能导致斜截面剪切破坏。将出现弯剪裂缝时混凝土所承担的剪力作为混凝土受剪承载力是偏于安全的，即只考虑剪力墙腹板部分混凝土的抗剪作用。

试验结果表明，斜裂缝出现后，穿过斜裂缝的横向钢筋拉应力突然增大，说明横向钢筋与混凝土共同抗剪。

在地震的反复作用下，抗剪承载力降低。

综上，偏心受压墙肢的受剪承载力计算公式像下面所示：

无地震作用组合时：

$$V\leqslant\frac{1}{\lambda-0.5}\left(0.5f_1b_wh_{u0}+0.13N\frac{A_w}{A}\right)+f_{yb}\frac{A_{sh}}{S}h_{u0} \tag{8-15a}$$

有地震作用组合时：

$$V\leqslant\frac{1}{\gamma_{RE}}\left[\frac{1}{\lambda-0.5}\left(0.4f_1b_wh_{w0}+0.1N\frac{A_w}{A}\right)+0.8f_{yh}\frac{A_{sh}}{S}h_{w0}\right] \tag{8-15b}$$

式中 $b_w,h_{w0}$ —— 墙肢截面腹板厚度和有效高度；

$A, A_w$ —墙肢全截面面积和墙肢的腹板面积，矩形截面 AW=A；

$N$ —— 墙肢的轴向压力设计值（抗震设计时，应考虑地震作用效应组合；当 $N > 0.2 f_c b_w h_w$ 时，取 $N = 0.2 f_e b_u h_u$）；

$f_{yh}$ —— 横向分布钢筋抗拉强度设计值；

$S, A_{sh}$ —— 横向分布钢筋间距及配置在同一截面内的横向钢筋面积之和；

$\lambda$ —— 计算截面的剪跨比，$\lambda = M / V h_w$（$\lambda < 1.5$ 时取 1.5，$\lambda > 2.2$ 时取 2.2；当计算截面与墙肢底截面之间的距离小于 $0.5 h_{n0}$ 时，A 取距墙肢底截面 $0.5 h_{u0}$ 处的值）。

（2）偏心受拉斜截面受剪承载力计算。

大偏心受拉时，墙肢截面还有部分受压区，混凝土仍然可以抗剪，但轴向拉力对抗剪不利，其计算公式如下：

无地震作用组合时：

$$V \leqslant \frac{1}{\lambda - 0.5}\left(0.5 f_1 b_w h_{w0} - 0.13 N \frac{A_w}{A}\right) + f_{yh} \frac{A_{sh}}{S} h_{n0} \quad (8\text{-}16a)$$

有地震作用组合时：

$$V \leqslant \frac{1}{\gamma_{RE}}\left[\frac{1}{\lambda - 0.5}\left(0.4 f_t b_w h_{w0} - 0.1 N \frac{A_w}{A}\right) + 0.8 f_{yh} \frac{A_{kh}}{S} h_{w0}\right] \quad (8\text{-}16b)$$

式（8-16a）右端的计算值小于 $= f_{yh} \frac{A_{sh}}{S} h_{n0}$ 时，取 $f_{yh} \frac{A_{sh}}{S} h_{w0}$；式（8-16b）右端方括号内的计算值小 $0.8 f_{yh} \frac{A_{sh}}{S} h_{n0}$ 时，取 $0.8 f_{yh} \frac{A_{th}}{S} h_m$。

## （三）连梁设计

剪力墙中的连梁通常跨度小而梁高较大，就跨高比较小。住宅、旅馆剪力墙结构中连梁的跨高比常常小于 2.0，甚至不大于 1.0，在侧向力作用下，连梁与墙肢相互作用产生的约束弯矩与剪力较大，且约束弯矩和剪力在梁两端方向相反，这种反弯作用使梁产生很大的剪切变形，容易出现斜裂缝但导致剪切破坏（见图 8-12）。

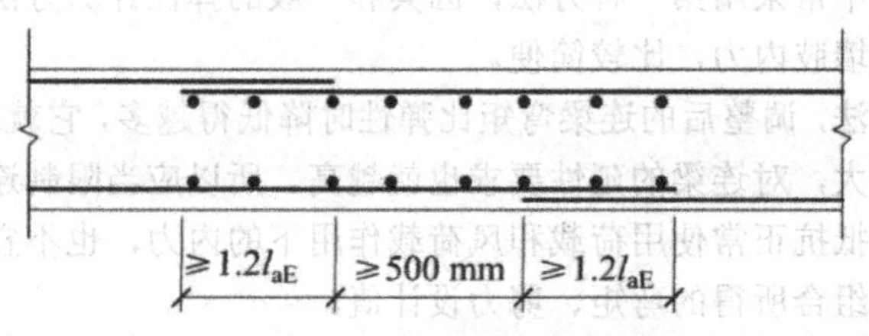


图 8-12　连梁受力与变形

按照延性剪力墙强墙弱梁的要求，连梁屈服应先于墙肢屈服，即连梁首先形成塑性铰耗散地震能量；此外，连梁还应当强剪弱弯，避免剪切破坏。

一般剪力墙中，可采用降低连梁弯矩设计值的方法，按降低后的弯矩进行配筋，可使连梁先于墙肢屈服和实现弯曲屈服。因为连梁跨高比小，很难避免斜裂缝及剪切破坏，必须采取限制连梁名义剪应力等措施推迟连梁的剪切破坏。对于延性要求高的核心筒连梁和框筒裙梁，可以采用配置交叉斜筋、集中对角斜筋或对角暗撑等措施，改善连梁的受力性能。

1. 连梁内力设计值

（1）弯矩设计值。

为了使连梁弯曲屈服，应降低连梁的弯矩设计值，方法是弯矩调幅。调幅的方法主要有：

①在小震作用下的内力和位移计算中，通过折减连梁刚度，使连梁的弯矩、剪力值减小。计算抗震墙地震内力时，折减系数不宜小于 0.5。应当注意折减系数不能过小，以保证连梁有足够的承受竖向荷载的能力。

②按连梁弹性刚度计算内力和位移，将弯矩组合值乘以折减系数。一般是将中部弯矩最大的一些连梁的弯矩调小（抗震设防烈度为6、7度时，折减系数不小于 0.8；8、9 度时，不小于 0.5），其余部位的连梁和墙肢弯矩设计值则应相应地提高，来维持静力平衡，如图 8-13 所示。

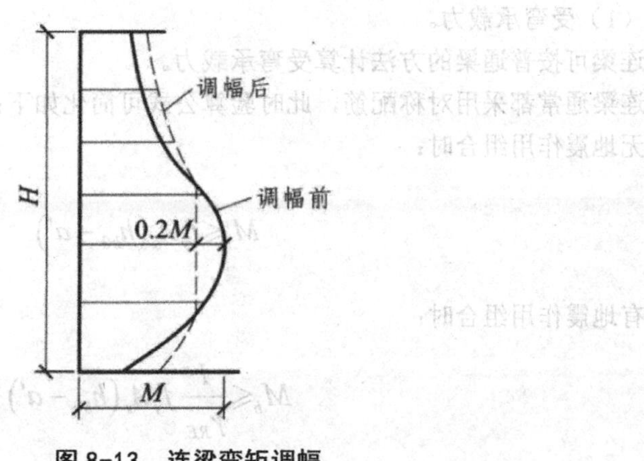


图 8-13　连梁弯矩调幅

实际工程设计中常采用第一种方法，因其和一般的弹性计算方法并无区别，且可自动调整（增大）墙肢内力，比较简便。

无论哪一种方法，调整后的连梁弯矩比弹性时降低得越多，它就越早出现塑性铰，塑性铰转动也会越大，对连梁的延性要求也就越高。所以应当限制连梁的调幅值，同时应使这些连梁能抵抗正常使用荷载和风荷载作用下的内力，也不宜低于比设防烈度低一度的地震作用组合所得的弯矩、剪力设计值。

（2）剪力设计值。

四级抗震设计的剪力墙的连梁，应分别取考虑水平风荷载、水平地震作用组合的剪力设计值。一、二、三级抗震设计的剪力墙的连梁，梁端截面组合的剪力设计值应按下式调整：

$$V=\eta_{vb}\frac{M_b^l+M_b^t}{l}+V_{Gb} \tag{8-17a}$$

9 度时一级抗震设计的剪力墙的连梁应按下式确定：

$$V=1.1\frac{M_{bua}^l+M^r}{l_n}+V_{Gb} \tag{8-17b}$$

式中 $M_b^l,M_b^r$ —— 连梁左、右端截面顺时针或逆时针方向的弯矩设计值；

$M_{bua}^l,M_{bua}^r$ —— 连梁左、右端截面顺时针或逆时针方向实配的抗震受弯承载力所对应的弯矩值，应该按实配钢筋面积（计入受压钢筋）及材料强度标准值并考虑承载力抗震调整系数计算；

$l_n$ —— 连梁的净跨；

$V_{Gb}$ —— 在重力荷载代表值作用下按简支梁计算的梁端截面剪力设计值；

$\eta_{vb}$ —— 连梁剪力增大系数，一级取 1.3，二级取 1.2，三级取 1.1。

2. 连梁承载力验算

（1）受弯承载力。

连梁可按普通梁的方法计算受弯承载力。

连梁通常都采用对称配筋，此时验算公式可简化如下：

无地震作用组合时：

$$M_b \leqslant f_y A_s\left(h_{b0}-a'\right) \tag{8-18a}$$

有地震作用组合时：

$$M_b \leqslant \frac{1}{\gamma_{RE}} f_y A_s\left(h_{b0}-a'\right) \tag{8-18b}$$

式中 $M_b$ —— 连梁弯矩设计值；

$A_s$ —— 受力纵向钢筋面积；

$(h_{b0}-a')$ —— 连梁上、下受力钢筋重心之间的距离。

（2）受剪承载力验算。

跨高比较小的连梁斜裂缝扩展到全对角线上，在地震反复作用之下，受剪承载力降低。连梁的受剪承载力按下式计算：

无地震作用组合时：

$$V \leqslant 0.7 f_t b_b h_{b0} + f_{yv} \frac{A_{sv}}{s} h_{b0} \tag{8-19a}$$

有地震作用组合时：

跨高比大于 2.5 的连梁：

$$V \leqslant \frac{1}{\gamma_{RE}} \left( 0.42 f_t b_b h_{b,0} + f_{yv} \frac{A_{sv}}{s} h_{h0} \right) \tag{8-19b}$$

跨高比不大于 2.5 的连梁：

$$V \leqslant \frac{1}{\gamma_{RE}} \left( 0.38 f_t b_b h_{b0} + 0.9 f_{yv} \frac{A_{sv}}{s} h_{bo} \right) \tag{8-19c}$$

式中 $V$ —— 按式（8-17）调整之后的连梁截面剪力设计值。

跨高比按 $l/h_b$ 计算。

3. 连梁构造要求

（1）最小截面尺寸。

为避免过早出现斜裂缝和混凝土过早剪坏，要限制截面名义剪应力，连梁截面剪力设计值应满足了下式要求：

无地震作用组合时：

$$V \leqslant 0.25 \beta_e f_c b_b h_{i0} \tag{8-20a}$$

有地震作用组合时：

跨高比大于 2.5 的连梁

$$V \leqslant \frac{1}{\gamma_{RE}} \left( 0.20 \beta f_e b_h h_{Lo} \right) \tag{8-20b}$$

跨高比不大于 2.5 的连梁

$$V \leqslant \frac{1}{\gamma_{BF}}\left(0.15\beta_e f_b h_{L0}\right) \tag{8-20c}$$

式中$V$—按式（8-17）调整后的连梁截面剪力设计值。

（2）配筋。

跨高比不大于 1.5 的连梁，非抗震设计时，他的纵向钢筋的最小配筋率可取为 0.2%；抗震设计时，其纵向钢筋的最小配筋率宜符合表 8-1 的要求；跨高比大于 1.5 的连梁，其纵向钢筋的最小配筋率可按框架梁的要求采用。

**表 8-1　跨高比不大于 1.5 的连梁纵向钢筋的最小配筋率（%）**

| 跨高比 | 最小配筋率（采用较大值） |
| --- | --- |
| $V/h_b \leqslant 0.5$ | $0.20, 45 f_1/f_5$ |
| $0.5 < l/h_b \leqslant 1.5$ | $0.25, 54 f_1/f$ |

非抗震设计时，剪力墙连梁顶面及底面单侧纵向钢筋的最大配筋率不宜大于 2.5%。抗震设计时，剪力墙连梁顶面及底面单侧纵向钢筋的最大配筋率宜符合表 8-2 的要求；如不满足，就应按实配钢筋进行连梁强剪弱弯的验算。

**表 8-2　连梁单侧纵向钢筋的最大配筋率（%）**

| 跨高比 | 最大配筋率 |
| --- | --- |
| $l/h_b \leqslant 1.0$ | 0.6 |
| $1.0 < l/h_b \leqslant 2.0$ | 1.2 |
| $2,0 < l/h_b \leqslant 2.5$ | 1.5 |

连梁顶面、底面纵向水平钢筋伸入墙肢的长度，抗震设计时不应小于如；非抗震设计时不应小于 $l_{aE}$，且均不应小于 600mm（见图 8-14）。抗震设计时，沿连梁全长箍筋的构造应符合框架梁梁端箍筋加密区的箍筋构造要求；非抗震设计时，沿连梁全长的箍筋直径不应小于 6mm，间距不应大于 150mm。顶层连梁纵向水平钢筋伸入墙肢的长度范围内应配置箍筋，箍筋间距不宜大于 150mm，直径应与该连梁箍筋直径相同。

连梁高度范围内的墙肢水平分布钢筋应在连梁内拉通作为连梁的腰筋。连梁截面高度大于 700mm 时，其两侧腰筋的直径不应小于 8mm，间距不应该大于 200mm；跨高比不大于 2.5 的连梁，这两侧腰筋的总面积配筋率不应小于 0.3%。

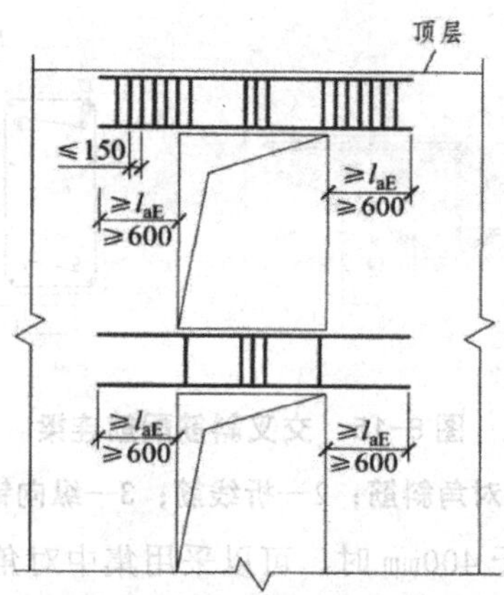


图 8-14　连梁配筋构造示意（非抗震设计时图中 $l_{aE}$ 取 $l_a$）

（3）交叉斜筋、集中对角斜筋或对角暗撑配筋连梁。

对于一、二级抗震等级的连梁，当跨高比不大于 2.5 时，除普通箍筋外宜另配置斜向交叉钢筋、集中对角斜筋或对角暗撑。试验研究表明，采用斜向交叉钢筋、集中对角斜筋或对角暗撑配筋的连梁，可有效地改善小跨高比连梁的抗剪性能，获得较好的延性。

当洞口连梁截面宽度不小于 250mm 时，可以采用交叉斜筋配筋（见图 8-15），其截面限制条件应满足下式要求：

$$V \leqslant \frac{1}{\gamma_{HE}}\left(0.25\beta_a f_e b_b h_{b0}\right) \tag{8-21}$$

斜截面受剪承载力应符合下式要求：

$$V \leqslant \frac{1}{\gamma_{RE}}\left[0.4 f_t b_b h_{b0} + (2.0\sin\alpha + 0.6\eta) f_{yd} A_{bd}\right] \tag{8-22a}$$

$$\eta = \left(f_{sv} A_{sv} h_{b0}\right) / s f_{yd} A_{sd} \tag{8-22b}$$

式中 $\eta$ ——箍筋和对角斜筋的配筋强度比，小于 0.6 时取 0.6，大于 1.2 时取 1.2；

$\alpha$ —— 角斜筋与梁纵轴的夹角；

$A_{sd}$ —— 单向对角斜筋的截面面积；

$f_{yd}$ —— 对角斜筋的抗拉强度设计值；

$A_{sv}$ —— 同一截面内箍筋各肢全部截面面积。

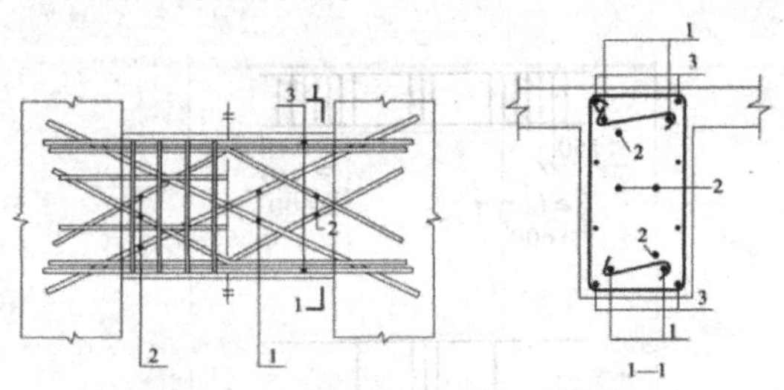


**图 8-15　交叉斜筋配筋连梁**

**1—对角斜筋；2—折线筋；3—纵向钢筋**

当连梁截面宽度不小于 400mm 时，可以采用集中对角斜筋配筋（见图 8-16）或者对角暗撑（即用矩形箍筋或螺旋箍筋与斜向交叉钢筋绑在一起，成为交叉斜撑）配筋（见图 8-17），其截面限制条件仍然应满足式（8-21）的要求，斜截面受剪承载力应符合下式要求：

$$V \leqslant \frac{2}{\gamma_{RE}} f_{yd} A_{sd} \sin\alpha \tag{8-23}$$

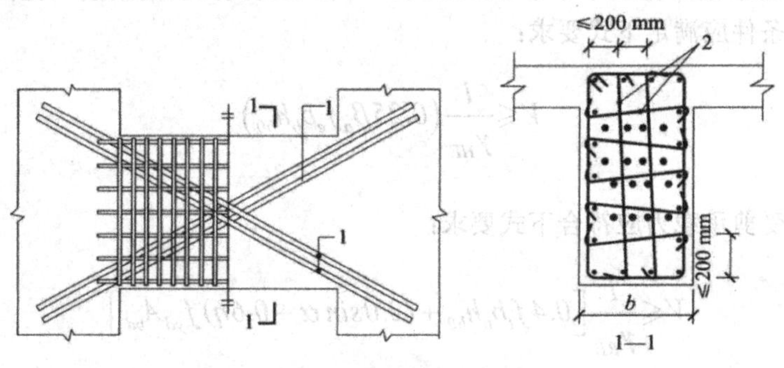


**图 8-16　集中对角斜筋配筋连梁**

**1—对角斜筋；2—拉筋**

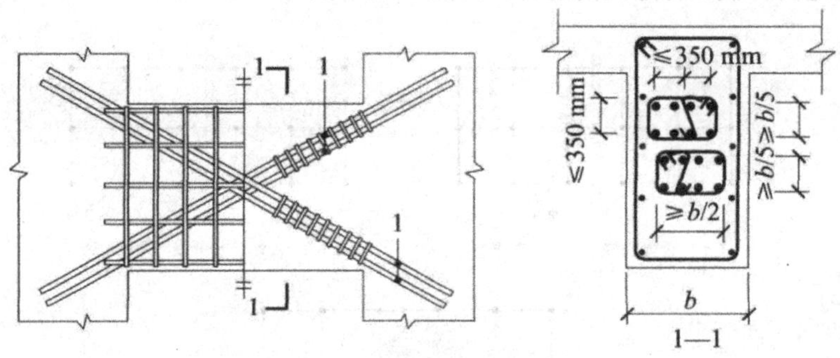


图 8-17 对角暗撑配筋连梁

1—对角暗撑

为防止暗撑纵筋压层，必须配置矩形箍筋或螺旋箍筋，箍筋直径不小于 8mm，间距不大于 150mm。纵筋伸入墙肢的长度，非抗震设计时不小于 L，抗震设计时不小于 1.51。，纵筋伸入墙肢的范围内，可以不配箍筋。

# 第二节 框架 - 剪力墙结构设计

## 一、框架 - 剪力墙结构的受力特点

当高层建筑层数较多且高度较大时，如采用框架结构，则其在水平力作用下，截面内力增加很快。这时，框架梁柱截面增加很大，并还产生过大的水平侧移。如采用剪力墙结构，剪力墙会降低建筑使用空间的灵活利用性，并增加建筑的整体造价。为解决上述矛盾，通常是在框架体系中增设一些刚度较大的钢筋混凝土剪力墙，以代替框架来承担水平荷载，这就构成了框架 - 剪力墙结构体系。这种布置方式，既有灵活自由地使用空间，满足不同建筑功能的要求，同时也具有足够的水平刚度，克服了纯框架结构水平刚度不足的弱点。

框架 - 剪力墙结构中，框架主要用以承受竖向荷载，而剪力墙主要用以承受水平荷载，两者分工明确，受力合理，取长补短，能够有效地抵抗水平外荷载的作用，是一种比较理想的高层体系。

### （一）框架 - 剪力墙结构的形式

框架 - 剪力墙结构可采用下列形式：

1. 框架与剪力墙（单片墙、联肢墙或较小井筒）分开布置。

2. 在框架结构的若干跨内嵌入剪力墙（带边框剪力墙）。

3. 在单片抗侧力结构内连续分别布置框架和剪力墙。

4. 上述两种或三种形式的组合。如图 8-18 所示。

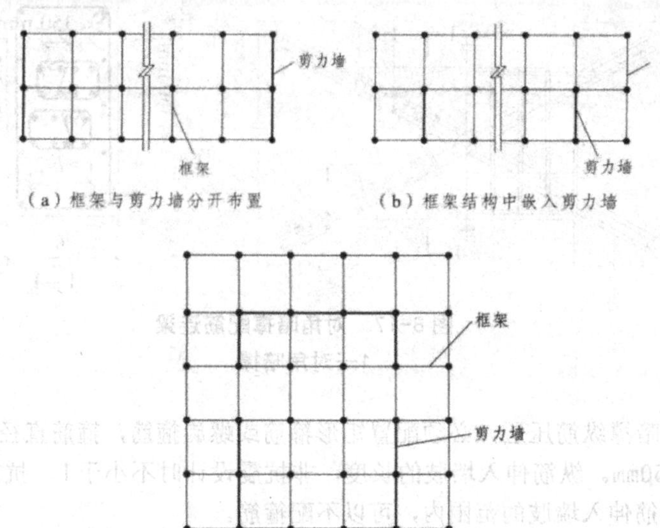


图 8-18　框架 - 剪力墙结构形式

## (二)框架 - 剪力墙结构的受力特点

框架结构由杆件组成，杆件稀疏且截面尺寸小，因此侧向刚度不大，在侧向荷载作用下，一般呈剪切型变形，高度中段的层间位移较大，如图 8-18(b)所示，因此适用高度受到限制。剪力墙结构的抗侧刚度大，在水平荷载下，一般呈弯曲型变形，顶部附近楼层的层间位移较大，其他部位位移较小，如图 8-18(a)所示，可用于较高的高层建筑；但当墙的间距较大时，水平承重结构尺寸较大，因而难以形成较大使用空间，并且墙的抗剪强度弱于抗弯强度，容易出现剪切造成的脆性破坏。

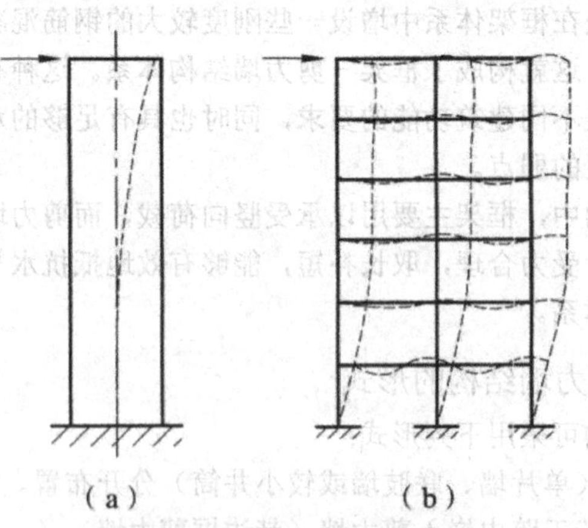


图 8-18　框架 - 剪力墙的侧移

框架－剪力墙结构，既有框架又有剪力墙，它们间通过平面内刚度无限大的楼板连接在一起。在水平力作用下，它们的水平位移协调一致，不能各自自由变形，在不考虑扭转影响的情况下，在同一楼层的水平位移必须相同，从而出现在下部楼层，剪力墙位移小，剪力墙拉着框架按弯曲型曲线变形，剪力墙承担了大部分水平力；在上部楼层则相反，剪力墙的水平位移越来越大，而框架的水平位移反而小，框架拉剪力墙按剪切型曲线变形，图 8-19（a）中虚线表示其各自的变形曲线，实线表示共同变形曲线。框架除了承担外荷载产生的水平力外，还要承担将剪力墙拉回来的附加水平力，因此，即使上部楼层外荷载产生的楼层剪力较小，框架中也要出现相当大水平剪力，图 8-19（b）反映了框架和剪力墙之间的相互作用关系。

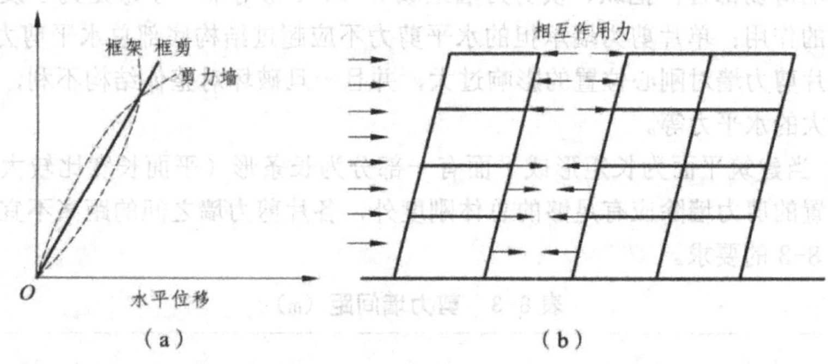


**图 8-19　框架－剪力墙结构的变形及受力特征**

## 二、框架－剪力墙结构延性设计

### （一）框架－剪力墙结构中剪力墙的布置

#### 1. 框架－剪力墙结构的结构布置

框架－剪力墙结构布置包括三方面的内容：结构平面布置、结构竖向布置及楼盖结构布置。结构布置的一般原则在前面章节中已有较为详细的说明，框架－剪力墙结构除应遵守这些结构布置原则外，尚应符合一些特殊的要求：

（1）框架－剪力墙结构应设计成双向抗侧力体系，且在抗震设计时，结构两主轴方向均应布置剪力墙，并使结构各主轴方向的侧向刚度接近。

（2）框架－剪力墙结构中，主体结构构件之间除个别节点外不应采用铰接，梁与柱或柱与剪力墙的中线宜重合，框架梁、柱中心线之间有偏离时，应该符合框架结构布置的相应规定。

（3）框架－剪力墙结构中，剪力墙布置须满足下列要求：

①剪力墙宜均匀布置在建筑物的周边、楼梯间、电梯间、平面形状变化及恒载较大的部位，剪力墙间距不宜过大。

②平面形状凹凸较大时，宜在凸出部分的端部附近布置剪力墙。

③纵、横剪力墙宜组成L形、T形和［形等形式。

④单片剪力墙底部承担的水平剪力不应超过结构底部总水平剪力的30%，以免受力过分集中。

⑤剪力墙宜贯通建筑物的全高，并宜避免刚度突变；剪力墙开洞时，洞口应上、下对齐。

⑥楼、电梯间等竖井宜尽量与靠近的抗侧力结构结合布置。

⑦抗震设计时，剪力墙的布置宜使结构各主轴方向的侧向刚度接近。

剪力墙布置在建筑物的周边，目的是既发挥墙体的抗扭作用又减小因位于周边而受室外温度变化的不利影响；布置在楼电梯间、平面形状变化处和凸出较大处是为了弥补平面的薄弱部位；把纵、横剪力墙组成L形、T形等非一字形是为了发挥剪力墙自身刚度的作用；单片剪力墙承担的水平剪力不应超过结构底部总水平剪力的30%，以避免该片剪力墙对刚心位置的影响过大，并且一旦破坏对整体结构不利，以及使基础承担过大的水平力等。

（4）当建筑平面为长矩形或平面有一部分为长条形（平面长宽比较大）时，在该部位布置的剪力墙除应有足够的总体刚度外，各片剪力墙之间的距离不宜过大，应该满足表8-3的要求。

**表8-3　剪力墙间距（m）**

| 楼盖形式 | 非抗震设计（取较小值） | 抗震设防烈度 | | |
|---|---|---|---|---|
| | | 6度、7度（取较小值） | 8度（取较小值） | 9度（取较小值） |
| 现浇 | 5.0B,60 | 4.0B,50 | 3.0B,40 | 2.0B,30 |
| 装配整体 | 3.5B,50 | 3.0B,40 | 2.5B,30 | — |

注：1. 表中8为剪力墙之间的楼盖宽度（m）；

2. 装配整体式楼盖的现浇层应符合相关规程的有关规定；

3. 现浇层厚度大于60mm的叠合楼板可以作为现浇板考虑；

4. 当房屋端部未布置剪力墙时，第一片剪力墙与房屋端部的距离，不宜大于表中剪力墙间距的1/2。

长矩形平面或平面有一方向较长（如L形平面中有一肢较长）时，如横向剪力墙间距过大，在侧向力作用下，因不能保证楼盖平面的刚性而会增加框架的负担，故对剪力墙的最大间距作出规定。当剪力墙之间的楼板有较大开洞时，对楼盖平面刚度有所削弱，此时剪力墙的间距宜再减小。

纵向剪力墙布置在平面的尽端时，会对楼盖两端形成约束作用，楼盖中部的梁板容易因混凝土收缩和温度变化而出现裂缝。这种现象工程中常常见到，应予以重视，

宜避免同时考虑到在设计中有剪力墙布置在建筑中部，而端部无剪力墙的情况，规定第一片剪力墙与房屋端部的距离，可以防止布置框架的楼面伸出太长而不利于地震力的传递。

2. 板柱－剪力墙结构的结构布置

板柱结构由于楼盖基本没有梁，可以减小楼层高度，对使用和管道安装都较方便，因而板柱结构在工程中时有采用。但板柱结构抵抗水平力的能力差，特别是板与柱的连接点是非常薄弱的部位，对抗震尤为不利。为此，规定抗震设计时，高层建筑不能单独使用板柱结构，而必须设置剪力墙（或剪力墙生成的筒体）来承担水平荷载。

板柱－剪力墙结构除了满足适用高度及高宽比严格控制外，在结构布置上应符合下列要求：

（1）应同时布置筒体或两主轴方向的剪力墙以形成双向抗侧力体系，并应避免结构刚度偏心，其中剪力墙或筒体应分别符合剪力墙和筒体的有关规定，且宜在对应剪力墙或筒体的各楼层处设置暗梁。

（2）抗震设计时，房屋的周边应设置边梁形成周边框架，房屋的顶层及地下室顶板宜采用梁板结构。

（3）有楼梯间、电梯间等较大开洞时，洞口周围宜设置框架梁或者边梁。

（4）无梁板可根据承载力和变形要求采用了无柱帽（柱托）板或有柱帽（柱托）板形式。柱托板的长度和厚度应按计算确定，且每个方向的长度不宜小于板跨度的1/6，其厚度不宜小于板厚度的1/4。7度时宜采用有柱托板，8度时应采用有柱托板，此时托板每个方向长度尚不宜小于同方向柱截面宽度和4倍板厚之和，托板总厚度不应小于柱纵向钢筋直径的16倍。当无柱托板且无梁板受冲切承载力不足时，可采用型钢剪力架（键），此时板的厚度不应小于200mm。

（5）双向无梁板厚度与长跨之比，不宜小于表8-4的规定。

表8-4　双向无梁板厚度与长跨的最小比值

| 非预应力楼板 | | 预应力楼板 | |
|---|---|---|---|
| 无柱托板 | 有柱托板 | 无柱托板 | 有柱托板 |
| 1/30 | 1/35 | 1/40 | 1/45 |

抗风设计时，板柱，剪力墙结构中各层筒体或剪力墙应能承担不小于相应方向该层承担的风荷载作用下的80%的剪力。

抗震设计时，按多道设防的原则，规定板柱，剪力墙结构中各层筒体或剪力墙应能承担各层相应方向该层承担的全部地震剪力，但各层板柱部分除应符合计算要求外，仍应能承担不少于该层相应方向20%的地震剪力，并且应符合抗震构造要求。

3. 框架－剪力墙的设计方法

抗震设计的框架－剪力墙结构，应根据在规定的水平力作用下结构底层框架部分承受的地震倾覆力矩与结构总地震倾覆力矩的比值，确定相应的设计方法，并应符合下列规定：

（1）框架部分承受的地震倾覆力矩不大于结构总地震倾覆力矩的10%时，按剪力墙结构进行设计，其中的框架部分应按框架－剪力墙结构的框架进行设计。

（2）当框架部分承受的地震倾覆力矩大于结构总地震倾覆力矩的10%但不大于50%时，按框架－剪力墙结构进行设计。

（3）当框架部分承受的地震倾覆力矩大于结构总地震倾覆力矩的50%但不大于80%时，按框架－剪力墙结构进行设计，其最大适用高度可较框架结构适当增加，框架部分的抗震等级和轴压比限值宜按框架结构的规定采用。

（4）当框架部分承受的地震倾覆力矩大于结构总地震倾覆力矩的80%时，按框架－剪力墙结构进行设计，但其最大适用高度宜按框架结构采用，框架部分的抗震等级和轴压比限值应按框架结构的规定采用。当结构的层间位移角不满足框架－剪力墙结构的规定时，可按有关规定进行结构抗震性能的分析和论证。

## （二）框架－剪力墙结构中框架内力的调整

### 1. 连系梁弯矩调幅

高层建筑结构构件均采用弹性刚度参与整体分析，但抗震设计的框架－剪力墙或剪力墙结构中的剪力墙刚度很大，和之相连的梁（剪力墙之间的连梁、框架与剪力墙之间的连系梁）承受的弯矩和剪力很大，配筋设计困难。因此，为了便于施工又不影响安全，可考虑在不影响承受竖向荷载能力的前提下，允许连系梁适当开裂（降低刚度）而把内力转移到墙体上，即使梁先出现塑性铰，我国设计规范允许这些梁作塑性内力重分布（见图8-20）。

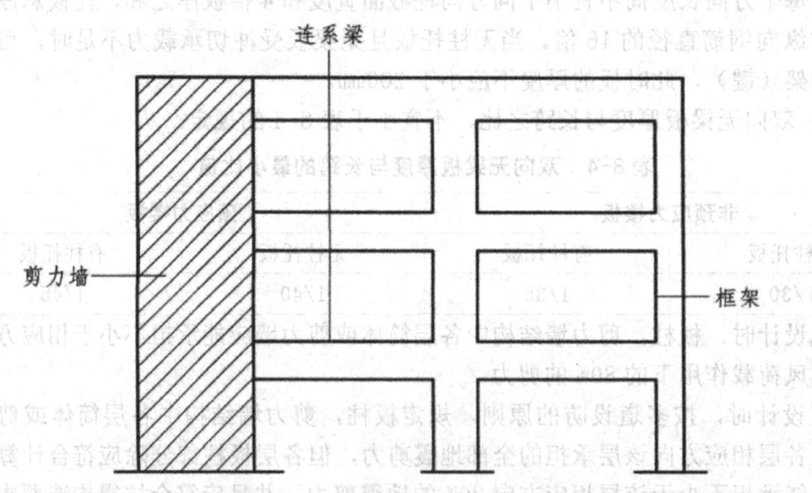


图8-20　框架与剪力墙之间的连系梁

塑性内力重分布的方法是在内力计算前降低需要调幅的构件的刚度，使其内力减小。《高层建筑混凝土结构技术规程》规定：在内力和位移计算中，抗震设计的框架－剪力墙结构中的连梁刚度可予以折减，折减系数不应小于0.5。通常，设防烈度低时可少折减一些（6度、7度时可取0.7），设防烈度高时可多折减一些（8度、9度时

可取 0.5）。折减系数不宜小于 0.5，以保证连梁承受竖向荷载的能力。

对框架－剪力墙结构中一端与柱连接、一端与墙连接的梁以及剪力墙结构中的某些连梁，如果跨高比较大（比如大于 5）、重力作用效应比水平风或水平地震作用效应更为明显，此时应慎重考虑梁刚度的折减问题，必要时可以不进行梁刚度折减，以控制正常使用阶段梁裂缝的发生和发展。

注意，仅在计算地震作用效应时可以对连梁刚度进行折减，对如重力荷载、风荷载作用效应计算不宜考虑连梁刚度折减。有地震作用效应组合工况，都可按考虑连梁刚度折减后计算的地震作用效应参与组合。

抗震结构需要调幅，非抗震结构中，为了减少连系梁的负筋（一般情况下，负弯矩很大），也可调幅。

2. 框架剪力的调整

框架－剪力墙结构在水平地震作用下，框架部分计算所得的剪力一般都较小。按多道防线的概念设计要求，墙体是第一道防线，在设防烈度、罕遇地震下先于框架破坏，由于塑性内力重分布，框架部分按侧向刚度分配到的剪力会比多遇地震下大，为了保证作为第二道防线的框架具有一定的抗侧力能力，需要对框架承担的剪力予以适当地调整。

另外，在结构计算中，假定楼板在其自身平面内的刚度无限大，不发生变形。然而，在实际的框架－剪力墙结构中，楼板或多或少要产生变形，变形的结果将会使框架部分的水平位移大于剪力墙的水平位移，相应地，框架实际承受的水平力会大于采用刚性楼板假定的计算结果。

鉴于以上原因，在地震作用下应对框架－剪力墙结构中的框架的剪力做适当调整。

## （三）框架－剪力墙结构截面设计及构造

框架－剪力墙结构的截面设计是在框架－剪力墙结构协同工作并进行相应的内力调整之后进行的，原则上框剪结构的框架部分截面设计（包括控制截面选取，最不利内力计算，框架柱轴压比校核，梁、柱和节点内力设计值抗震调整）以及框架梁、柱和节点的构造与纯框架结构相同。框剪结构的剪力墙部分的截面设计，连梁和节点的截面设计以及剪力墙、连梁和节点的相应构造与剪力墙结构相同，这里仅对属于框架－剪力墙结构所特有截面设计和构造的有关规定做些简单介绍。

1. 框架－剪力墙结构、板柱－剪力墙结构中的剪力墙

框架－剪力墙结构、板柱－剪力墙结构中的剪力墙是承担水平风荷载或水平地震作用的主要受力构件，必须保证其安全可靠。因此规定，剪力墙竖向及水平分布钢筋的配筋率，抗震设计时均不应小于 0.25%，非抗震设计时均不应小于 0.20%，并应至少双排布置。各排分布钢筋之间应设置拉筋，拉筋直径不应小于 6mm，间距不应大于 600mm。

这是剪力墙设计的最基本构造，使剪力墙具有最低限度的强度和延性保证。实际工程中，应根据实际情况确定不低于该项要求的、适当的构造设计。

2. 带边框剪力墙的构造

（1）带边框剪力墙的截面厚度应符合墙体稳定性计算的要求，且应符合下列规定：①抗震设计时，一、二级抗震等级剪力墙的底部加强部位不应该小于200mm；②除第①项以外的其他情况下不应小于160mm。

（2）剪力墙的水平钢筋应全部锚入边框柱，锚固长度不应小于1，（非抗震设计）或1如（抗震设计）。

（3）与剪力墙重合的框架梁可保留，也可做成宽度与墙厚相同的暗梁。暗梁的截面高度可取墙厚的2倍或与该片框架梁的截面等高，暗梁的配筋可按构造配置且应符合一般框架梁相应抗震等级的最小配筋要求。

（4）剪力墙截面宜按工字形设计，其端部的纵向受力钢筋应配置在边框柱截面内

（5）边框柱截面宜与该片框架其他柱的截面相同，边框柱应符合框架结构中有关框架柱构造配筋的规定；剪力墙底部加强部位边框柱的箍筋宜沿全高加密；当带边框剪力墙上的洞口紧邻边框柱时，边框柱的箍筋宜沿全高加密。

3. 板柱-剪力墙结构设计要求

（1）结构分析中规则的板柱结构可用等代框架法，其等代梁的宽度宜取垂直于等代框架方向两侧柱距各1/4；宜采用连续体有限元空间模型进行更准确的计算分析。

（2）楼板在柱周边临界截面的冲切应力，不宜超过0.7 $f_t$；超过时应配置抗冲切钢筋或抗剪栓钉；当地震作用导致柱上板带支座弯矩反号时，还应该对反向作复核。板柱节点冲切承载力可按现行国家标准《混凝土结构设计规范》（GB50010）的相关规定进行验算，并且应考虑节点不平衡弯矩作用下产生的剪力影响。

（3）沿两个主轴方向均应布置通过柱截面的板底连续钢筋，且钢筋的总截面面积应符合下式要求：

$$A_s \geqslant N_C / f_y \tag{8-24}$$

式中 $A_s$ —— 通过柱截面的板底连续钢筋的总截面面积；

$N_G$ —— 该层楼面重力荷载代表值作用下的柱轴向压力设计值，8度时尚宜计入竖向地震影响；

$f_y$ —— 通过柱截面的板底连续钢筋的抗拉强度设计值。

4. 板柱-剪力墙结构中板的构造设计要求

（1）抗震设计时，应在柱上板带中设置构造暗梁，暗梁宽度取柱宽及两侧各1.5倍板厚之和，暗梁支座上部钢筋截面积不应小于柱上板带钢筋截面积的50%，并应全跨拉通，暗梁下部钢筋应不小于上部钢筋的1/2。暗梁箍筋的布置，当计算不需要时，直径不应小于8mm，间距不宜大于 $3h_0/4$，肢距不宜大于2 $2h_0$；当计算需要时，应按计算确定，且直径不应小于10mm，间距不宜大于 $h_0/2$，肢距不宜大于1.5 $1.5h$。

（2）设置柱托板时，非抗震设计时托板底部宜布置构造钢筋；抗震设计时托板底部钢筋应按计算确定，并应满足抗震锚固的要求。计算柱上板带的支座钢筋时，可考虑托板厚度的有利影响。

（3）无梁楼板开局部洞口时，应验算承载力及刚度要求。当未作专门分析时，在板的不同部位开单个洞的大小应符合图 8-21 的要求。若在同一部位开多个洞时，则在同一截面上各个洞宽之和不应大于该部位单个洞的允许宽度。所有的洞边均应设置补强钢筋。

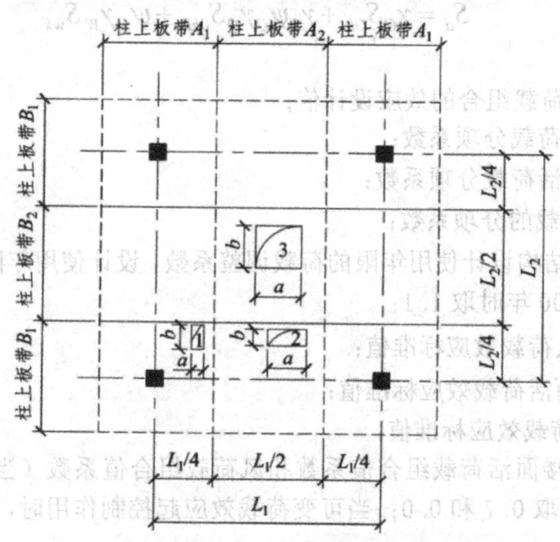


图 8-21 无梁楼板开洞要求

注：洞 1: $a \leqslant a_e/4$ 且 $a \leqslant t/2, b \leqslant b_e/4$ 且用 $b \leqslant t/2$，其中，$a$ 为洞口短边尺寸，$b$ 为洞口长边尺寸，$a_c$ 为相应于洞口短边方向的柱宽，$b_c$ 为相应洞口长边方向的柱宽，t 为板厚；

洞 2：$a \leqslant A_2/4$ 且 $b \leqslant B_1/4$；

洞 3：$a \leqslant A_2/4$ 且 $b \leqslant B_2/4$。

# 第三节 高层建筑结构设计要求

## 一、荷载效应和地震作用效应组合

作用效应是指由各种作用引起的结构或结构构件的反应，如内力、变形和裂缝等；作用效应组合是指按极限状态设计时，为保证结构的可靠性而对同时出现的各种作用效应值的规定。对所考虑的极限状态，在确定其作用效应时，应对所有可能同时出现的各种作用效应值加以组合，求得组合后在结构中的总效应。由于各种荷载作用的性质不同，它们出现的频率不同，对结构的作用方向不同，这样需考虑的组合多种多样，因此还必须在所有可能的组合中，取其中最不利的一组作为该极限状态的设计依据。本节给出了高层建筑结构承载能力极限状态设计时的作用效应组合的基本要求。

（一）荷载效应组合

在持久设计状况和短暂设计状况下，当荷载和荷载效应按线性关系考虑时，荷载基本组合的效应设计值应按下式确定：

$$S_d=\gamma_G S_{Gk}+\gamma_L\psi_Q\gamma_Q S_{0kk}+\psi_w\gamma_W S_{wk} \tag{8-25}$$

式中 $S_d$ —— 荷载组合的效应设计值；

$\gamma_G$ —— 永久荷载分项系数；

$\gamma_Q$ —— 楼面活荷载分项系数；

$\gamma_W$ —— 风荷载的分项系数；

$\gamma_L$ —— 考虑结构设计使用年限的荷载调整系数，设计使用年限为50年时取1.0，设计使用年限为100年时取1.1；

$S_{Gk}$ —— 永久荷载效应标准值；

$S_{Qk}$ —— 楼面活荷载效应标准值；

$S_{Wk}$ —— 风荷载效应标准值；

$\psi_Q,\psi_w$ —— 楼面活荷载组合值系数和风荷载组合值系数（当永久荷载效应起控制作用时，应分别取0.7和0.0；当可变荷载效应起控制作用时，应该分别取1.0和0.6或0.7和1.0）。

对书库、档案库、储藏室、通风机房和电梯机房，楼面活荷载组合值系数取0.7的组合应取为0.9。

在持久设计状况和短暂设计状况下，荷载效应基本组合的分项系数应按下列规定采用：

（1）永久荷载的分项系数$\gamma_G$：当其效应对结构承载力不利时，对由可变荷载效应控制的组合应取1.2，对由永久荷载效应控制的组合应取1.35；当其效应对结构承载力有利时，应取1.0。

（2）楼面活荷载的分项系数$\gamma_Q$：通常情况下应取1.4。

（3）风荷载的分项系数$\gamma_W$应取1.4。

目前，国内钢筋混凝土结构高层建筑由恒载及活荷载引起的单位面积重力，框架与框架-剪力墙结构为12～14kN/m$^2$，剪力墙和筒体结构为13～16 kN/m$^2$，而其中活荷载部分为2～3kN/m$^2$，只占全部重力的15%～20%，活荷载不利分布的影响较小。另外，高层建筑结构层数很多，每层的房间也很多，活荷载在各层间的分布情况极其繁多，难以一一计算。所以一般不考虑活荷载的不利分布，按照满载计算。

如果楼面活荷载大于4kN/m$^2$，其不利分布对梁弯矩的影响会比较明显，计算时应考虑。除进行活荷载不利分布的详细计算分析外，也可将未考虑活荷载不利分布计算的框架梁弯矩乘以放大系数予以近似考虑，该放大系数通常可取1.1～1.3，活载大时可选用较大的数值。近似考虑活荷载不利分布影响时，梁正、负弯矩应同时予以放大。

依照组合的规定，当不考虑楼面活荷载的不利布置时，由式（8-25）可以有很

多组合，最主要的组合有：

$$S_d = 1.35S_{Gk} + 0.7\times1.4\gamma_L S_{pk} \quad (8\text{-}26)$$

$$S_d = 1.25\left(S_{Gk} + \gamma_L S_{0k}\right) \text{（恒、活荷载不分开考虑）} \quad (8\text{-}27)$$

$$S_d = 1.2S_{Gk} + 1.0\times1.4\gamma_L S_{0k} + 0.6\times1.4S_{Wk} \quad (8\text{-}28)$$

$$S_d = 1.2S_{Gk} + 0.7\times1.4\gamma_L S_{Qk} + 1.0\times1.4S_{wk} \quad (8\text{-}29)$$

### （二）地震作用效应组合

在地震设计状况下，当作用与作用效应按线性关系考虑时，荷载及地震作用基本组合的效应设计值应按下式确定：

$$S_d = \gamma_G S_{CE} + \gamma_{Eh} S_{EZk} + \gamma_{Ex} S_{Exk} + \psi_W \gamma_W S_{Wk} \quad (8\text{-}30)$$

式中 $S_d$ —— 荷载和地震作用组合的效应设计值；

$S_{GE}$ —— 重力荷载代表值的效应；

$S_{Ehk}$ —— 水平地震作用标准值的效应，尚应乘以相应的增大系数、调整系数；

$S_{Evk}$ —— 竖向地震作用标准值的效应，尚应乘以相应的增大系数、调整系数；

$\gamma_G$ —— 重力荷载分项系数；

$\gamma_w$ —— 风荷载分项系数；

$\gamma_{Eh}$ —— 水平地震作用分项系数；

$\gamma_{Ex}$ —— 竖向地震作用分项系数；

$\psi_w$ —— 风荷载的组合值系数，通常结构取为 0.0，风荷载起控制作用建筑应取 0.2。

## 二、结构设计要求

### （一）承载能力验算

高层建筑结构构件的承载力应按下列公式验算：持久设计状况及短暂设计状况：

$$\gamma_0 S_d \leqslant R_d \quad (8\text{-}31)$$

地震设计状况：

$$S_d \leqslant R_d / \gamma_{RE} \quad (8\text{-}32)$$

式中$\gamma_0$ —— 结构重要性系数（对安全等级为一级的结构构件，不应小于1.1；对安全等级为二级的结构构件，不应小于1.0）；

$S_d$ —— 作用组合的效应设计值，按式（8-25）或者（8-30）计算得到的设计值；

$R_d$ —— 构件承载力设计值；

$\gamma_{RE}$ —— 构件承载力抗震调整系数。

（二）侧移验算

1. 弹性位移

在正常使用的条件下，高层建筑结构应具有足够的刚度，避免产生过大的位移而影响结构的承载力、稳定性和使用要求。

高层建筑层数多、高度大，为保证高层建筑结构具有必要的刚度，应对其楼层位移加以控制。侧向位移控制实际上是对构件截面大小、刚度大小的一个宏观指标。

在正常使用条件下，限制高层建筑结构层间位移的主要目的如下：

（1）保证主结构基本处于弹性受力状态，对钢筋混凝土结构来讲，要避免混凝土墙或柱出现裂缝；同时，将混凝土梁等楼面构件的裂缝数量、宽度及高度限制在规范允许的范围之内。

（2）保证填充墙、隔墙和幕墙等非结构构件完好，避免产生明显损伤。

迄今，控制层间变形的参数有三种，即层间位移与层高之比（层间位移角）、有害层间位移角、区格广义剪切变形。其中层间位移角是应用最广泛，最为工程技术人员所熟知的指标，①层间位移与层高之比（即层间位移角）：

$$\theta_i = \frac{\ddot{A}u_i}{h_i} = \frac{u_i - u_{i-1}}{h_i} \tag{8-33}$$

式中$\theta_i$ —— 第$i$层的层间位移角；

$\ddot{A}u_i$ —— 第$i$层的层间位移；

$h_i$ —— 第$i$层的层高；

$u_i$ —— 第$i$层的层位移；

$u_{i-1}$ —— 第$i$ -1层的层位移。

②有害层间位移角：

$$\theta_{id} = \frac{\ddot{A}u_{id}}{h_i} = \theta_i - \theta_{i-1} = \frac{u_i - u_{i-1}}{h_i} - \frac{u_{i-1} - u_{i-2}}{h_{i-1}} \tag{8-34}$$

式中$\theta_{id}$ —— 第$i$层的有害层间位移角；

$\ddot{A}u_{id}$ —— 第$i$层的有害层间位移；

$\theta_i$，$\theta_{i-1}$ —— 第$i$层上、下楼盖的转角，即第$i$层、第$i$ -1层的层间位移角。

③区格的广义剪切变形（简称剪切变形）：

$$\gamma_{ij}=\theta_i-\theta_{i-1,j}=\frac{u_i-u_{i-1}}{h_i}+\frac{v_{i-1,j}-v_{i-1,j-1}}{l_j} \tag{8-35}$$

式中 $\gamma_{ij}$ —— 区格 $ij$ 的剪切变形，其中脚标 $i$ 表示区格所在层次，$j$ 表示区格序号；

$\theta_{i-1,j}$ —— 区格 $ij$ 下楼盖的转角，以顺时针方向为正；

$l_j$ —— 区格 $ij$ 的宽度；

$v_i-l_j-l+v_{i-1}j$ —— 相应节点的竖向位移。

如上所述，从结构受力与变形的相关性来看，参数 $\gamma_{ij}$ 即剪切变形较符合了实际情况；但就结构的宏观控制而言，参数 $\theta_i$ 即层间位移角又较简便。

考虑到层间位移控制是一个宏观的侧向刚度指标，为便于设计入员在工程设计中应用，《高规》中采用了层间最大位移与层高之比即层间位移角作为控制指标。

目前，高层建筑结构是按弹性阶段进行设计的。地震按小震考虑；结构构件的刚度采用弹性阶段的刚度；内力与位移分析不考虑弹塑性变形。因此所得出的位移相应也是弹性阶段的位移，比在大震作用下弹塑性阶段的位移小得多，因而位移的控制指标也比较严。

按弹性设计方法计算的风荷载或多遇地震标准值作用之下的楼层层间最大水平位移与层高之比 $\ddot{A}u\quad h$ 宜符合下列要求的规定：

（1）高度不大于 150m 的常规高度高层建筑，由于其整体弯曲变形相对影响较小，层间位移角 $\ddot{A}u\quad h$ 的限值按不同的结构体系在 1/1000 ～ 1/550 之间分别取值。其楼层层间最大位移与层高之比 $\ddot{A}u\quad h$ 不宜大于表 8-5 的限值。

**表 8-5　楼层层间最大位移与层高之比的限值**

| 结构体系 | $\ddot{A}u\quad h$ 限值 |
|---|---|
| 框架 | 1/550 |
| 框架 - 剪力墙、框架 - 核心筒、板柱 - 剪力墙 | 1/800 |
| 筒中筒、剪力墙 | 1/1000 |
| 除框架结构外的转换层 | 1/1000 |

（2）高度不小于 250m 的高层建筑，其楼层层间最大位移与层高之比 $\ddot{A}u\quad h$ 不宜大于 1/500。这是由于超过 150m 高度的高层建筑，弯曲变形产生的侧移有较快增长，所以超过 250m 高度的建筑，层间位移角限值按 1/500 采用。

（3）高度为 150m ～ 250m 的高层建筑，其楼层层间最大位移和层高之比 $\ddot{A}u\quad h$ 的限值按以上第（1）和第（2）条的限值线性插入取值。

需要注意的是，楼层层间最大位移 $\ddot{A}u$ 是以楼层竖向构件最大水平位移差计算，不扣除整体弯曲变形。进行抗震设计时，楼层位移计算可不考虑偶然偏心的影响。层间位移角 $\ddot{A}u\quad h$ 的限值指最大层间位移与层高之比，第 $i$ 层的 $\ddot{A}u\quad h$ 指第 $i$ 层和第 $i$ -1 层在楼层平面各处位移差 $\ddot{A}u=u_i-u_{i-1}$ 中的最大值。因为高层建筑结构在水平力作用下几乎都会产生扭转，所以 $\ddot{A}u$ 的最大值一般在结构单元的尽端处。

2. 弹塑性位移

通过震害分析可知，高层建筑结构如果存在薄弱层，在强烈的地震作用下，结构薄弱部位将产生较大的弹塑性变形，会引起结构严重破坏甚至倒塌。所以对不同高层建筑结构的薄弱层的弹塑性变形验算提出了不同要求。

高层建筑结构在罕遇地震作用下的薄弱层弹塑性变形验算，应该符合下列规定：

（1）下列结构应进行弹塑性变形验算：

①7～9度抗震设计时楼层屈服强度系数小于0.5的框架结构；

②甲类建筑和9度抗震设防的乙类建筑结构；

③采用隔震和消能减震设计的建筑结构；

④房屋高度大于150m的结构。

（2）下列结构宜进行弹塑性变形验算：

①表8-6所列高度范围且竖向不规则高层建筑结构；

②7度Ⅲ、Ⅳ类场地和8度抗震设防的乙类建筑结构；

③板柱－剪力墙结构。

注：楼层屈服强度系数为按构件实际配筋和材料强度标准值计算的楼层受剪承载力和按罕遇地震作用计算的楼层弹性地震剪力的比值。

**表8-6　采用时程分析法的高层建筑结构**

| 设防烈度、场地类别 | 建筑高度范围 |
|---|---|
| 8度Ⅰ、Ⅱ类场地和7度 | ＞100m |
| 8度Ⅲ、Ⅳ类场地 | ＞80m |
| 9度 | ＞60m |

结构薄弱层（部位）层间的弹塑性位移应符合下式规定：

$$\ddot{A}u_p \leqslant [\theta_p] h \tag{8-36}$$

式中 $\ddot{A}u_p$ —— 层间弹塑性位移；

$[\theta_p]$ —— 层间弹塑性位移角限值，可按表8-7采用（对框架结构，当轴压比小于0.40时，可提高10%；当柱子全高的箍筋构造要采用比框架柱箍筋最小配箍特征值大30%时，可提高20%，但累计提高不宜超过25%）；

$h$ —— 层高。

表 8-7　层间弹塑性位移角限值

| 结构体系 | $[\theta_p]$ |
|---|---|
| 框架结构 | 1/50 |
| 框架 - 剪力墙结构、框架 - 核心筒结构、板柱 - 剪力墙结构 | 1/100 |
| 剪力墙结构和筒中筒结构 | 1/120 |
| 除框架结构外的转换层 | 1/120 |

## （三）舒适度要求

### 1. 风振舒适度

高层建筑在风荷载作用下将产生振动，过大的振动加速度将会使在高楼内居住的人们感到不舒适，甚至不能忍受。所以要求高层建筑应具有良好的使用条件，满足舒适度的要求。

房屋高度不小于 150m 的高层混凝土建筑结构应满足风振舒适度的要求。在现行国家标准《建筑结构荷载规范》（GB50009）规定的 10 年一遇的风荷载标准值作用下，结构顶点的顺风向和横风向振动最大加速度计算值不应超过表 3-8 的限值。结构顶点的顺风向和横风向振动最大加速度可按现行行业标准《高层民用建筑钢结构技术规程》（JGJ99）的有关规定计算，也可通过风洞试验结果判断确定，计算时结构阻尼比宜取 0.01 ～ 0.02。通常情况下，混凝土结构取 0.02，混合结构可以根据房屋高度和结构类型取 0.01 ～ 0.02。

表 8-8　结构顶点风振加速度限值 $a_{lim}$

| 使用功能 | $a_{lim}(m/s^2)$ |
|---|---|
| 住宅、公寓 | 0. 15 |
| 办公、旅馆 | 0. 25 |

### 2. 楼盖结构的舒适度

随着我国大跨楼盖结构的大量兴起，楼盖结构舒适度控制已成为我国建筑结构设计中又一重要的工作内容。

对于钢筋混凝土楼盖结构、钢 - 混凝土组合楼盖结构（不包括轻钢楼盖结构），一般情况下，楼盖结构竖向频率不宜小于 3Hz，以保证结构具有适宜的舒适度，避免跳跃时周围人群的不舒适。一般住宅、办公、商业建筑楼盖结构的竖向频率小于 3Hz 时，需验算竖向振动加速度。楼盖结构竖向振动加速度不仅与楼盖结构的竖向频率有关，还与建筑使用功能及人员起立、行走及跳跃的振动激励有关。

楼盖结构的竖向振动加速度宜采用时程分析方法计算，也可采用简化近似计算方法。

人行走引起的楼盖振动峰值加速度可以按下列公式近似计算：

$$a_p = \frac{F_p}{\beta\omega} g \tag{8-37}$$

$$F_p = P_0 e^{-0.35 f_n} \tag{8-38}$$

式中 $a_p$ —— 楼盖振动峰值加速度，m/s2；

$F_p$ —— 接近楼盖结构自振频率时人行走产生作用力，kN；

$P_0$ —— 人们行走产生的作用力（kN），按表 8-9 采用；

$f_n$ —— 楼盖结构竖向自振频率（Hz）；

$\beta$ —— 楼盖结构阻尼比，按表 3-9 采用；

$\omega$ —— 楼盖结构阻抗有效重量（kN），可以按公式（8-39）计算；

$g$ —— 重力加速度，取 9.8m/s$^2$。

**表 8-9　人行走作用力及楼盖结构阻尼比**

| 人员活动环境 | 人员行走作用力 $p_0 / kN$ | 结构阻尼比 $\beta$ |
|---|---|---|
| 住宅、办公、教堂 | 0.3 | 0.02 ～ 0.05 |
| 商场 | 0.3 | 0.02 |
| 室内人行天桥 | 0.42 | 0.01 ～ 0.02 |
| 室外人行天桥 | 0.42 | 0.01 |

注：1. 表中阻尼比用于钢筋混凝土楼盖结构和钢 - 混凝土组合楼盖结构；

2. 对住宅、办公、教堂建筑，阻尼比 0.02 可以用于无家具和非结构构件情况，如无纸化电子办公区、开敞办公区和教堂；阻尼比 0.03 可用于有家具、非结构构件，带少量可拆卸隔断的情况；阻尼比 0.05 可用于含全高填充墙的情况；

3. 对室内人行天桥，阻尼比 0.02 可用于天桥带干挂吊顶的情况。

楼盖结构的阻抗有效重量 $\omega$ 可按下列公式计算：

$$\omega = \overline{\omega} BL \tag{8-39}$$

$$B = CL \tag{8-40}$$

式中 $\overline{\omega}$ —— 楼盖单位面积有效重量（kN/m$^2$），取恒载和有效分布活荷载之和（楼层有效分布活荷载：办公建筑可取 0.55kN/m$^2$，住宅可取 0.3 kN/m$^2$）；

$L$ —— 梁跨度，m；

*B* —— 楼盖阻抗有效质量的分布宽度，m；

*C* —— 垂直于梁跨度方向的楼盖受弯连续性影响系数（为边梁时取 1；为中间梁时取 2）。楼盖结构应具有适宜的舒适度，楼盖结构的竖向振动频率不应小于 3Hz，竖向振动加速度峰值不应该超过表 8-10 的限值。

**表 8-10　楼盖竖向振动加速度限值**

| 人员活动环境 | 峰值加速度限值／（$m/s^2$） | |
|---|---|---|
| | 竖向自振频率不大于 2Hz | 竖向自振频率不小于 4 Hz |
| 住宅、办公 | 0.07 | 0. 05 |
| 商场及室内连廊 | 0. 22 | 0. 15 |

注：楼盖结构竖向自振频率为 2Hz ～ 4Hz 时，峰值加速度限值可以按线性插值选取。

# 第九章 建筑工程设计新理念

## 第一节 绿色建筑设计

在我国建筑的能源消耗问题上，民居建筑的能源消耗是一个较严重的问题。在当代社会科技的高速运转之下，人们对民居建筑环境可以在一定程度上进行控制，进而人们在利用能源与自然资源的方式上不加节制。我们追溯能源危机的根源，不难发现在建造建筑物的能源消耗与废弃物的排放问题上，占了整个社会能源消耗比重的40%之多。因为资源与能源并非取之不尽，所以一系列关于“绿色建筑”的理念应运而生，随之进入到我们的生活之中。最初在上个世纪的60年代初期，已经有一部分西方的发达国家在能源危机问题上开始对生态建筑越发重视。特别是其中的绿色建筑理念，通过了长达40年的研究开始走向较高的科技发展水平，从先进的科技材料入手向其他的高技术手段扩散。但我国在20世纪末也开始着手于生态住宅的研究，在本节中我们将通过对绿色民居建筑的介绍，探究绿色建筑设计理念。

### 一、传统民居及相关绿色建筑设计

#### （一）早期国内绿色建筑原型调研

穴居和巢居作为最原始的绿色建筑的雏形，是早期人类赖以生存的庇护场所，在原始社会，绿色建筑的取材十分方便并且依附于自然，最早的绿色建筑设计由此开始。例如蝼蚁的洞穴与鸟类的筑巢，均为生态系统中最自然的组成单元。这样简化的生态建筑形态满足了当时人们生存的基本条件，体现人与自然的和谐共处，反映了绿色建筑理念的本来面貌。

在原始社会，民居建筑的材料主要包括木竹石土四大类，通过早期的建造技术来建设民居建筑，在当时有一部分建筑被称为“绿色民居建筑”，可以视为绿色建筑理念的雏形之一。根据建筑材料我们可以把原始的民居建筑做一个简单的划分，可以分为木构民居、石构民居、土筑民居与竹筑民居四种。各种传统的民居建筑在建设过程之中均要考虑通风、保暖与原料节能型的应用，这才能建造出理想的生态民居建筑。

### （二）依据建筑材料对民居地域性进行分析

原始社会民居建筑的聚落发展之中蕴含着丰富的生态内涵，在长期的进化与选择的过程中，传统的聚落建筑有着独特的生态优越性，并且有着完整的建造系统，在不同的历史发展时期人们使用的建筑材料不同，这种不同与当地的建筑材料的产量息息相关。而建筑材料的使用也与现今社会的科技发展水平密切相关，早期民居建筑在科技不发达的情况下大多采用木材来建造房屋，如今在科技高速发展的基础上有更多的建筑材料种类可供我们选择。通过以上的论述，我们可以发现绿色建筑在不同地域文化的影响下建筑形式存在着差异，由于早期生产力水平较低，人们形成了一种自发性的生态建筑观。随着生产力水平的不断提高，人们的心理逐渐从适应自然转向征服自然，并开始慢慢地忘记追求生态建筑的初衷。在科技水平不断发展的今天，人们又开始提起生态建筑的概念，想起了那些简单实用的处理介入方式和利用自然条件来创作建筑。由于现在人们追求建筑形式的奢靡状态，忽略能源与资源的节约问题，因此绿色建筑设计被提起是必然的。

## 二、绿色体系下的民居建筑规划

### （一）民居建筑的合理选址

我国的东北地区寒冷干燥，有些地区的供暖月甚至可以达到5个月之久，例如黑龙江北部最寒冷的地区温度甚至达到-40℃左右，因此在选择民居的建筑地址时，当地居民首要考虑的问题为如何抵御寒冷，为了抵御严寒，居民们大多会选择群山环绕的空间，这样的空间相对比较独立，可以较好地抵挡西北风的入侵，从很大的程度上来说具有保温的意义。其次要考虑的是阳光的采纳，阳光对于该地区的建筑来说十分重要，尤其是冬季，在低气温作用的影响下，阳光可提供足够的热量，此外还有一系列的通风防雪等问题需要考虑。

在东北地区的选址方面除了群山环抱，对于地势的要求也是要相对平坦，平坦的地势可以有利于夏季的排水，并且周围山体提供了清新的空气和优美的风景，以及优质的淡水资源。而在群山环抱的地势之中，我们可以找到丰富的木材资源为生活提供必要的燃料，人们在选择民居地址时往往选择临近于河流的地方，这样不仅有丰富的渔猎资源，而且可以灌溉农田，降低夏季炎热的气温。还有一个容易忽视因素，在选址方面会选择四周高中间低的地势，这样可以有效地抵挡雷电所带来的灾害。在建筑布局方面我们往往充分地利用太阳能资源，为我们提供冬季所需的热量。门窗相对错开保持良好的空气，想要建造绿色建筑可以利用太阳能来发电，这样在一定程度上可以节约资源。将建筑布局进行系统的优化，从空间上的合理分配可以为居民生活提供便利。

### （二）绿色体系下的民居建筑规划

由于特殊的地理位置，东北地区的民居建筑应该选择一些绿色生态的措施来进行民居设计，由于经济发展水平的限制，我们大多选用一些传统技术的方法来进行创作。通过前几个章节的分析，如何建造绿色体系下的民居建筑可以从以下几个方面入手：

第一，舒适性：通过对住宅空间的合理人性化设计，让人们在建筑物当中发自内心地感觉舒适，这体现了以人为本的主要思想。为达到人与建筑、环境的和谐统一，我们不断地探究行为学与人体工程学，将理论知识与生态建筑相结合，创造出舒适的、绿色理念之下的民居建筑。

第二，可交往性：由于人类特有的群居性，沟通交流是我们日常生活中必要的手段，人与人之间的交往通常在建筑之中进行，因此在设计民居建筑时需要考虑人们交流的问题，不能把建筑设计成为个人的密闭空间，这样不符合人类的可交往性。

第三，生态性：由于现在东北地区环境污染越发地严重，自然资源也越来越少，伴随着人口的快速增长问题，只有把节能减排的生态思想应用到建筑之中，从自身的实际情况出发，才能走上一条可持续发展的道路。

生态绿色环保的民居建筑中，所涉及生态绿色环保技术和设计层面较为重要，通过将经济学、社会学、建筑技术及地理学等多方面相关的学科和生态学相互结合，多方面入手实现绿色民居建筑规划。

## 三、东北地区民居建筑案例分析

东北地区在我国属于众多民族聚居的区域，由于独特的地理位置，该地区的文化发展与其他地区有所不同，在以往的时间里，各民族在建造自己的住宅时，会根据自己的生活方式结合地形地貌，创造出具有民族特色的民居建筑，经过长时间的开发，这些传统的民居建筑的民族特色越发鲜明。举例来说，吉林延边的朝鲜族民居建筑就是一个具有民族特色的民居，辽宁满族的四合院民居建筑同样如此，这些传统的民居建筑恰到好处地适应了当地的人文与气候，是常规意义的生态建筑。我们可以通过早期人们在东北建造房屋的特点吸取经验，将这些经验与民族传统融合到现在的生态住宅设计当中。在写论文之前，作者通过大量的阅读文献与查找资料，对吉林延边朝鲜族的传统民居建筑做了简要的了解，通过分析该地区的民居建筑，找到其不足并加以生态化的理念，进而建造出具有绿色理念的生态建筑。

从古至今，东北地区的民居建筑均是以院落式为基本形制，无论是满族、汉族还是朝鲜族民居均为如此，其中最典型的代表为东北地区的四合院民居建筑，东北地区的四合院同北京四合院类似，由正房与东西厢房组成，在周围有回廊与置景呼应，所有的房间均是以中心庭院向外扩散而形成居住空间，在构造的过程之中讲究对称性法则，每个房屋均为左右对称，其中正房最大，位于整个建筑的主要区域，厢房布置在两侧的位置。这类空间的布局方式凸显出古代社会的封建等级制度。东北地区的四合

院建筑外形接近于长方形，在四周环抱围廊，起到连接作用，连接东西厢房与正房，并且配以景观植物装饰，在行走的过程之中移步换景，增加了空间的层次，这种庭院减少了民居建筑内部的隔阂，加强了人和人之间的联系，体现了以人为本的生态建筑观和民居建筑的可交往性。

与北京四合院相比，东北地区的四合院民居建筑入户的大门设置在南面的中间部位，而北京四合院的大门则是位于南面东侧的角落里面，这样的差别给人们带来了不同的心理感受。此外，北京四合院在入门处有假山装饰，会起到一定程度的遮挡作用，比较注重院落内部的私密性。东北四合院有着明显的不同，从正门中心直接进入正房，没有半点儿遮掩直来直往，整个院落显得大方敞亮，体现了东北地区人民朴实豪爽的性格特点。

## 四、辽宁地区满族民居建筑“绿色体系”构建

在东北地区除了汉族还有许多其他的民族，每个民族都有着不同的民族文化和独特的信仰，这种独特的信仰使建筑有着不同于其他民族的特色，人们在建造建筑物时往往会加入自身的民族情结，使建筑具有民族特色。东北地区的民居建筑在布局上充分地考虑到采光与通风的问题，协调了家族各个成员之间的交流关系，并且与自然环境相融合，是名副其实的生态建筑。下面通过对东北地区具有民族特色的民居建筑进行简要分析，探究具有民族特色的绿色理念民居建筑。

满族文化在辽宁地区历史悠久，是一个由原始的渔猎文化向农耕文化转变的民族，生产力的转变促进了经济文的改变，这种文化的转变过程之中吸收了其他民族如汉民族的文化，但是也保留了自身民族文化的精华。满族的民居建筑最初是一种幕帐式建筑，这种建筑结构简约并且方便迁徙，渔猎文化下的民居建筑在不断地向农耕文化转变，这也充分说明了经济决定建筑的发展，我们也可根据经济的发展方向来判定未来建筑的发展模式。

从穴居和巢居发展到半穴居和半巢居的满族民居建筑，在建造方式上发生了十分巨大的改变，同时这种改变也伴随着与其他民族文化的融合。在黑龙江和长白山北部的松花江孕育了许多满族的前辈，这些满族人通过采集和渔猎的方式生存，人们严重依赖自然资源，所以建筑往往与河流联系密切。在古代由于生产力水平的低下，穴居与半穴居是当时满族人民的主要建筑方式，随着生产力水平的不断提高，人们的生活条件逐渐变得优越，民居建筑也随之变得先进。之后满族的渔猎文化受到了汉民族农耕文化的冲击，经济生产方式开始变形，建筑在保留自身的文化特性的同时融入了汉民族的优秀建筑理念。而满族的祖先女真族在面对这样的文化冲击的时候，建筑的方式也开始向定居发展。因为采暖设备火炕的发明，人们开始摆脱了以往的穴居式的建筑模式，开始建造固定的地面居所。

现今满族民居建筑的火炕，是由明末清初时的长炕演变和发展而来，随着社会经济技术的提高，长炕逐渐演变为万字形，这种万字炕的受热方式也发生了巨大的变化，已经逐渐转变为锅灶通内炕，此为现代满族民居建筑火炕发展的雏形。这既是人们自

己探究出来的成果，同时也是经济作用下的文化融合，两种建筑文化在发展的过程之中不断地进步，这个过程建立在民居建筑对于环境整体压力的适应。满族民居建筑通过对现有不足的弥补，和对外来建筑文化的采纳，通过了优化重组来建造出保留固有的民族文化，也吸收了有着其他民族文化优良的建筑方式。通过一系列的评估方式把两种不同的经济文化作为建筑文化发展的背景，在经济基础的作用下上层建筑发展得越来越好，两种不同的建筑文化相互作用，创造出具有新的生命意义的民族建筑。

在东北地区主要有三种类型的满族民居建筑，分别为民居街坊、城镇大型住宅以及乡村居住房屋，城乡经济发展水平不同，其中最具有代表性的为城镇大型住宅，而我们根据现有的民居建筑对东北地区满族民居建筑进行划分，主要划分为四合院与三合院这两种主要的房屋建造方式。我们用满族四合院来做一个简单的分析，这种四合院以中轴对称为主要的建筑方式，北侧为正房，东西两侧为厢房，而在南面的正中为大门，四周的墙体建筑往往较高，用来保护内部居民生活的安全，同时又可以抵御冬风。我们可以简单地把满族四合院同北京四合院做一个比较，北京四合院的门一般设置在角落，同时在入口处设有植物或假山装饰，在入门时候绕过装饰物才能进入正房，体现注重民居建筑的私密性。

而满族四合院的内院十分敞亮，从入口到正房少有遮挡，并且在中央部位留有较大面积的空地，这样可以最大限度地接受太阳光直射，来增加冬季室内的温度，如果正房的房间系数较多，内院的面积将会变得更大，因为内院是整个四合院建筑之中人们的中心活动区。由于东北地区的地域辽阔，足以满足人们的居住问题，因此在建造民居建筑的过程之中可以尽可能多地占用土地，厢房设在正房的两侧，可以使阳光直射进正房，东北地区冬季寒冷多风，因此房屋的保温工作十分重要。除此外，零散的布局可以起到一定程度的防火作用，而四合院内部流通的微弱气流可以净化房屋内部的空气，提高空气质量，这可以在某种程度上加强生态建设。在今后满族民居建筑的建设过程之中，我们要从内部系统到外部系统进行充分的优化，加强绿色理念建设，减少生态污染。

## 五、建筑设计中绿色建筑技术优化结合

绿色建筑主要是以保护环境、节约资源、以人为本和可持续性发展为设计理念的，这也是我国整体建筑行业发展的重要目标。但如何能够更好地发挥设计理念的作用，将理念与实际操作相结合仍然是绿色建筑发展的一大难题。因此绿色建筑的技术优化和设计整合显得十分必要。

### （一）绿色建筑设计的思路和执行策略

绿色建筑在设计过程中，主要针对现场设计及室内环境绿色规划、资源的节约与环保等方面进行绿色设计。设计时，绿色的建筑理念要贯彻设计过程的始终，并且要根据建筑实地的气候因素进行被动设计。具体体现在光照、热工性能、通风遮阳、绿色建材、可再生能源选择等方面。

将绿色理念在设计图纸上呈现是绿色设计的执行意图，也是设计执行的关键。首先要进行计算机的模拟分析，根据模拟分析情况确立整体的设计思路，从而展开设计。在工程初期阶段，可以建立一支专业人员较多的设计团队，设计人员要以绿色设计为目标，对于不同的设计矛盾可以根据设计目标进行调节，每位设计人员全力协作，参与到设计的整个过程中，对每个设计细节加以完成，才能实现绿色设计的目标。

## （二）绿色建筑设计中遵循的基本原则

首先，要保证设计的高效性。充分合理地利用建筑实地周围的自然资源、绿化资源、生态环境资源。在绿色建筑的设计规划阶段，更加侧重对整体建筑生命周期的提高，主要体现在对建筑土地科学合理规划、节约生态资源、使用可回收材料等方面。

其次，要充分掌握设计的地域性要求。我国幅员辽阔、地大物博，很多地区的自然地质条件、环境条件、气候条件、生态资源条件以及社会经济的发展情况、文化发展都有着较大的差异。所以在绿色建筑设计中要充分考虑到不同地域的特点，因地制宜地进行建筑设计。

最后，要保证设计效果的协调性。从经济发展的角度来看，绿色建筑也属于工程建筑范围内；但在社会生态发展的角度来看，绿色建筑属于社会生态建设的一部分，可以单独作为一项绿色生态系统，对人们的生活产生影响。因此，在绿色建筑的设计过程中，要将整个规划设计结合城市地区及周边生态环境进行综合考量，保证建筑要与城市氛围和周边环境相融合。

## （三）绿色建筑设计技术的优化

### 1. 规划期间设计技术的优化

规划期间，主要通过对建筑现场的气候特征研究，结合计算机模拟技术，优化设计朝向和平面布置对建筑风、声、光等方面的影响。当建筑工程报规后，就不能对设计进行整改，所以规划时期一定要有充足的时间。如某地区的建筑设计日照强度的计算，利用总平面的计算进行设计优化，调整整体空间的布局和结构，完善阴影区域位置，保证室内的光照达到最佳效果，建筑通风模拟是在室内布局优化的基础上，进行室外风的环境模拟，更好对通风进行设计。

### 2. 客观因素的设计技术优化

通过对不同地区不同气候特征的绿色建筑进行研究，发现地域结构会影响到建筑的根本特性，例如建筑的性能和构造、空间和结构、资金的投入、室内的环境以及表现出的经济性、安全性、舒适性等特性。建筑的外在要与建筑实地的气候特征相符，建筑的外貌要与地区的文化特色、地质地貌相适应，建筑的设计性又要满足使用性。例如遵义科技管就是根据地区的土质的热稳定特性，进行创新，建设为半覆土式建筑，这样可以尽最大限度保护好地区的地质地貌，防止过度开挖，也能够对客观的水质体系和植物进行很好的利用。

### （四）绿色建筑设计技术的优化结合

首先，规划阶段进行技术的优化整合。规划阶段是建筑设计的重要内容，通过一系列的措施和方法，对建筑施工场地进行充分的掌握，保证建筑技术优势的充分发挥，提高建筑设计的效果，保障建筑设计的科学性，避免在设计过程中出现差错。在绿色建筑技术的应用过程中，根据以往的设计经验，对规划阶段的建筑设计做好初步的优化。首先，要对建筑工程的基础材料进行深入分析，对建筑的光、声、电做到充分熟悉，提高对绿色建筑技术的应用力度，在根源上避免浪费资源材料的现象，并将建筑的成本造价控制在合理范围内。其次，合理控制绿色建筑总平面，将不同设计师的设计内容进行结合，确保设计内容的优化，明确能够对建筑规划造成影响的因素，进而明确不同阶段设计的差异性，严格按照施工设计图纸的内容对建筑平面工程展开设计，使建筑平面设计得到深度优化。最后平面设计人员要时刻关注施工进程，避免施工效果受到外界因素的影响。

其次，根据气候因素进行建筑技术优化。在经典绿色建筑的经验指导下，要加强对不同气候特征地区的建筑设计进行深入研究，明确建筑设计的基本功能属性。首先，在建筑设计过程中，要考虑到施工材料的性价比和环保性，将整体的施工效果进行优化，增强建筑的稳固性，以便应对极端天气的影响。其次，明确好绿色建筑技术规范，根据规范内容确定绿色建筑设计内容，并不能进行天马行空的想象，提高绿色建筑的气候适应能力，并在设计过程中对保护性建筑进行设计。最后，将绿色建筑的形态设计与节能优化结合，绿色建筑秉持着可持续发展的设计理念，所以不能只解决建筑设计的当下问题，还要将建筑与自然相结合。例如，在重庆绿色建筑设计中心，应用了许多绿色技术进行工程建造，其中

主要采用了透水砖、太阳能及绿色再生混凝土等综合材料进行整体的建筑设计。首先在通风设计上采用太阳能技术，在拔风井外部安装平面玻璃，内部采用蓄热材料与绝热隔层相互配合，防止热量传入建筑内部，并向夜晚通风的热压传递能源。由于是南部的日光照进，对井中的空气进行加热，增强其拔风的功效。并通过网络的研究，配合 CFD 的分析法验证是否能够达到室内通风的需求。

再次，对建筑设计的外观形态与节能技术进行优化整合。绿色建筑的设计与传统一般性建筑的设计存在着本质性的差异。绿色建筑设计主要是在进行实地考察和各项数据测量后，对数据进行合理的量化分析，取代了传统感性认知的设计方式，绿色建筑的设计是在定量化分析的基础上进行的。绿色建筑设计要以形态美观和节能优化为基础，将外观形态与节能技术相结合，通过模拟技术手段对结合效果进行分析，对存在问题的地方要进行及时的处理和重新设计，实现绿色建筑设计的最优效果。因此，绿色建筑设计形态不仅要满足美观的要求，还要体现绿色的建筑技术。

最后，对采光遮阳技术进行优化结合。绿色采光遮阳技术设计主要是根据建筑所在地区的气候条件，通过采光的模拟软件进行不同形式的采光技术和遮阳技术模拟分析。根据分析数据总结建筑物受内光环境的影响规律，并设定合理的遮阳设计参数。同时结合对建筑实地的自然通风情况进行分析，并通过 CFD 软件分析风向对采光和遮

阳的影响以及采光遮阳对建筑物室内风向内循环的影响，做出综合的设计策略，为绿色采光遮阳技术的应用提供理论依据。

# 第二节　生态建筑设计

自工业革命以来，在大量消耗自然资源的基础上，人类文明取得了长足的进步。然而随着地球自然环境和人居环境的恶化，人类终于认识到这种以破坏自然为代价的发展方式是不可取的、不能持久的，如何使人类及其生存的环境得以持续发展已成为包括建筑界在内的当今各种学科讨论的重要课题。

## 一、生态建筑基本理论

### （一）生态学的基本概念

#### 1. 生态学

生态学这个概念是德国学者恩斯特·海克尔（Ernst Hacekel）于1866年首先使用的，仅有100多年的历史，海克尔将其定义为“研究生物体同外部环境之间关系的全部科学的称谓”。生态学Ecology（英语）、Okologie（德语）这一词是从希腊文Oikos派生来的，原意为房子、住处或家务。生态学的考察方式是一个很大的进步，它克服了从个体出发的、孤立的思考方法，认识到一切有生命的物体都是某个整体的一部分，探讨的是自然、技术及社会之间的关联。

#### 2. 生态系统

所谓生态系统，就是一定空间内生物和非生物成分通过物质的循环、能量的流动和信息的交换而相互作用、相互依存所构成的生态学功能单元。生态系统(Ecosystem)的概念在生态学中有很深的根底。生态系统可以是任何大小的，现代的生态学家更倾向于从能流、碳流和营养物循环来理解生态系统。

#### 3. 生态平衡

生态平衡的概念认为整个系统是一个动态的过程，随着系统为了生存下去和使其功率达到最大而进行自我调整，以寻求优化。生态系统有其临界状态，正如维斯特所指出，密度的压力或者导致种群大部分毁灭而重新回到低密度，或者跳跃到组织更高层次迫使种群改变特征。工业文明和人工化系统在达到这种境界之后，必然要有性质上的激烈变化，经过与生物圈的结合，跳跃到组织更高的层次，这是唯一生存下去的机会。因此，必须建立一种新的道德观，也是建立在了解自己和了解人类同其环境之间的关系为基础的生态学的道德观。自然界的物质、资源是有限的，因此成熟的自然生态系统必然表现出对物质、资源的高效率循环利用。对于人居环境而言，应充分地利用再生性资源（如太阳能、潮汐能、风能等）循环地使用不可再生材料，减少对人工能源的依赖。

4. 共生

共生是生物对自然条件适应的结果，不同种有机体或小系统间的合作共存和互尊互利，而达到系统有序发展。共生要求我们改变和自然对抗的思想，充分利用一切可以运用的因素，以达到和自然界协作共存，共同发展。

（二）生态学的基本原则

关于生态学的基本原则，我国生态学家马世骏总结有下列几项原则：

1. 整体有序原则

复合生态系统是由许多子系统组成的系统，各子系统相互联系，在一定条件下，它们相互作用而形成有序并且有一定功能的自组织结构。所谓“序”是指系统有规律的状态。整体有序原则认为系统演替的目标在于功能的完善，而不是组分的增长，一切组分的增长都必须服从整体功能的需求，任何对整体功能无益的结构性增长都是系统所不允许的。

2. 循环再生原则

生物圈中的物质是有限的，原料、产品及废物的多重利用及循环再生是生态系统长期生存并不断发展的基本对策。生态系统内部应该形成网状结构和生态工艺流程，其中每一组合既是下一组分的“源”，又是上一组分的“汇”，没有“因”和“果”及“废物”之分。持续发展要求在复合生态系统之内建立和完善这种循环再生机制，使物质在其中循环往复和充分利用，这样可以提高资源的利用率，而且还可以避免生态系统的破坏，使资源利用效率和环境效益同时实现。

3. 相生相克原则

这里的相生相克原则是指生态系统中促进和制约的作用关系，这些作用关系构成了生态系统的生态网。在生态系统中，生物通过竞争争取资源，求得生存和发展，通过共生节约资源，以求得持续稳定。相生相克原则提出保证生态系统的稳定性，这就要求人们在利用生物资源时，注意生态系统的整体平衡，但不是局部。

4. 反馈平衡原则

生态系统中，任何一个生物发展过程都受到某种限制因子或负反馈机制的制约作用，也得到某种或某些利导因子或正反馈机制的促进作用。在稳定的生态系统中，这种正负反馈机制是相平衡的。反馈平衡原则要求在生态系统调控中，要特别注意限制因子和利导因子的动态因素，充分发挥利导因子的积极作用，设法克服和削弱限制因子的消极作用，同时要注意反馈环境的位置、时间及强度。

5. 自我调节原则

在生态系统中，任何生物体都有较强的自我调节和适应环境的能力，它们能根据环境的状况，采取抓住最适机会尽快发展并力求避免危险获得最大保护的策略。自我调节能力的有无和强弱是生态系统与机械系统的主要区别之一。高级生态系统是一种自组织系统，具有自适应和自维持的自我调节机制。

6. 层次升迁原则

生态系统中，生物还具有不断扩展其生态位的趋适能力，即不断占用新的资源、环境及空间，以获得更多的发展机会。同时复合生态系统还不同于自然生态系统，占据复合生态系统主导地位的是人，人类可以通过认识调整生态系统内部结构或科学技术手段，摆脱旧的限制因子的制约，改善了环境条件，提高资源利用率，扩大环境容量，使复合生态系统由前一个层次上升到一个新的更高的层次。

## 二、生态学的概念与原则对建筑学的影响

生态学的基本概念与原则为研究生态建筑提供了科学的依据，也是我们科学认识建筑学的新的思维方式和研究方法。

第一，生态建筑的目的是人与自然关系的协调。人是自然的一部分，必须把人和自然的相互作用重新放回到生态系统的有机联系之中来看待。这是对人与自然关系的重新定位。生态建筑不仅要考虑业主和部分人的生存空间，还必须考虑人类整体以及自然整体的生存和生活。

第二，生态建筑和它存在的环境是一个有机的整体。生态学研究表明，生物群落与其环境中的各种生物、非生物因素有着密切的关系，它们通过食物链、食物网等各类关系联系成为一个有机的整体。很显然，生态学给我们提供了新的研究范式，要求我们把建筑学科研究的对象当作具有复杂性的整体来研究，当成相互作用的关系网络的整体来研究。在研究过程中应把生态建筑和它存在的环境看成一个有机整体，而不能孤立地把对象从环境中作为实体分割出来。建筑只有在与环境的相互关系中才能表现它全部复杂的性质，脱离环境之后，研究也失去了意义。

第三，生态建筑也是整体生态环境中的一个环节。可以认为，建筑是生态系统的一个“器官”，它在其建设、使用、改修和废弃的过程中通过与周围环境之间的能量的输出与输入，完成其承担的生态角色和功能。这是对传统建筑观念的一次革命，使我们从生态学的角度重新认识了建筑。

第四，建筑所在的生态系统有着一定的自我调节能力。生态系统有着一定的自组织能力 —— 反馈机制，但是这种能力有一定的限度，超过了一定的“阈值”，生态系统就会遭到破坏。这对于建筑学来讲，也就是控制度的问题。我们既不能战战兢兢不敢发展，避免对环境造成破坏；也不能盲目扩张，疯狂攫取。城市的建设、乡村的发展都应该控制在一定“量”之下，控制在生态系统自我调节和承受的范围之内，超过了这个限制，则会对人类的生存环境造成破坏。随着地球人口尤其是我国人口数量的增加，环境的自我调节能力承受的压力越来越大，在“量”的控制问题上我们应该当予以更多的重视。

第五，生态建筑应当使整个生态系统处于良性循环的平衡状态。生态系统是与周围环境进行能量的输出与输入的开放系统。能量和物质的良性循环使得整个系统处于动态的平衡，这为绿色建筑学研究提供了一条基本准则和评价标准。古典主义对于建

筑的评价是建立在美学基础上的，不同的美学标准决定了建筑的取舍；现代主义对建筑的评价是建立在经济基础上的，经济效率成为评价建筑优劣的重要标准；而生态建筑以生态效率为基础，它的评价是客观的，不以人意志为转移的，是一种科学的评价体系。生态的良性循环原则是生态建筑的“质”。生态学为生态建筑学提供了科学的基础和原则，使生态建筑的研究有了科学的参照系。越来越多的建筑师和规划师转向“生态学”与“建筑学”相结合的学科发展道路，他们用生态学的原理来研究建筑与自然环境的关系，从而解决人类聚居环境所面临的危机。

## 三、生态建筑概念

由于近代大工业的发展，在世界范围内使自然生态环境受到严重破坏，造成了一系列惨痛的教训，这些问题给人类敲起了环境的警钟。若是让这种趋势继续发展，自然界很快就会失去供养人类的能力。如何解决生态平衡问题，已逐渐提到议事日程上来了。

在建筑领域，针对日渐恶化的全球性问题，如何处理好建筑与生态环境的相互关系已成为建筑创作与理论研究的当务之急。近年来，各国政府、建筑师围绕这一课题制定了一系列的政策和措施，并且要求建筑尊重所在地域的自然气候环境和生态环境，进行生态建筑设计。

生态学是研究有机体之间、有机体与环境之间的相互关系的学说。相互关联的有机体与环境构成了生态系统，世界由大大小小的生态系统组成。生态系统具有自动调节恢复稳定状态的能力。但是，生态系统的调节能力是有限度的，如果超过了这个限度，生态系统就无法调节到生态平衡状态，系统会走向破坏和解体。建筑活动对生态环境有着重大的影响，因此，正确认识环境对建筑活动有着指导性的意义。例如土地的形式如何规划，这一点影响到这一地区的整个生态。它包括对大气、水体、地表、植被、气候和动植物生存环境的改变。事实证明，一小片合理规划设计的土地可以产生巨大的环境效益和社会效益，满足人们美学上、心理上和健康上的要求，使人类能够更好地生存和发展。所有这些都说明生态问题的重要性：要么创造一个良好的生存环境，要么又增加一份环境危机，一切都取决于我们的行动。

生态学（Ecology）和建筑学（Architecture）两词合并成为Areology即生态建筑学。生态建筑学（Areology）是20世纪中叶出现的一种意在限制人类的掠夺性开发，以一种顺应自然的友善态度和展望未来的超越精神，合理地协调建筑与人、建筑与生物以及建筑与自然环境的关系的建筑。生态建筑的理论基础直接来源于生态学。生态建筑学的产生是历史的必然，它的任务就是改善人类聚居环境，它的目标就是创造环境、经济及社会的综合效益。

所谓生态建筑，是用生态学原理和方法，以人、建筑、自然和社会协调发展为目标，有节制地利用和改造自然，寻求最适合人类生存和发展的生态建筑环境。将建筑环境作为一个有机的、具有结构和功能的整体系统来看待。因此，人、建筑、自然环境及社会环境所组成的人工生态系统成为生态建筑学的研究对象。

“生态建筑”一词出现还没有太长的历史，却引起广大环境保护主义者、建筑师们的广泛关注。与之相关的概念也有多种说法，如“绿色建筑”“可持续发展建筑”等等，英语中关于生态建筑的词有 Ecology ArchitectureA Green ArchitectureN Sustainable Architecture 等。这些词尽管表面上不尽相同，但它们概念是相似的，只是从不同的角度来描述，侧重点不同而已，似乎生态建筑更加贴切。

## 四、生态建筑设计方法

“未来系统”认为，现在和将来也许都会没有真正的“生态建筑”，所谓的“生态建筑”只能是一个无限趋近的目标。这实际告诉我们，100% 的生态建筑是没有的，对生态建筑的探索和研究是没有止境的。生态建筑的设计，没有简单的方法，也没有一个万能的公式，建筑师应当主动承担自己在生态保护方面的责任，在自己思想意识中树立起生态的观念，借鉴国外生态建筑创作的成功经验，努力探索建筑生态化的设计方法，通过不断实践，为我国建筑业生态化与可持续性发展的进程做出自己的贡献。

下面就生态建筑的设计原则和设计方法做一简要介绍。

### （一）生态建筑设计原则

德国设备设计工程师克劳斯－丹尼尔斯曾绘制过一个“生物圈”，把生态建筑这一复杂的系统工程形象地表现了出来。“生物圈”分成建筑元素、技术装置和外部环境三部分。建筑元素部分是建筑设计中采用的各种处理手法，技术装置部分包括供热、制冷、供电、供水等设备设计内容；外部环境包括太阳能、空气、土壤及水等自然资源的利用。这三部分之间连上很多线，说明它们之间的联系。丹尼尔斯就“生物圈”做了具体详尽的解释，概括起来，其中心思想是：通过建筑设计（从建筑总体布局到建筑构造处理），以求最大限度地利用自然资源（自然通风、利用地热、雨水、太阳能等），从而达到尽量少使用设备，降低运营能耗的目的。可以说，这就是建筑设计中的全局观念和整体意识。但在设计中，要求各个工种通力合作。对建筑师来说，不仅需要有强烈的环境意识和广博的科学知识，更要有能以整体性思维方法驾驭全局的能力。总之，生态建筑的设计原则是：

#### 1. 整体设计原则

我们不能将生态建筑看作一个简单的建筑单体去做设计，而应当在满足业主要求、建筑本身的目的性的前提下将其所在的区域纳入其所在的自然环境、社会环境、经济环境各个方面，尊重传统文化和地域文化特点，自觉促进技术与人文的有机结合，将各种因素统一考虑，权衡比较，从中选择最优的解答，建立不破坏区域环境、技术运用适当、人性化的居住社区和城市环境。按需索取，充分合理地利用不可再生的土地资源及其他各种资源，形成高效和合理的开发强度。

#### 2. 高效无污染原则

这个原则有三方面的含义：一是降低建筑对物质与能量的消耗，提高能源利用效率，运用新材料、新结构、智能建筑体系，降低建筑消耗的能量。据建筑所在地区的气候特点，合理利用阳光、风能、雨水、地热等自然能源。合理进行建筑设计，减少不可再生资源的损耗和浪费，提倡能源的重复循环使用；二是建筑材料的无害化、建筑材料利用的高效，即材料的循环使用与重复使用，避免选择的建筑材料含有危害人类身体健康的物质，给自然环境带来危害；三是指舒适、健康的室内环境。

3. 灵活多适原则

采用适应变化的设计策略，避免建筑过早废弃，使其能够得到再次利用或多次利用，节省建造新建筑所需的重复建设费用，适应变化的设计策略主要有四种：适应性改变、灵活性设计概念、长寿多适概念和合理废弃概念，在具体设计中应灵活采用。生态建筑将人类社会与自然界之间的平衡互动作为发展的基点，将人作为自然的一员来重新认识和界定自己及其人为环境在世界中的位置。这样，建筑师在从事设计工作时，就为人类肩负了更大的责任。

（二）生态建筑规划设计

从整体角度把握人类生态系统的结构，以生态为基础进行整体规划和生态规划，合理利用土地，有效协调经济、社会和生态之间的关系。根据自然的本质属性，组织各功能分区，使建筑群的能流、物流畅通无阻；从建筑物朝向、间距、形体、绿化配置、能源的循环利用等方面考虑，建筑规划要走中小型化、花园化、智能化为一体的道路，提高绿地面积比例，降低能耗量；建筑整体规划应体现建造场地、植被的一体化；减少对资源的干扰和非点源污染；建筑及装饰材料的选择应考虑对能源消耗和对空气、水污染的影响；全方位考虑建筑绿化、沿街绿化、楼间绿化、楼旁绿化、绿化建筑，形成多品种、多层次、立体的不广泛的绿化环境，改善建筑小气候，使得人类贴近自然。

在生态的建筑规划设计中要把具体建筑看成是城市建筑大系统的一部分，与城市建筑大系统相联系，使建筑内部难以消化的废物成为其他元素的资源。

1. 规划设计应注意的事项

对于已确定的基地，应遵循一个重要的原则——尽可能尊重和保留有价值的生态要素，维持其完整性，使建筑环境与自然环境融合和共生。我们的建造活动应尽量少地干扰和破坏自然环境，并力图通过建造活动弥补生态环境中已遭破坏或失衡的地方，对于已选择的建筑基地，设计师应当注意以下几点：

（1）尊重地形、地貌

建筑的规划设计和建造中，常会遇到复杂地形、地貌的处理。很多设计方案往往是将其推平，平衡土方，将其变成平坦的表面再进行设计，以不变应万变。对于人手少、任务重、需要短时间完成设计任务以便争取更多项目的设计单位来说，这样固然是一种解决办法，但生态建筑的设计更提倡在深入研究地形、地貌的基础上，充分尊重基地的地形地貌的特征，设计出了建筑物对基地的影响降至最小。

（2）保护现状植被

长久以来，城市与建筑物的建设中，绿化植物都是当作点缀物，总是先砍树、后

建房、再配置绿化这种事倍功半的做法。生态学知识告诉我们，原生或次生地方植被破坏后恢复起来很困难，需要消耗更多资源和人工维护。因此，某种程度上，保护比新植绿化意义更大。尤其古木名树是基地生态系统的重要组成部分，应该尽可能将它们组织到居住区生态环境的建设中去。

（3）结合水文特征

溪流、河道、湖泊等环境因素都具有良好的生态意义和景观价值。建筑环境设计应很好地结合水文特征，尽量减少对环境原有自然排水的干扰，努力达到节约用水、控制径流、补充地下水、促进水循环并创造良好的小气候环境的目的。结合水文特征的基地设计可从多方面采取措施：一是保护场地内湿地和水体，尽量维护其蓄水能力，改变遇水即填的简单设计方法；二是采取措施留住雨水，进行直接渗透和储留渗透设计；三是尽可能保护场地中可渗透性土壤。

（4）保护土壤资源

在进行建筑环境的基地处理时，要发挥表层土壤资源的作用。表层土壤是经过漫长的地球生物化学过程形成的适于生命生存的表层土，是植物生长所需养分的载体和微生物的生存环境。在自然状态下，经历 100 ～ 400 年的植被覆盖才得以形成 1cm 厚的表层土。建筑环境建设中的挖填土方、整平、铺装、建筑和径流侵蚀都会破坏或改变宝贵的表层土，因此在这些过程之前应将填挖区和建筑铺装的表土剥离、储存、在建筑建成后，再清除建筑垃圾，回填优质表土，以利于地段生态环境的维护。

综上所述，适宜的基地处理是形成建筑生态环境的良好起点，应当认真调查，仔细分析，避免盲目地大挖大建和一切推倒重建的方式。同时要注意的是，基地分析是由多个方面组成的，设计时应当从各个角度整体考虑来达到建筑与自然环境的共生。

## 第三节　人文建筑设计

21 世纪的今天，中国已成为世界第二经济大国，经济的高速发展，日益丰裕的物质基础、各国文化交流的频繁等促使我国整个人文环境的不断变化。在这样一个大环境下，建筑作为一个城市文化的名片与人们的生活息息相关，其风格尤其重要。但是，当前中国住宅建筑文化的“不自主性”与传统本土文化的迷失是一个不可否认的事实。特别是在住宅建筑方面，突出的状况是粗制滥造的“包豪斯式”建筑遍布，格调低俗的“仿欧陆风情”成了市场上的新宠。这种外来风格的植入与我国人文环境大相径庭，显得不伦不类。这其实是对本国传统文化和生活方式的一种“后殖民主义”。我们的文化、生活、思维方式、审美观等在一定程度上成了西方文化的附庸。虽然这些建筑风格自身的确具有一定的文化魅力，但把这种魅力硬拉到中国大地上，并且要让我们去接受它实在是不合时宜的，中国著名建筑史学家梁思成先生曾说过“建筑，不仅是外在形式表象，更是文化深层内核的体现；是文化的记录，是历史，是反映时代的步伐”，所以建筑风格是要和文化背景相匹配的。我们知道中西文化有很大的差别，中西方人民的传统艺术观、社会观、审美内涵、价值取向等都有着天壤之别，西方人比较直白，以我为中心，在实践中、信仰中会流露出与自然的抗衡，而中国人内敛、含蓄讲究中庸思想，主张人与自然的和谐发展。再者我国的人均资源有限，这种高投入的建筑模式在我国是很不合时宜的。因此可以说寻求一种适合我国当代人文环境的建筑风格是每个建筑设计从业者义不容辞的责任。在本节我们将探究人文建筑设计的理念。

## 一、新中式住宅建筑设计的前期构思

### （一）时代性与地域性的对立统一

建筑反映一个城市的文化，我们在发扬传统文化的同时也要跟上时代的变化，虽说现代建筑冲击了我国的传统文化，但也的确给我们带来了现代建筑物质功能上的满足，时间证明了这种物质功能是我们现代生活中不可缺少的一部分，从中我们也体会到了中国传统建筑应对现代生活方式有明显的不足之处，因此我们必须要处理好建筑的时代性和地域性之间的关系。

现在是科技的时代，我们一定要在创作中享受科学技术的发展给我们带来的各方面的便利，我们也应该积极地吸收消化经济全球化的盛宴，与世界接轨。我们现在所提倡的传统建筑文化并不是歪曲儒家文化思想下的礼制封建思想，我们要用现代技术、现代材料来体现中国传统建筑的那种意境和精神。不能单纯地进行传统建筑的外观模仿，要以人为本，切合实际，做符合中国人的居住方式、满足中国人心理结构特征的建筑，以提高建筑的功能为出发点，吸纳西方现代技术精华，按照现代人的生活方式，寻找出中国传统文化之精髓，认真分析了建筑的情感内涵、文化品位及生活功能等创造出具有中国特色的建筑。

### （二）物质功能与精神功能的有机结合

对建筑功能性的体现一直是我们做建筑设计的核心出发点，一幅好的作品，必须具有完美的物质功能和精神功能两大块。尤其是我们在对新中式建筑设计的传承和发展中，物质功能和精神功能的追求永远都要放在首位，建筑材料、建筑色彩以及表现手法都要围绕着这两点进行。建筑大师梁思成说：“可以把一幅画挂起来，也可以收起来，但一座建筑物一旦建起来，就要几十年、几百年站在那里，不由分说地成了居住生活环境的一部分……如此说来，宅院比其他艺术更要追求艺术的美和文化的品位。”由此可见建筑的物质功能是指建筑的实用性、群众性及耐久性。

1. 实用性

就是说建筑的目的是“用”而非“看”，不管是什么样的建筑也要看它的具体使用目的是干什么，它不同于其他艺术，其他艺术可能是只为了追求一种形式美，而建筑的美是建立在使用之上的，功能的好坏决定建筑的成败，因而建筑的审美意义，有赖于实用意义。建筑的实用性影响着人们的精神感受。

2. 群众性

建筑的审美是带“强制性”的，建筑的群众性决定了建筑必须要满足大众人的审美标准，不能因个人的喜好做设计，要有群众基础。

3. 耐久性

建筑作为一种实体呈现在大众视野，在建设的过程中我们为之付出大量的财力和物力，一旦建成，在一定的时间内是不会轻易改变的。往往一些大的建筑体量成为这个城市的名片，因此我们在做设计中要深入市场分析，找准了产品的定位，对材料的选择以及结构的处理一定要合理。

新中式建筑应该具有的精神功能是：从前面我们已经分析了新中式建筑出现的原因就是人们对现在市场建筑的文化的缺失而感到空虚，可见建筑的精神功能也是非常重要的。作为新中式建筑，必须要在满足建筑的物质功能基础上体现中国传统建筑的文化精髓，把对“意境的营造”作为新中式建筑的灵魂，把“天人合一”的思想作为新中式建筑的文化渊源，把“虚实相生”作为新中式建筑的韵味体现。用现代材料和技术在建筑上体现中国传统建筑文化精神内涵，来满足人们对传统文化的精神需求。

## 二、对中国传统建筑文化精髓的现代传承

首先，中国传统建筑意境主张“天人合一”、私密幽静、含蓄而不张扬。我们在新中式住宅设计的过程中要结合现代住宅的功能性，在此基础上运用现代手法进行传统建筑文化的神韵再造。因此我们必须结合当代人文环境，应该走一条建立在现代主义风格之上的对中国传统文化深层表达的新中式建筑风格，这种手法并不是直接对传统建筑符号的移植与模仿，而是建立在对传统建筑文化内涵的充分理解基础上，将具有代表性的元素符号用现代的手法进行提炼和丰富，抛去原有建筑空间布局上的等级、尊卑等封建思想和结合现代人的生活方式以及当代人文环境，给居住文化注入新的气息，追求蕴含在建筑形体之中的一种中国传统文化的味道。要做到传统内在精神和文化底蕴的传承，力求建筑与周边环境融合，讲究私密性，追求静逸的居住环境，为现代居住者服务。

## 三、注重新中式建筑文化健康循环的发展

中国幅员辽阔，人口众多，虽都是中华儿女但是由于人多地广，各地的人文环境各不相同，因此我们在进行创作过程中一定要重视当地的地脉、人脉、文脉三个方面。不同的区域气候、环境、文化、民俗、信仰各不相同，我们不仅要对中国传统文化进行现代演绎，还要对局部地域文化进行资源整合，要尊重区域文化，我们的设计要和居住者的文化状态、心理状态、需求状态相吻合，要让居住者在使用过程中能找到归属感和精神的寄托。脱离了当地人文环境定会产生负面效果，比如目前就有人对于一些广州的中式建筑完全采用江南民居的风格而持反对态度，又像假设北京故宫坐落在深圳也会显得尴尬，南方的吊脚楼出现在北方也让人很难接受。所以在创作过程中应

该有效但紧密地结合当地的“地域文化”与“现代人”新的生活习惯需求，为当地人们创造一种具有地方特色又有现代空间的生活环境。在吸纳当地文化的同时还要挖掘新文化，这样一方面给我们进行设计提供更多的参考，另一方面也提升当地文化竞争力，也丰富了国家文化内容。

# 参考文献

[1] 索玉萍，李扬，王鹏．建筑工程管理与造价审计 [M]. 长春：吉林科学技术出版社．2019.

[2] 王辉，刘启顺．建筑工程资料管理 [M]. 北京：机械工业出版社．2019.

[3] 肖凯成，郭晓东，杨波．建筑工程项目管理 [M]. 北京：北京理工大学出版社．2019.

[4] 卢驰，白群星，罗昌杰．建筑工程招标与合同管理 [M]. 北京：中国建材工业出版社．2019.

[5] 潘智敏，曹雅娴，白香鸽．建筑工程设计与项目管理 [M]. 长春：吉林科学技术出版社．2019.

[6] 杨莅滦，郑宇．建筑工程施工资料管理 [M]. 北京：北京理工大学出版社．2019.

[7] 陆总兵．建筑工程项目管理的创新与优化研究 [M]. 天津：天津科学技术出版社．2019.

[8] 何伟，高军，瞿然．建筑工程管理 [M]. 海口：南方出版社．2019.

[9] 郭彤，景军梅，张微．建筑工程管理与造价 [M]. 长春：吉林科学技术出版社．2019.

[10] 杨渝青．建筑工程管理与造价的 BIM 应用研究 [M]. 长春：东北师范大学出版社．2018.

[11] 王庆刚，姬栋宇．建筑工程安全管理 [M]. 北京：科学技术文献出版社．2018.

[12] 黄湘寒，陈智宣，潘颖秋．建筑工程资料管理 [M]. 重庆：重庆大学出版社．2018.

[13] 刘先春．建筑工程项目管理 [M]. 武汉：华中科技大学出版社．2018.

[14] 殷为民，高永辉．建筑工程质量与安全管理 [M]. 哈尔滨：哈尔滨工程大学出版社．2018.

[15] 郭念，王艳华，王玉雅．建筑工程质量与安全管理 [M]. 武汉：武汉大学出版社．2018.

[16] 杨树峰．建筑工程质量与安全管理 [M]. 北京：北京理工大学出版社．2018.

[17] 刘勤．建筑工程施工组织与管理 [M]. 阳光出版社．2018.

[18] 可淑玲，宋文学．建筑工程施工组织与管理 [M]. 广州：华南理工大学出版社．2018.

[19] 海晓凤．绿色建筑工程管理现状及对策分析 [M]．长春：东北师范大学出版社．2017.

[20] 刘冰．绿色建筑理念下建筑工程管理研究 [M]．成都：电子科技大学出版社．2017.

[21] 胡戈，王贵宝，杨晶．建筑工程安全管理 [M]．北京：北京理工大学出版社．2017.

[22] 林拥军．建筑结构设计 [M]．成都：西南交通大学出版社．2019.

[23] 李玉胜，韩少男，袁胜佳．建筑结构抗震设计 [M]．北京：北京理工大学出版社．2019.

[24] 宋岩．高层建筑钢结构设计原理与应用 [M]．中国海洋大学出版社有限公司．2019.

[25] 戴航，王倩．从范式到找形：建筑设计的结构方法 [M]．南京：东南大学出版社．2019.

[26] 邱洪兴．建筑结构设计 [M]．北京：高等教育出版社．2019.

[27] 刘可定．建筑结构设计与施工研究 [M]．长春：吉林教育出版社．2019.

[28] 曲志．现代建筑结构设计优化 [M]．哈尔滨：黑龙江人民出版社．2019.

[29] 李萍．建筑结构设计与施工技术 [M]．哈尔滨地图出版社．2019.

[30] 胡婷婷．建筑结构设计与施工研究 [M]．西安：西北工业大学出版社．2019.

[31] 邵莲芬．建筑结构抗震分析与设计 [M]．东北林业大学出版社．2019.

[32] 李志军，王海荣．建筑结构抗震设计 [M]．北京：北京理工大学出版社．2018.

[33] 王艳，李艳，回丽丽．建筑基础结构设计与景观艺术 [M]．长春：吉林美术出版社．2018.

[34] 王萱，谢群，孙修礼．高层建筑结构设计 [M]．北京：机械工业出版社．2018.

[35] 唐兴荣．高层建筑结构设计 [M]．北京：机械工业出版社．2018.